“十四五”高等学校数字媒体类专业系列教材

Unity 3D游戏开发案例教程

（第2版）

胡垂立◎主　编

杨恒泓　邵烨荣　周嘉蔚　马璐桦　焦花花◎副主编

中国铁道出版社有限公司
CHINA RAILWAY PUBLISHING HOUSE CO., LTD.

内 容 简 介

本书是“十四五”高等学校数字媒体类专业系列教材之一，按照由浅入深、理论结合实例的原则，介绍Unity游戏开发的编程技术、设计技巧及开发过程。全书共五章，包括游戏概述、C#程序设计基础、Unity 3D游戏开发基础、Unity游戏开发基础案例、Unity游戏开发综合案例。本书针对Unity游戏开发，既有基础理论的讲解，又有大量经典游戏设计开发实例的操作，可使读者轻松、快速、全面地掌握Unity游戏开发的技术及技巧。另外，本书还配有电子教案和课件供读者下载使用，其中附带的程序代码均已调试通过，读者可直接调用与运行。

本书结构清晰，实战针对性强，案例与知识点结合紧密，便于读者提高游戏开发能力，具有较强的实用性和参考价值。

本书适合作为高等学校数字媒体类专业教材，也可供游戏开发爱好者自学参考。

图书在版编目（CIP）数据

Unity 3D游戏开发案例教程 / 胡垂立主编. -- 2版. 北京：中国铁道出版社有限公司，2024. 8. -- (“十四五”高等学校数字媒体类专业系列教材). -- ISBN 978-7-113-31410-1

Ⅰ. TP317.6

中国国家版本馆CIP数据核字第2024Z5H156号

书　名：Unity 3D游戏开发案例教程
作　者：胡垂立

策　　划：唐　旭　　　**编辑部电话**：（010）51873202
责任编辑：刘丽丽　闫钇汛
封面设计：刘　颖
责任校对：苗　丹
责任印制：樊启鹏

出版发行：中国铁道出版社有限公司（100054，北京市西城区右安门西街8号）
网　　址：https://www.tdpress.com/51eds/
印　　刷：河北宝昌佳彩印刷有限公司
版　　次：2021年6月第1版　2024年8月第2版　2024年8月第1次印刷
开　　本：787 mm×1 092 mm　1/16　**印张**：15.75　**字数**：357千
书　　号：ISBN 978-7-113-31410-1
定　　价：59.80元

前 言

随着数字媒体和游戏产业的快速发展，游戏开发已经崛起成为数字媒体类专业的一门核心课程。游戏开发教育不仅致力于培养学生的技术技能，还有利于激发学生的创新思维和提升其跨学科能力。基于此，编者对本书第 1 版进行全面修订。

与第 1 版相比，本书主要进行了以下四个方面的补充与完善：

（1）更新了第 1 章的概念介绍。第 2 版通过对当下游戏行业最新发展的深入研究，包括新型的游戏类型、技术进步及市场动态，对电子游戏的概念、分类，以及主流游戏的介绍进行了更新。

（2）修改并优化了第 2 章案例项目《连连看》。本书对原有的案例项目进行了代码优化，对潜在运行问题进行了全面排查和修复，同时还对项目版本和相关的 API 调用进行了更新，以适应 Unity 的新特性，并确保项目能够兼容 Unity 的新版本。

（3）对 Unity 游戏开发基础进行详尽补充。本书在原有内容的基础上对 Unity 开发相关基础知识进行了详尽补充，并设计多个小案例帮助读者在实践中逐步掌握相关知识并将其应用于实际游戏开发中。

（4）对 Unity 游戏开发基础案例及综合案例进行更新替换。本书根据当下游戏的发展趋势及知识点的综合应用，对第 1 版第 4 章中《飞翔的小鸟》《塔防游戏》及第 5 章的综合案例进行更新替换，解决第 4 章两个案例间难度跨度过大的问题。通过冒险游戏、射击游戏及潜行游戏的学习，掌握物理引擎、UGUI 系统、模型设置和材质添加、粒子系统、音频管理、Mecanim 动画系统等核心内容，同时学习并掌握新兴游戏的设计及开发流程。

本书主要特点如下：

（1）取材广泛，企业实例。通过经典、实用的游戏开发案例，尤其是企业真实案例，加深读者对理论知识的理解。本书案例包括《连连看》《Roll A Ball》《冒险之旅》《第一人称射击游戏》，以及企业综合实战项目。

（2）案例完整，结构清晰。本书挑选的案例及程序代码实现十分完整，体系结构清晰，便于读者学习。

（3）代码准确，注释清晰。本书所有案例的核心代码都有详尽的注释，便于读者理解核心代码的功能和逻辑意义。

（4）讲解清晰，步骤详细。每个案例的开发步骤都以通俗易懂的语言阐述，并穿插图片和表格。

（5）由浅入深，循序渐进。本书内容面向游戏设计开发的初学者，内容讲述遵循由浅入深、循序渐进的原则。

本书由胡垂立任主编，杨恒泓、邵烨荣、周嘉蔚、马璐桦、焦花花任副主编。编者主要为广州工商学院工学院的专任教师，全书由胡垂立策划与统稿。编写分工：周嘉蔚编写了第 1 章，邵烨荣编写了第 2 章，焦花花编写了第 3 章，马璐桦编写了第 4 章，杨恒泓编写了第 5 章。广东琨耀信息科技有限公司为本书的编写提供了实战项目案例和技术支持，在此表示感谢。

尽管我们尽了最大努力，但书中仍难免存在疏漏和不足之处，欢迎各界专家和读者朋友提出宝贵意见，我们将不胜感激。愿广大同行为建设高质量的游戏开发课程及教材共同努力！

编　者

2024 年 3 月

目 录

第 1 章 游戏概述

学习目标

知识目标：

① 了解游戏的基本概念与特征。
② 熟悉游戏的发展历史。
③ 了解游戏的不同分类及其特征。

1.1 游戏的概念与特征

游戏和娱乐大约是与人类文明同时产生的，与人类文明一样历史悠久。从最初原始社会的对生活生存方式的模拟，把对生产技能的训练作为基本内容的趣味性活动，到科技发展日新月异的今日以娱乐为主题的游戏，游戏逐渐成了一种休闲放松的手段。游戏市场蒸蒸日上，游戏已经逐渐成为继文学、戏剧、绘画、雕刻、音乐、舞蹈、建筑、电影之后的第九艺术。

1.1.1 游戏的概念

在科技高度发达的今天，一说起游戏，人们会自然而然地联想起各种电子游戏、网络游戏及手机游戏等。随着时代的进步和发展，越来越多的高科技电子娱乐产品进入大众的视野，渗透到人们的日常生活中。自从人类诞生以来，游戏就开始出现并一直伴随人类历史的发展，远古时期生物之间的追逐打闹，几百年前的象棋，近代的桥牌、扑克，甚至各种运动，这一切都可以看作人类的游戏行为。关于“游戏”的定义，或许国外的一些学者会研究得更深入些。精神分析学的鼻祖弗洛伊德认为“游戏是人借助想象来满足自身愿望的虚拟活动”，游戏的对立面也许不是真正的工作，而是现实的存在。约翰更是在《游戏的人》和《玩游戏》这两本书中定义了“游戏是没有明确的意图的，是纯粹以娱乐为目的的所有活动”，任何能为人们带来快乐并且能够让人们自主参与的活动都属于游戏的范畴。

究竟什么是游戏？首先，游戏是一种行为活动；其次，游戏是以获得快乐或自足为目的的；再者，游戏必须以自愿和自由为前提；最后，伴随着游戏活动的展开，无论是有意识还是无意识，游戏本身都会被赋予某些规则。根据以上四种特性来对游戏进行定义：游戏是以自愿和自由为前提、以获得快乐和自足为目的且具有一定规则的行为活动。

当人们的基本生活需要得到满足后出现了剩余劳动力，人们不再需要为了生存付出自己所有的时间与精力，这时生产劳动开始向娱乐活动转变，从这个时期开始，传统意义上的游戏便应运而生。游戏的起源与生产劳动、军事、民俗传说及宗教信仰等都有密不可分的关系，由于历史渊源和文化背景的差异，世界各地的游戏内容有所不同，但究其根本都是人类的一种本能表现，是人类文化发展的必然产物。随着历史和人类文化的发展，真正意义上的传统游戏越来越多地出现在人们的日常生活中，成为人们劳动之外的娱乐消遣活动。思维斗智、猜谜是指依靠脑力思考来完成的游戏行为。例如，西方的国际象棋、双陆棋（见图 1-1）都是有着悠久历史的战略游戏。我国传统的斗智类游戏包括九连环、鲁班锁（见图 1-2）、华容道、围棋、象棋等。

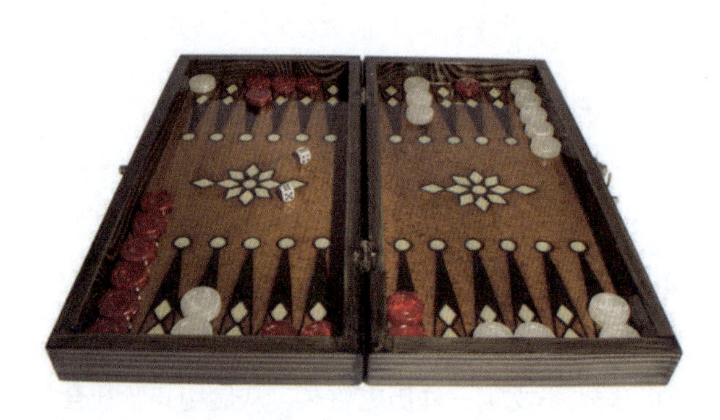

■ 图 1-1　双陆棋

■ 图 1-2　鲁班锁

工业革命以后，规则意识、商业化使得游戏活动大规模地影响到了社会生活和个人生活。游戏休闲娱乐成为消费品，这符合工业社会的发展规律与特征。再到当今社会的信息时代，网络游戏的互动、虚拟等特征符合了新时代的发展要求。纵观游戏的历史与发展会发现，游戏精神及游戏目的始终是追求自由与快乐。然而，每个时代的游戏精神内核都在不断地变化，变化的基础是游戏需要符合社会文化需求和发展的需要。

下面针对游戏的特征和定义展开论述，深入了解游戏的真正内涵。

1.1.2　游戏的共性

德国桌游设计师沃尔夫冈·克莱默将游戏定义为一种由道具和规则构建的、游戏者主动参与，并且在游戏的整个过程中会包含竞争、充满变化的娱乐活动，并且归纳出了所有游戏有着以下几点共性：

1. 共同经验

游戏可以将国家、性别、年龄不同的玩家聚集在一起，令这些人产生一种共同的经验，这种共同经验在游戏结束后依旧存在。

2. 平等

所有进入游戏的玩家或参与者都拥有平等的地位和相同的机会，没有人会有例外享受特权。儿童与成人在进行游戏的过程中很容易能体验到这种平等的感觉。

3. 自由

人们在参与游戏的过程中完全是出于自愿的，在被经济系统和政治系统差异化的社会中，人们可以通过参与游戏来放松自己的身心。美国著名传播学专家约翰・菲斯克曾经将大众文化对受众的影响分为“逃避”和“对抗”两种，他认为“逃避和对抗是相互联系的，二者不可或缺。两者都是包含快感和意义的相互作用，逃避中快感多于意义，对抗中则意义较快感更为重要。而游戏，除了是快感的一个源泉外，也是权力的一个来源”。

4. 主动参与

游戏的主动参与包括生理上的和心理上的，这一点也是游戏与小说、音乐、影视等其他娱乐方式的区别所在。

5. 游戏世界

在玩游戏的过程中，参与者完全沉浸于游戏世界中而将现实世界抛诸脑后。一方面，游戏世界与现实世界有许多共同点，如规则、运气成分、主动参与的精神、竞争精神、进程与结局不可预测性等，可以说游戏世界源于现实世界；另一方面，游戏世界又独立于现实世界而存在，两者不容混淆，例如，游戏世界的结果不应直接影响现实世界，一旦产生影响，就应把它放入现实世界而非游戏世界中去考察。

1.1.3　游戏的规则

游戏的定义有很多种，无论是“以娱乐为目的的活动”还是“劳动的对立面”，这些定义虽然反映了游戏的本质，但所涵盖的范围太大。本书的讨论基础是一种有明确目标的规则游戏。以打雪仗为例，该游戏的目标是把雪球掷向对方身上并避开对方掷来的雪球，但如果没有设定任何规则（如双方不得跨越某一界限），便不能归于本书的讨论范畴。沃尔夫冈・克莱默在前人的基础上总结出了如下“规则游戏”要素：

1. 必须有道具和规则

道具是指玩家在游戏过程中所用的物品（或者所处的空间），规则是指玩家在游戏过程中所必须遵循的行为守则。其中，道具是硬件，规则是软件，两者可以独立于对方存在，同一套规则可以应用于不同的道具，同一套道具也可以使用不同的规则，但两者分开之后便无法构成一个完整的游戏。在绝大多数情况下，规则比道具重要得多，但在某些以动作为主的游戏中，道具比规则更重要，道具有时也内含规则，如象棋的棋盘或者跳皮筋时的皮筋。需要注意的是，有些规则无法言说，只有在游戏过程中通过玩家的参与才得以呈现。

2. 必须有目标

游戏包括取胜的条件或要求，以及取胜所需的策略，这些也可以理解为规则游戏的方向性。

3. 游戏进程必须具有变化性

游戏进程具有变化性是游戏区别于小说、电影、音乐等其他娱乐的地方，人们可以反复读一本小说、看一部电影或听一首音乐，它的进程始终不变，而游戏的进程则不可能每次都相同，这是由游戏规则和运气共同决定的，不确定性和未知性是游戏的乐趣所在。规则与运气必须均衡，过于依赖规则或过于依赖运气都难以达到娱乐的目的。

4. 必须具有竞争性

游戏包括参与者彼此之间的竞争，以及参与者同游戏规则之间的竞争。竞争需要一个能够对最终结果进行明确比较的评定系统。

道具和规则是规则游戏存在的基础，而方向性、变化性、竞争性这三大要素则共同构成了规则游戏的游戏性。游戏性源于游戏规则，是游戏规则在游戏进程中的具体表现。

综上所述，规则游戏的完整定义可以归纳为：游戏是一种由道具和规则构建而成、由人主动参与、有明确目标、在进行过程中包含竞争且富于变化的以娱乐为目的的活动，它与现实世界相互联系而又相互独立，能够体现人们之间的共同经验，能够体现平等与自由的精神。

1.1.4 电子游戏的特征

电子游戏产生并发展于 20 世纪中期，第三次科技革命的爆发，电子计算机技术开始发展并且逐渐成熟，游戏随之也有了很大的变化。借助计算机技术存在和运行的游戏形式开始出现，并称之为“电子游戏”。

电子游戏具有如下特征：

1. 文化性

文化性是指电子游戏本质上是一种文化。具体体现在两个方面：其一，物质性的电子游戏软硬件只有被赋予了文化内涵，才构成完整的系统；其二，电子游戏的产生与发展对社会文化，尤其是大众文化的发展产生了深远的影响。换言之，电子游戏既是文化的产物，也是文化的载体。

电子游戏是在现代电子计算机科学与技术的基础上发展起来的，但从科学哲学角度上看，电子游戏的出现并不是计算机科学与技术发展的逻辑必然，它只可能是为了满足人们的某种需要而产生的。因此，电子游戏产生的文化基质具有二元性，在“物质 - 经济”层面上依赖计算机科学与技术的发展，在“社会 - 精神”层面上是人们的内在需求，而需求的实质是人的游戏本能。

2. 拟态性

拟态性是指普遍存在于电子游戏中的“虚拟真实”。具体而言，借助计算机技术——主要是

多媒体与人工智能，电子游戏构建了一个另类的“游戏世界”。游戏世界并非凭空而来，它是由现实生活中的人创造出来的，必然包含着对现实世界的模拟与模仿，同时它还具有客观性，所以才能为人的意识所感知，让人“信以为真”。但在本质上，游戏世界只是存在于计算机系统中的程序代码，并不具有物质内容的实在性。因而，游戏世界中的真实是主观意识上的真，是虚拟之“真”，是只有沉浸其中才有意义的真。

3. 娱乐性

娱乐性是指电子游戏有让玩家获得身心放松、愉悦和享受的作用和功能，是电子游戏最重要的使用价值。

不同形式的游戏给予人们娱乐体验的途径各不相同，电子游戏主要通过竞争性与表现性的手段来达到娱乐玩家身心的目的。

4. 商业性

电子游戏的商业性包括三个方面：首先，电子游戏的设计开发是一种经济行为，它以满足玩家的娱乐需求为前提，以市场为导向，以营利为目的；其次，电子游戏是一种文化产品，具有文化产品的共性特征，即市场趋向的高度不可预测性与产品盈利前景的可预见性要求之间的矛盾；再次，电子游戏并非为商业目的而诞生，也不都是商品，但商业动机和市场需求始终是推动电子游戏发展的重要力量，因此电子游戏必然走向产业化。

5. 科技性

科技性是指电子游戏的发展总是受到当时的总体科技水平，尤其是计算机科学与技术水平的局限。因此，科技性是电子游戏最重要的外部约束条件。从以往的经验来看，电子游戏的发展实践已经不止一次证明：不顾现实技术水平，一味标新立异的游戏产品会失败。同样，无视技术进步，但求墨守成规的游戏产品也会失败。

1.2 电子游戏的发展与演变

从 20 世纪 60 年代第一款计算机游戏（又称电子游戏）的诞生，到 20 世纪 80 年代游戏机平台的崛起，再到 21 世纪网络游戏和手机游戏的出现，虚拟的电子游戏在过去几十年的发展过程中不断地演变进化，由最初仅供人们消遣的娱乐活动发展成了如今覆盖全球的文化产业。从游戏发展的历史时代来看，电子游戏经历了如下几个时代。

1.2.1 启蒙时代

1888 年，德国人斯托威克根据自动售货机的投币机制，设计了一种叫作“自动产蛋机”的机器，只要往机器里投入一枚硬币，“自动产蛋机”便“产”下一只鸡蛋，并伴有叫声。人们把斯托威克发明的这台机器，看作是投币游戏机的雏形。

这就是最早期的投币游戏机，它操作简单，但是娱乐性稍稍差了些，对于现今的人们来说没有什么可玩性，但是对于当时那个时代的人来说是件非常稀奇的事情。

直到 1958 年，计算机依然是一个高级计算工具，和游戏没有任何关系。隶属于美国能源部的布鲁克海文国家实验室，负责计算机工程的物理学家威利·海金博塞姆博士为了让前来参观的游客能够在实验室中对各种科研成果产生更多的兴趣，就用示波器和实验室里的模拟计算机做一个有交互功能的东西以吸引游客的注意力。如图 1-3 所示，他设计了一个叫《双人网球》（*Tennis for Two*）的演示小游戏。这就是历史上第一个电子游戏的设计者威利·海金博塞姆和他的游戏“乒乓”的故事。

1962 年，麻省理工学院的格拉茨、拉塞尔等七名大学生，在 DEC 公司 PDP-1 小型机上制作出了世界上第一个真正意义上的游戏程序——《空间大战》（*Space War*）。游戏由四个键控制两艘太空船，玩家可以互相发射火箭，直至有一方玩家用火箭击中对方的飞船，该方就算获胜（见图 1-4）。《空间大战》的出现标志着数字化游戏形式的正式诞生，计算机游戏就这样走入了人们的生活。

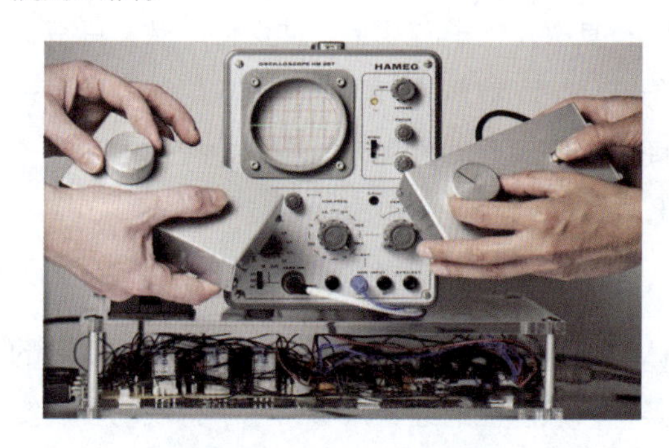

■ 图 1-3 《双人网球》

■ 图 1-4 《空间大战》

《双人网球》是为了吸引游客的注意力，《空间大战》则是为了几个人的自娱自乐，这些不经意的小创意就是整个游戏产业的鼻祖，它们的出现拉开了虚拟游戏产业的序幕。

1.2.2 任天堂时代

任天堂（Nintendo）是日本一家全球知名的娱乐厂商，是电子游戏业三巨头之一，也是现代电子游戏产业的开创者。任天堂创立于 1889 年 9 月 23 日，创始人是山内房治郎。主营业务为家用游戏机和掌上游戏机的软硬件开发与发行。

在 20 世纪 80 年代初，任天堂推出了他们的家用游戏机——红白机，它的成功促使其他游戏机制造商也推出了自己的游戏机。另一方面，个人计算机也开始流行起来，如 Mac 和 IBM PC，这些 PC 端提供了游戏开发者更多的机会和自由度。

在这个时期，家用游戏机和个人计算机开始流行，代表游戏包括：

1. Super Mario Bros（1985）

《超级马里奥兄弟》是任天堂情报开发本部开发的 Famliy Computer 横版卷轴动作游戏，为《超级马里奥兄弟》（见图 1-5）系列的第一作，于 1985 年 9 月 13 日发售，根据统计，截至 2007 年 10 月 30 日，游戏在全球共售出约 4024 万份。新作《超级马里奥兄弟：惊奇》于 2023 年 10 月 20 日在全球发行，发行两周内全球销量达 430 万，是马里奥系列销量最高的游戏。

■ 图 1-5 《超级马里奥兄弟》

2. Tetris（1984）

1984 年 6 月一位名为阿列克谢的政府程序员在拼图游戏上创新，工作之余做出了最初的俄罗斯方块雏形，当然，那时的他还不知道自己做出的这个简陋的游戏在游戏史上意味着什么。

随后，阿列克谢的这个游戏意外地在同事之中非常受欢迎，后来在瓦丁•格拉西莫夫的帮助下，《俄罗斯方块》（见图 1-6）被移植到了 PC 平台上，不久便广泛传播起来。

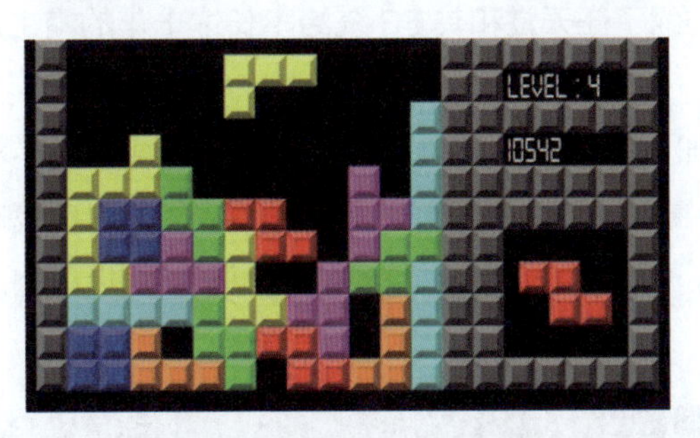

■ 图 1-6 《俄罗斯方块》

这让《俄罗斯方块》的作者阿列克谢喜忧参半，喜的是自己的作品得到了认可，但忧的是自己没有从中得到任何收益，反而便宜了盗版商家。而阿列克谢本人没有任何运营经验，这使他非常苦恼。

最终在 1987 年苏联体制改革时，阿列克谢决定将《俄罗斯方块》版权交给苏联政府。

1989 年，任天堂与阿列克谢谈判后达成协议。罗杰斯代表着任天堂在苏联政府和阿列克谢手中（阿列克谢将版权交给了政府）取得了《俄罗斯方块》在家用游戏机上的授权。罗杰斯与帕基特诺夫也因谈判成了好朋友。《俄罗斯方块》在与任天堂的 GB 游戏机搭配在一起后，再次使《俄罗斯方块》得到了更大范围的传播。

3. The Legend of Zelda（1986）

1986 年，任天堂在新发售的 FC 磁碟机上推出了由宫本茂设计的游戏《塞尔达传说》（见图 1-7），从此任天堂旗下又多了一个响亮的品牌。和马里奥的普及大众相比，《塞尔达传说》则收获了更多的专业赞美，截至 2015 年春，《塞尔达传说》系列共推出了 39 款官方游戏作品。

游戏以虚构的奇幻世界为背景，基本的剧情是作为玩家身份的林克从加农多夫等敌人手中救出塞尔达公主。每部游戏的时代与主角设定都存在差异，不过由于剧情是独立的，所以即使玩家从系列中任意一作开始玩起都没有问题。

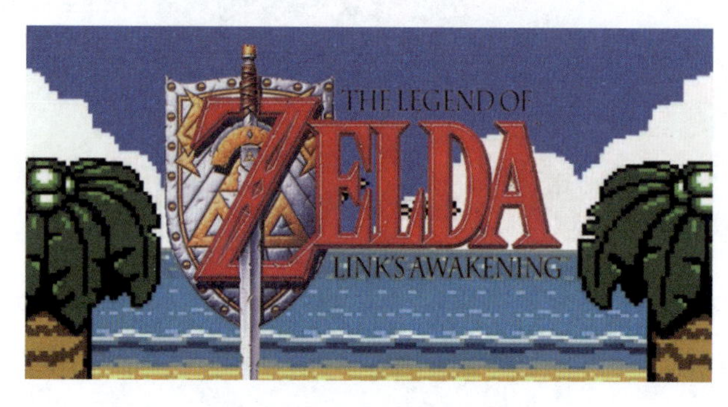

■ 图 1-7 《塞尔达传说》

1.2.3 3D 游戏时代

从 8 位机 FC，再到 16 位机 SFC，任天堂一直统治着家用游戏机市场，直到 1994 年索尼 PlayStation 的发布，彻底推翻了任天堂和其 FC 统治了长达十年的霸主地位，开启了 3D 游戏时代的篇章。

1993 年，SEGA 公司推出第一款 3D 格斗游戏《VR 战士》（见图 1-8）。1994 年，《魔兽争霸：人类与兽人》，Blizzard（暴雪）公司开发并发行于 PC 平台的即时战略游戏（RTS）。各家用游戏主机厂商为了争夺市场，相继推出各自的游戏主机，随着主机大战的爆发，一批经典游戏也就此诞生。

■ 图 1-8 《VR 战士》

1996 年，图形硬件的生产商 3dfx 和 id Software 公司携手，在业界掀起了一场前所未有的技

术革命风暴，把计算机世界拉入了疯狂的 3D 时代。3dfx 创造的 Voodoo, 作为 PC 历史上最经典的一款 3D 加速显卡，从它诞生伊始就吸引了全世界的目光。第一款正式支持 Voodoo 显卡的游戏作品就是如今大名鼎鼎的《古墓丽影》（见图 1-9）。在相继推出 Voodoo2、Banshee 和 Voodoo3 等几个极为经典的产品后，3dfx 站在了 3D 游戏世界的顶峰，已有的 3D 游戏，不管是《极品飞车》《古墓丽影》，还是《雷神之锤》，均采用 Voodoo 系列显卡进行优化，全世界都被 Voodoo 的魅力所深深吸引。

■ 图 1-9 《古墓丽影》

1997 年 1 月，一部前无古人的跨时代游戏作品在美国开始发售，它就是暴雪公司研发的全新动作 RPG 游戏《暗黑破坏神》（图 1-10 所示为《暗黑破坏神 Ⅱ 》）。作为一部 RPG 游戏，《暗黑破坏神》颠覆了以往欧美传统 RPG 游戏的规则，体现在以下几个方面：

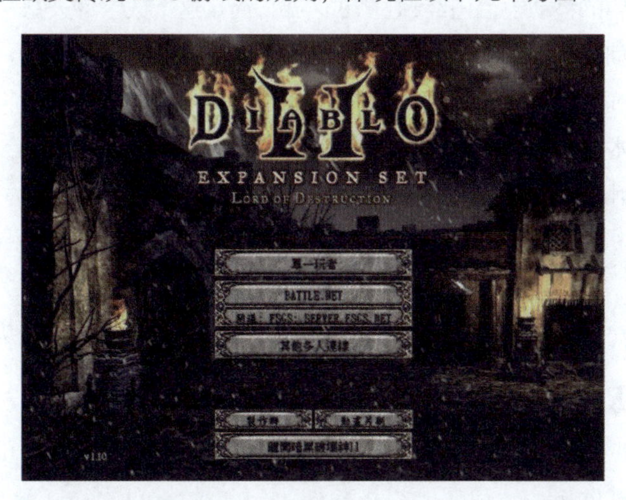

■ 图 1-10 《暗黑破坏神 Ⅱ 》

① 游戏的重点不再是一味地完成任务，对剧情的简化是《暗黑破坏神》的一大特点。

② 玩家自始至终只需要操作一位游戏角色即可，这让操作界面变得简洁明了。

③ 所有的按键都在键盘上有相应的快捷键，操作方式由传统回合制演化为动作类。

④ 有更为复杂的角色能力系统和技能系统，以及相应的升级系统。

⑤ 建立了一套完善、庞大的物品装备系统，物品装备更强调随机性变化。

⑥ 游戏冒险的地图是随机生成的，大大提高了玩家游戏体验的乐趣。

⑦ 拥有网络对战功能，可以和其他玩家一起探险，也可以进行对战较量。

《暗黑破坏神》的出现给欧美 RPG 带来了空前的推动效应，也由此确立了一个新的游戏类型——ARPG（动作类角色扮演游戏）。虽然《暗黑破坏神》并不是真正意义上的全 3D 游戏，但《暗黑破坏神》引入了斜视 45º 的第三人称视角模式，让原本平面的 2D 图像变得立体起来，也由此出现了一个新的名词——2.5D，这种 2.5D 的视图是 2D 游戏向 3D 游戏转型的重要标志，被之后的许多游戏所借鉴和采用。这一时期，越来越多的游戏公司开始研发和应用游戏引擎。

1.2.4 手机游戏时代

在全球进入移动网络时代后，移动电话逐渐成了人们主要的通信工具。随着手机硬件技术的发展，手机的功能已经不再局限于打电话和发短信，越来越多的附加功能出现在了手机设备上，而手机游戏就是其中之一。手机游戏是指运行于手机上的游戏软件或程序。目前编写手机程序时用得最多的是 Java 语言。随着科技的发展，手机的功能越来越多，也越来越强大。从 1998 年诺基亚推出第一款手机游戏《贪吃蛇》到现在，手机游戏已作为数码领域一个重要的科技产业而存在，从黑白游戏到彩色的 Java 游戏，再到如今可以和掌机游戏相媲美，手机游戏成了一种具有很强的娱乐性和交互性的复杂电子娱乐形态。

随着智能化手机的发展，手机已经成了一台小型的综合化掌上计算机，它几乎具备了 PC 所能提供的一切功能，这为手机游戏的存在和发展提供了良好基础。另外，手机游戏存在庞大的潜在用户群，全球在使用的移动电话已经超过 70 亿部，而且这个数字每天都在不断增加，手机游戏潜在的市场比其他任何游戏平台都要大得多。

智能手机发展的同时，平板计算机也在逐步发展。平板计算机是一种小型的、方便携带的 PC，以触摸屏作为基本的输入设备。它的触摸屏允许用户通过触控笔或数字笔来进行操作而不是传统的键盘或鼠标，用户可以通过手写识别、屏幕上的软键盘、语音识别等方式来进行输入。其实，平板计算机和智能手机都属于同一平台下的产物，其硬件构架和配备基本相同；从另一个角度来说，平板计算机就是一台放大化的智能手机。所以今天当提到手机游戏时，并不仅仅指的是移动电话平台下的游戏，同时也包括平板计算机平台下的游戏，或者也可以称之为“移动平台游戏”。

1.2.5 VR 时代及未来

2021 年，元宇宙的概念突然爆火，其核心技术就是利用虚拟现实（virtual reality，VR）给使用者带来更强的沉浸式体验。

虚拟现实技术已经越来越走进人们的日常生活，开始应用于各个领域包括游戏领域。比如 Valve 旗下半条命系列的一款 VR 旗舰游戏：《半条命：艾利克斯》（*Half-Life:Alyx*），如图 1-11 所示。Alyx 是一款虚拟现实游戏，支持包括 Valve Index、HTC Vive、Oculus Rift 等所有 VR 设备。

VR 就是为《半条命：艾利克斯》游戏核心玩法而构建的，学习如何侧身绕过断壁残垣、猫腰避开藤壶怪，开出原本不可能成功击中的一枪。在架子上四处翻找治疗用注射器，以及霰弹枪子弹。操控工具黑入外星人接口。 朝窗外扔出一个瓶子来引开敌人注意。 把脸上的猎头蟹扯下来扔向联合军士兵。全身心沉浸在极具深度的环境交互、解决谜题、探索世界和几可乱真的战斗之中。抛去硬件设备依然价格昂贵，造成的受众有限，但 Alyx 在游戏体验上为玩家带来的沉浸式体验是跨时代的，这款游戏在交互体验上的革新给玩家带来的愉悦感是远远强于键鼠操作游戏的。开门、捡起物品、爬梯子这些在键鼠操作下“一键完成”的动作，在 Alyx 中都以符合直觉的方式来呈现。

■ 图 1-11 《半条命：艾利克斯》

VR 游戏正在向越来越好的方向发展，目前存在的一定量产品级的设备与应用，已经能比较好满足当代一部分用户的核心需求，但与影视作品中渲染的虚拟现实仍存在较大的差距，VR 硬件的体感、虚拟世界的构建以及人机交互的体验还需要不断探索与优化。

1.3 电子游戏的分类

从世界上第一款电子游戏的诞生，到后来 PC 和电子游戏机的出现，再到如今网络游戏的盛行，虚拟游戏在过去几十年的历程中经历了多次的变革，从最初形式单一的游戏内容发展到了现在包含众多体系和系统的大型综合化游戏。不同类型的游戏在发展过程中逐渐有了属于自己的定位，相应的游戏也被逐渐定义为不同的形式和分类，通常意义所说的游戏类型，主要就是根据游戏内容而对其进行分类的，这也是狭义上的游戏分类标准。在当今的游戏领域内，主流的游戏类型早已有了明确的标准，如 RPG、RTS、FPS、RAC、ACT、SIM、TAB 等。本节内容只对已经约定成俗并且有了明确标准的游戏类型进行讲解和介绍。

1.3.1 角色扮演类游戏

角色扮演类游戏（role-playing games, RPG）是计算机游戏和电子游戏中最常见的游戏类型，在游戏中玩家需要创建或扮演一个虚拟的游戏角色，游戏包含完整的故事情节，并以推进式的方式进行游戏。

故事情节、游戏战斗、角色升级、装备道具收集等都是角色扮演类游戏中的重要构成要素，游戏为玩家构建了一个完整的虚拟世界，玩家需要操控自己的角色与游戏中的怪物或对手进行战斗，提升游戏角色的等级和装备，同时完成游戏预先规划和布置的剧情和游戏任务。角色扮演类游戏与其他游戏类型最大的区别就是剧情的代入感和体验感，从这点来说，角色扮演类游戏与电影作品有着更为相近的关联，不同的是，电影的交互方式为被动体验，而游戏则是一种主动式的体验过程。

RPG 在长期的发展过程中，通过不断添加和融入新的游戏元素，逐渐发展出了为数众多的分支类型。从剧情主题和游戏题材来看，RPG 可以分为欧美 RPG、日式 RPG 及中国武侠 RPG。从游戏的玩法和方式来看，RPG 又可分为动作型 RPG、回合制 RPG 和策略型 RPG。

另外，RPG 在进入网络化时代后，又分化发展出了 MMORPG。具体分类情况见表 1-1。

表 1-1　角色扮演游戏的分支类型

分类元素	游戏类型	游戏类型细分
按载体分类	单机角色扮演游戏	通常意义的 RPG
	大型多人在线角色扮演游戏	MMORPG
按题材分类	欧美角色扮演游戏	欧美文化背景下的 RPG
	日式角色扮演游戏	日式幻想风格 RPG
	国产角色扮演游戏	中国玄幻、武侠 RPG
按游戏方式分类	回合制角色扮演游戏	标准 RPG
	动作型角色扮演游戏	A-RPG
	策略战棋类角色扮演游戏	S・RPG

1.3.2　动作类游戏

动作类游戏（action games, ACT）是计算机游戏和电子游戏领域出现最早的游戏类型之一，也是现在最为常见的游戏类型。动作类游戏主要强调人机互动的即时感，通常是为玩家提供一个训练手眼协调及反应力的环境，要求玩家所控制的游戏角色根据周围情况变化做出一定的动作反应，如移动、跳跃、攻击、躲避、防守等，来达到游戏所要求的目标。动作类游戏是一个宽泛的概念，它有广义和狭义之分。广义上的动作类游戏是指一切以“动作”要素作为主要游戏方式的即时交互性游戏，从这个角度来看，如今的射击游戏、体育游戏、ARPG 等类型的游戏都可以算作动作类游戏。而狭义上的动作游戏是指以肢体打斗和冷兵器作为主要战斗方式的闯关类游戏，这也是如今通常意义上动作类游戏的定义方式。在动作游戏中，玩家控制游戏角色用各种武器消灭敌人以达到过关的目的，有些动作游戏也可以与其他玩家进行对战。动作游戏重视夸张、爽快的动作感，讲究逼真的形体动作、火爆的打斗效果、良好的操作感及复杂的攻击组合等。动作游戏与 RPG 最大的区别就是对于剧情的依赖程度，RPG 中的剧情是游戏进行的主要推动因素，而动作类游戏中的剧情主要用于衔接关卡和简要交代游戏背景。

动作类游戏一向是家用游戏机领域的重要游戏类型，最早的经典动作游戏诞生于 1985 年，是任天堂在 FC 平台上推出的《超级马里奥兄弟》（见图 1-12），凭借之前《马里奥兄弟》 游戏中的角色人气积累，加上《超级马里奥兄弟》游戏中流畅的动作操控及有趣的关卡设置，使得该游戏一上市便大获成功，成了 FC 家用游戏机的代表作品，树立了横版过关类游戏的标杆，全世界大多数游戏玩家对于动作类游戏的认识也源于这部经典游戏。在计算机游戏平台，最早的标准意义上的动作游戏诞生于 1989 年，是由美国人乔丹・麦其纳创办的 Broderhund 游戏公司研发制作的《波斯王子》，其凭借巧妙绝伦的关卡设计及有趣的动作解密要素博得了玩家的青睐。

■ 图 1-12 《超级马里奥兄弟》

动作类游戏在长期的发展过程中融入了其他游戏类型的要素，逐渐发展出了各种分支形态类型，见表 1-2。尤其是格斗类游戏，已经逐渐发展成了一种成熟的游戏体系和游戏类型。格斗类游戏（fighting games, FTG）具有明显的动作游戏特征，也是动作游戏中的重要分支，通常是将玩家分为两个或多个阵营相互对战，使用各种格斗技巧击败对手来获取游戏的胜利。格斗游戏强调游戏角色的细节及角色招式的设定，最为注重游戏的操作感和复杂的组合招式技能等。

表 1-2　动作类游戏的分支类型

分类元素	游戏类型	游戏类型细分
按画面形式分类	横版过关类动作游戏	传统意义的动作游戏
	2D 动作游戏	2D 通面的动作游戏
	3D 动作游戏	3D 画面的动作游戏
按游戏方式分类	传统动作游戏	标准 ACT
	动作冒险类游戏	融合了冒险解谜要素的 ACT
	格斗类游戏	FTG
	动作射击游戏	融合了射击游戏要素的 ACT
	动作型角色扮演游戏	A・RPG
	音乐动作游戏（rhythm action games, RAG）	融合了音乐、节奏打击等要素的游戏类型

1.3.3　体育类游戏

体育类游戏（sport game, SPG）是一种让玩家可以参与专业的体育运动项目的游戏。游戏内容多数以较为人熟知的体育赛事为蓝本，如世界杯、NBA 等。最大限度地满足游戏对体育的娱乐性要求，满足那些体育爱好者和计算机游戏迷的体育类游戏也是计算机游戏中的另一个热点。

运动类游戏（sport game, SPG）是通过控制或管理游戏中的运动员或队伍进行模拟现实的体育比赛。

由于体育运动本身的公平性和对抗性，运动类游戏已经被列入了 WCG 电子竞技的比赛项目。所以玩运动类游戏就要像真的在赛场上一样，要遵守体育规则，任何不公平或者缺乏拼搏精神的游戏行为都是违背游戏初衷的。

运动游戏的题材非常丰富，除了各类体育竞技和赛车模拟，还有包括滑板、轮滑、跑酷等极限运动，一般而言运动游戏的仿真度都很高。PC 平台上经典的体育类游戏包括 *FIFA* 足球系列、*NBA2K23*（见图 1-13）系列等。家用游戏机平台上经典的体育类游戏有《实况足球》系列等。

■ 图 1-13 *NBA2K23*

1.3.4 模拟类游戏

模拟类游戏（simulation, SIM）即模拟人们在现实生活中日常活动的游戏。以计算机模拟真实世界当中的环境与事件，提供玩者一个近似于现实生活当中可能发生的情境的游戏，都可以称作模拟类游戏。这个类型的游戏虽然小众，但拥有庞大的体系和悠久的历史。

模拟类游戏试图去复制各种“现实”生活的各种形式，达到“训练”玩家的目的，如提高熟练度、分析情况或预测。仿真程度不同的模拟类游戏有不同的功能，较高的仿真度可以用于专业知识的训练，较低的可以作为娱乐手段。后来有些媒体细分出模拟经营，即 SIM 类游戏，如《模拟人生》（见图 1-14）、《模拟城市》、《过山车大亨》、《主题公园》等。养成类游戏（trading card game, TCG），如《明星志愿》等。

■ 图 1-14 《模拟人生》

随着模拟类游戏的发展，模拟类游戏开始逐渐转型，分出了三条发展的支线，即扩大模拟对象范围、加深模拟仿真性、加强模拟时的娱乐性。这三种模拟类游戏发展的代表分别为模拟经营游戏、模拟软件和模拟养成游戏。

1.3.5　冒险类游戏

冒险类游戏（adventure games, AVG）是玩家操控游戏角色进行虚拟冒险的游戏类型。冒险类游戏与 RPG 一样都具有游戏剧情的设定，与 RPG 不同的是，RPG 除剧情外的核心要素是游戏的战斗部分，而 AVG 则是以破解谜题为核心要素，所以，“解谜”是冒险类游戏与其他游戏类型最大的区别。冒险类游戏侧重于探索未知、解决谜题等情节化和探索性的互动，强调故事线索的发掘，主要考验玩家的洞察力和分析能力。早期冒险类游戏的目的一般是借游戏主角在故事中的冒险解谜来锻炼玩家揭示秘密和谜题的能力，因此这更像是一种智力类游戏。随着硬件技术和游戏制作技术的发展，越来越多的冒险类游戏融入了“动作”要素，发展出了动作冒险类游戏（action adventure game, AAG），这类游戏属于动作游戏和冒险游戏的结合体。在动作冒险类游戏中，解谜仍然是游戏的核心要素，但在剧情推动下，游戏的交互方式变得更加紧张和刺激，玩家需要利用精湛的操控，让虚拟角色躲避游戏中设置的各种陷阱、机关等，动作成了与解谜同等重要的游戏要素。图 1-15 所示为《生化危机》游戏界面。

图 1-15 《生化危机》

1.3.6　射击类游戏

射击类游戏（shootergames, STG）也是最常见的游戏类型之一。射击类游戏是从动作类游戏中发展出来的独立游戏类型，带有很明显的动作游戏特点，“射击”这一类型的游戏元素也必须要通过动作的方式来呈现。为了和传统动作类游戏区分，只有强调利用“射击”途径才能完成目标的游戏才会被定义为射击游戏。

射击类游戏从画面形式可以分为 2D 射击游戏和 3D 射击游戏。从游戏的视角又可分为第一人称射击游戏和第三人称射击游戏，其中第三人称射击游戏在 2D 游戏画面下又细分为俯视角射击和平视角射击。根据设计的主体对象又可分为角色类射击游戏和载具类射击游戏。射击游戏分类的具体内容见表 1-3。

表 1-3　射击类游戏分类

分类元素	游戏类型	游戏类型细分
按画面	2D	平台类
		卷轴类
	3D	全 3D
		2.5D
按视角	第一人称	第一人称设计游戏 FPS（first-person shooting game）
	第三人称	平视角、俯视角
按主体对象	角色类射击游戏	以角色为射击主体
	载具类射击游戏	驾驶射击、飞行射击

1.3.7　竞速类游戏

竞速类游戏（racing game, RCG）是以速度竞赛为主体的游戏类型。竞速类游戏原为体育类游戏的分支类型，但随着竞速游戏种类和数量的增多，游戏的规则体系日益成熟和完善，现已发展成独立的游戏类型。

竞速类游戏并非等同于赛车类游戏，从大方面来看，竞速类游戏包含两大分支：赛车竞速类游戏和非赛车竞速类游戏，如 F1 方程式赛车、拉力赛车、越野赛车、摩托车、自行车、卡丁车等，都属于赛车竞速的范畴。非赛车竞速就是指除赛车以外的其他主体形式的竞速类游戏，这个概念包含的范围很广，像跑步、快艇、科幻飞船，及其他幻想形式的载具等都属于这个范畴。

在如今的 PC 平台和家用机平台，竞速类游戏的主流类型还是赛车类竞速游戏，这其中又分为两种风格类型：写实派和非现实派。写实派赛车竞速属于模拟竞速游戏的范畴，游戏通常会以现实生活中的赛车和赛道为素材，游戏中以 1:1 的方式来呈现，同时在操控、动作及物理反应等方面都完全模拟真实环境的效果，让玩家完全置身于虚拟现实的实验环境中。经典的写实派赛车游戏包括《GT 赛车》系列（见图 1-16）、《F1 方程式赛车》系列等。

图 1-16 《GT 赛车 7》

非现实赛车竞速游戏通常只是追求驾驶的速度感和流畅感，赛车和赛道的类型可以是科幻的，也可以是卡通风格的，甚至游戏内容中还加入了许多其他要素，如道具争夺、武器对战、赛车撞击等。非现实赛车代表作有《马里奥赛车》《跑跑卡丁车》（见图 1-17）等。

■ 图 1-17 《跑跑卡丁车》

1.3.8　益智类游戏

益智类游戏（puzzle game, PUG）是指在游戏中可以锻炼脑、眼、手，并使人在游戏中获得逻辑力和敏捷力的游戏类型。益智类游戏是一种传统的游戏类型，如象棋、围棋、七巧板、拼图等都可以算作益智游戏。益智类游戏的目的主要是解决难题，即玩家通过逻辑思考和推理分析，解决游戏关卡中设置的各种障碍和困难。益智类游戏可以提高玩家思考、观察、判断、推理等方面的能力，具有极高的耐玩度。益智类游戏的经典作品包括《俄罗斯方块》《扫雷》《祖玛》《泡泡龙》等。

近几年来智能手机大规模普及，益智类游戏的种种特性更加匹配移动平台，于是大量的手游都选择益智游戏作为开发的主要类型，优秀的作品也层出不穷。这些游戏除了在程序和玩法上独具匠心，还更加注重游戏美术和声画的结合，让游戏整体极具艺术的魅力。

1.4　游戏引擎

游戏引擎，也称为游戏架构，是一个通过软件开发环境设计，为人们打造的视频游戏。开发人员使用游戏引擎为控制台、移动设备和个人计算机构建游戏。游戏引擎通常提供的核心功能包括用于 2D 或 3D 图形的渲染引擎（“渲染器”），物理引擎或碰撞检测、碰撞响应，以及声音、脚本、动画、人工智能、网络、内存管理、线程、本地化支持、场景图，并且可能包括对电影的视频支持。实施者通常通过重用 / 改编相同的游戏引擎来生产不同的游戏，或帮助将游戏移植到多个平台上，从而节省了游戏开发的过程。

1.4.1 游戏引擎的定义

前文提到，游戏从 2D 往 3D 过渡的时期中，越来越多的游戏开始研发和应用游戏引擎。那么，到底什么是引擎呢？

“引擎”（engine）这个词汇最早出现在汽车领域，是汽车的动力来源，它好比汽车的心脏，决定着汽车的性能和稳定性，汽车的速度、操纵感等这些直接与驾驶相关的指标都是建立在引擎的基础上的。计算机游戏也是如此，玩家所体验到的剧情、关卡、美工、音乐、操作等内容都是由游戏的引擎直接控制的。它扮演着中场发动机的角色，把游戏中的所有元素捆绑在一起，在后台指挥它们同步有序地工作。

1.4.2 游戏引擎的功能

无论是 2D 游戏还是 3D 游戏，无论是角色扮演游戏、即时策略游戏、冒险解谜游戏还是动作射击游戏，哪怕是一个只有 1MB 的桌面小游戏，都有一段起控制作用的代码，这段代码就可以笼统地称为引擎。或许在早期的像素游戏时代，一段简单的程序编码也可以称为引擎，但随着计算机游戏技术的发展，经过不断的进化，如今的游戏引擎已经发展为一套由多个子系统共同构成的复杂系统，从建模、动画到光影、粒子特效，从物理系统、碰撞检测到文件管理、网络特性，还有专业的编辑工具和插件，几乎涵盖了开发过程中的所有重要环节，这一切所构成的集合系统才是今天真正意义上的游戏引擎，而一套完整成熟的游戏引擎也必须包含以下几方面的功能：

① 光影效果。光影效果是指场景中的光源对所有物体的影响方式。游戏的光影效果完全是由引擎控制的，折射、反射等基本的光学原理及动态光源、彩色光源等高级效果都是通过游戏引擎的不同编程技术实现的。

② 动画。目前游戏所采用的动画系统可以分为两种：一种是骨骼动画系统，另一种是模型动画系统。前者用内置的骨骼带动物体产生运动，比较常见；后者则是在模型的基础上直接进行变形。游戏引擎通过这两种动画系统的结合，能够使动画师为游戏中的对象制作出更加丰富的动画效果。

③ 提供物理系统。它可以使物体的运动遵循固定的规律，例如，当角色跳起的时候，系统内定的重力值将决定它能跳多高，它下落的速度有多快；另外，如子弹的飞行轨迹、车辆的颠簸方式等也都是由物理系统决定的。

碰撞探测是物理系统的核心部分，它可以探测游戏中各物体的物理边缘。当两个 3D 物体撞在一起的时候，这种技术可以防止它们相互穿过，这就确保了当其撞在墙上的时候，不会穿墙而过，也不会把墙撞倒，因为碰撞探测会根据角色和墙之间的特性确定两者的位置和相互的作用关系。

④ 渲染。当 3D 模型制作完毕后，游戏美术师会为模型添加材质和贴图，最后再通过引擎渲染把模型、动画、光影、特效等所有效果实时计算出来并展示在屏幕上，渲染模块在游戏引擎的所有部件当中是最复杂的，它的强大与否直接决定着最终游戏画面的质量。

⑤ 负责玩家与计算机之间的沟通。包括处理来自键盘、鼠标、摇杆和其他外设的输入信号。

1.4.3　游戏引擎的特点

时至今日，游戏引擎已从早期游戏开发的附属变成了今日的中流砥柱，对于一款游戏来说，能实现什么样的效果，很大程度上取决于所使用游戏引擎的能力。下面就总结一下优秀游戏引擎所具备的优点。

1. 完整的游戏功能

随着游戏要求的提高，现在的游戏引擎不再是一个简单的 3D 图形引擎，而是涵盖了 3D 图形、音效处理、AI 运算、物理碰撞等游戏中的各个组件，所以齐全的各项功能和模块化的组件设计是游戏引擎所必须实现的。

2. 强大的编辑器和第三方插件

优秀的游戏引擎还要具备强大的编辑器，包括场景编辑、模型编辑、动画编辑、特效编辑等。编辑器的功能越强大，美工人员可发挥的余地就越大，做出的效果也越多。而插件的存在，使得第三方软件如 3ds Max、Maya 等可以与引擎对接，无缝实现模型的导入导出。

3. 简洁有效的 SDK 接口

优秀的引擎会把复杂的图像算法封装在模块内，对外提供的则是简洁有效的 SDK 接口，有助于游戏开发人员迅速上手。这一点就像各种编程语言一样，越高级的语言越容易使用。

4. 其他辅助支持

优秀的游戏引擎还提供网络、数据库、脚本等功能，这一点对于面向网游的引擎来说更为重要，因为网游要考虑服务器端的状况，要在保证优异画质的同时降低服务器端的极高压力。

当回顾过去的游戏引擎时，便会发现这些功能也都是从无到有慢慢发展起来的。从最早的游戏引擎的诞生到今天，游戏引擎已经有 20 多年的发展历史，在这期间引擎的功能不断增强，与之相应的游戏画面和技术也日新月异。

1.4.4　世界主流游戏引擎介绍

世界游戏制作产业发展进入到游戏引擎时代后，人们逐渐明白了游戏引擎对于游戏制作的重要性，于是各家厂商都开始了自主引擎的设计与研发，到目前为止，全世界已经署名并成功研发出游戏作品的引擎有几十种，这其中有将近 10 款的世界级主流游戏引擎。下面就介绍几款世界知名的主流游戏引擎。

1. Unreal（虚幻）引擎

虚幻引擎（见图 1-18）是由游戏公司 EPIC 开发的引擎。初代虚幻引擎将渲染、碰撞侦测、AI、图形、网络和文件系统集成为一个完整的引擎，于 1998 年推出。Epic Games 将这款引擎用于《魔域幻境》和《虚幻竞技场》。二代中改进载具模拟的 Karma physics SDK 集成在一起，也强化了许多元素。支持 PlayStation 2、XBOX 与 GameCube。虚幻引擎 3 的设计目的非常明确，每一个方面都具有比较高的易用性，尤其侧重于数据生成和程序编写的方面，美工只需要程序员很少量的协助，就能够尽可能多地开发游戏的数据资源，并且这个过程是在完全的可视化环境中完成的，实际操作非常便利；与此同时，虚幻引擎 3 还能够为程序员提供一个具有先进功能的，并且具有可扩展性的应用程序框架，这个框架可用于建立、测试和发布各种类型的游戏。

作为虚幻引擎 3 的升级版，虚幻引擎 4 是一个面向次世代游戏机和 DirectX 11 个人计算机的完整的游戏开发平台，提供了游戏开发者需要的大量的核心技术、数据生成工具和基础支持，可以处理极其细腻的模型。2022 年 4 月 5 日，Epic 官方正式推出虚幻引擎 5。《黑神话：悟空》（见图 1-19）就是以虚幻引擎 5 实现足以乱真的画面效果。

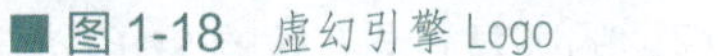

■图 1-18　虚幻引擎 Logo

■图 1-19　《黑神话：悟空》画面

新一代虚幻引擎 5 的亮点技术再次提高了游戏画面效果的上限，借助虚幻引擎 5，游戏能实现更加逼真细腻的画面效果，带来前所未有的沉浸体验。虚拟微多边形几何体系统 Nanite 可以创建出人眼所能看到的一切几何体细节，实现影视级的精细；可以被实时流送和缩放的几何体免去烦琐的预算，确保画面质量不被损失。虚幻引擎 5 的发布让游戏达到“与电影、CG 和现实生活一样的超真实感”得以实现，也为构建游戏元宇宙世界开辟了技术端口。全动态全局光照解决方案 Lumen 能够对场景和光照变化作出准确的实时反应，且无须专门的光线追踪硬件，就能够完成宏大动态场景的精细光效。数字人物角色制作工具 MetaHuman Creator 能够高效创建逼真的角色模型，从肌肤纹路到毛发细节都能达到真人特写般的效果，表情和肢体动作动画也能做到流畅自然。

Epic 管理层认为，基于虚幻引擎 5 研发的开放世界引擎，已经可以被看作与元宇宙相类似的产品，已经确定使用虚幻引擎 5 研发的《黑客帝国》《堡垒之夜》《黑神话：悟空》等游戏，也的确在逼真的画面效果和角色拟真度方面获得了玩家们的高度肯定。

2. CryEngine 引擎

德国的 CRYTEK 公司是在 GPU 进入可编程时代后，最先发现游戏引擎的重要性并且着手开发的独立游戏工作室之一，他们 2004 年开始发售采用初代 CryEngin 引擎（见图 1-20）制作的游戏《孤岛惊魂》，取得了非常好的销售记录。

这款游戏在当年的美国 E3 大展亮相时便获得了广泛的关注，其游戏引擎制作出的场景效果更称得上是惊艳。CryEngine 引擎擅长超远视距的渲染，同时拥有先进的植被渲染系统，此外，玩家在游戏关卡中不需要暂停来加载附近的地形，对于室内和室外的地形也可无缝过渡，游戏大量使用像素着色器，借助 Crytek PolyBump 法线贴图技术，使游戏中室内和室外的水平特征细节也得到了大幅提高。游戏引擎内置的实时沙盘编辑器可以让玩家很容易地创建大型户外关卡和加载测试自定义的游戏关卡，并即时看到游戏中的特效变化。虽然当时的 CryEngine 引擎与世界顶级的游戏引擎还有一定的距离，但所有人都看到了 CryEngine 引擎的巨大潜力。第二代 CryEngine 引入了白天和黑夜交替设计，静物与动植物的破坏、拣拾和丢弃系统，物体的重力效应，人或风力对植物、海浪的形变效应，爆炸的冲击波效应等一系列的场景特效，其视觉效果直逼真实世界。在 DirectX 10 的帮助下，其具备了卓越的图像处理能力。引擎提供了实时光照和动态柔和阴影渲染支持，这一技术无须提前准备纹理贴图，就可以模拟白天和动态的天气情况下的光影变化，同时能够生成高分辨率、带透视矫正的容积化阴影效果。而创造出的这些效果则是得益于引擎中所采用的容积化、多层次及远视距雾化技术。同时，引擎还整合了灵活的物理引擎，使得具备可破坏性特征的环境创建成为可能，大至房屋建筑、小至树木都可以在外力的作用实现坍塌、断裂等毁坏效果，树木植被甚至是桥梁在风向或水流的影响下都能做出相应的力学弯曲反应。图 1-21 所示为 CryEngine 引擎开发的《孤岛危机 3》画面。

■图 1-20　CryEngine 引擎 Logo

■图 1-21　《孤岛危机 3》画面

3. Gamebryo 引擎

Gamebryo 引擎（见图 1-22）相比于以上两款游戏引擎在玩家中的知名度略低，但值得一提的是，《辐射 3》《上古卷轴 4》《文明 4》系列这几款大名鼎鼎的游戏作品，正是使用 Gamebryo 游戏引擎制作出来的。

■图 1-22　Gamebryo 引擎 Logo

Gamebryo 引擎是 NetImmerse 引擎的后继版本，最初是由 Numerical Design Limited 开发的游戏中间层，在与 Emergent Game Technologies 公司合并后，引擎改名为 Gamebryo Element。Gamebryo Element 引擎是由 C++ 编写的多平台游戏引擎，它支持的平台有 Windows、Wii、PlayStation 2、PlayStation 3、Xbox 和 Xbox 360。Gamebryo 是一个灵活多变、支持跨平台创作的游戏引擎和工具系统，无论是制作 RPG 或 FPS 游戏，还是一款小型桌面游戏，也无论游戏平台是 PC 还是 Xbox 360，Gamebryo 游戏引擎都能在设计制作过程中起到极大的辅助作用，提升整个项目计划的进程效率。

虽然 Gamebryo 的渲染引擎部分是私有的，但它允许使用者添加自己的图形绘制代码。灵活性是 Gamebryo 引擎设计原则的核心。Gamebryo 的程序库允许开发者在不需要修改源代码的情况下做最大限度的个性化制作。强大的动画整合也是 Gamebryo 引擎的特色，引擎几乎可以自动处理所有的动画值，这些动画值可从当今热门的 DCC 工具中导出。此外，Gamebryo 的 Animation Tool 可让混合任意数量的动画序列，创造出具有行业标准的产品，结合 Gamebryo 引擎中所提供的渲染、动画及特技效果功能，制作任何风格的游戏。

凭借着 Gamebryo 引擎具备的简易操作及高效特性，不但在单机游戏上，在网络游戏上也有越来越多的游戏产品应用了这一便捷 实用的商业化游戏引擎，在保持画面优质视觉效果的前提下，能更好地保持游戏的可玩性及寿命。利用 Gamebryo 引擎制作的游戏有《上古卷轴》系列、《波斯王子 3D》、《辐射》系列、《仙境传说 2》、《红海》、《文明 4》等。此外，国内许多游戏制作公司也引进 Gamebryo 引擎制作了许多游戏作品，包括腾讯公司的《御龙在天》《轩辕传奇》《QQ 飞车》，上海烛龙的《古剑奇谭》（见图 1-23）等。

■ 图 1-23 《古剑奇谭》

4. Unity 引擎

Unity 引擎，又称 Unity 3D 引擎（见图 1-24）。其自身具备所有大型 3D 游戏引擎的基本功能，如高质量渲染系统、高级光照系统、粒子系统、动画系统、地形编辑系统、UI 系统、物理引擎等，而且整体的视觉效果也不亚于现在市面上的主流大型 3D 引擎。

■ 图 1-24 Unity 引擎 Logo

Unity 引擎中整合了 Enlighten 即时光源系统及带有物理特性的 Shader，作品能呈现令人惊艳的高品质角色、环境、照明和效果。另外，由于采用了全新的整合着色架构，可以即时从编辑器中预览光照贴图，提升 Asset 打包效率。还有针对音效设计师所开发的全新音源混音系统，可以让开发者创造动态音乐和音效。在此基础上，Unity 3D 引擎最大的优势在于多平台的发布支持和低廉的软件授权费用。Unity 3D 引擎不仅支持苹果 iOS 和安卓平台的发布，同时也支持对 PC、Mac、PS、Wii、Xbox 等平台的发布。除了授权版本外，Unity 3D 还提供了免费版本，虽然简化了一些功能，但却为开发者提供了 Union 和 Asset Store 的销售平台，任何游戏制作者都可以把自己的作品放到商城上销售，而专业版 Unity 3D Pro 的授权费用也足以让个人开发者承担得起，这对于很多独立游戏制作者无疑是最大的实惠。Unity 3D 引擎的这些优势让不少单机游戏厂商也选择用其来开发游戏产品。随着智能手机在世界范围的普及，手机游戏成为网络游戏之后游戏领域另一个发展的主流趋势，过去手机平台上利用 Java 语言开发的平面像素游戏已经不能满足人们的需要，手机玩家需要获得与 PC 平台同样的游戏视觉画面，就这样 3D 类手机游戏应运而生。虽然像 Unreal 这类大型的 3D 游戏引擎也可以用于 3D 手机游戏的开发，但无论从工作流程、资源配置还是发布平台来看，大型 3D 引擎操作复杂、工作流程烦琐、需要硬件支持高，本来自身的优势在手游平台上反而成了弱势。由于手机游戏具有容量小、流程短、操作性强、单机化等特点，这决定了手游 3D 引擎在保证视觉画面的同时要尽可能对引擎自身和软件操作流程进行简化，最终这一目标被 Unity 3D 引擎所实现。中国是世界第一的手游大国，同时也是 Unity 增速最快的市场之一。据统计，全球销量前 1 000 名的手机游戏中，与 Unity 有关的作品超过 50%，75% 与 AR/VR 相关的内容为 Unity 引擎创建。从 2019 年 1 月至今，中国所有新发行的手游有 76% 都使用了 Unity 开发，而且这个数据还在增长。

利用 Unity3D 引擎开发的代表游戏有《原神》《明日方舟》《精灵宝可梦 GO》《王者荣耀》《炉石传说》《剑网 3：指尖江湖》《纪念碑谷》（见图 1-25）等。

图 1-25 《纪念碑谷》

游戏引擎是一个十分复杂的综合概念，其中包括众多的内容，既有抽象的逻辑程序概念，也包括具象的实际操作平台，引擎编辑器就是游戏引擎中最为直观的交互平台，它承载了企划、美术制作人员与游戏程序的衔接任务。一套成熟完整的游戏引擎编辑器一般包含以下几部分：场景地图编辑器、场景模型编辑器、角色模型编辑器、动画特效编辑器和任务编辑器，不同的编辑器负责不同的制作任务，以供不同的游戏制作人员使用。

小结

本章首先介绍了游戏的基本概念与特征，以及游戏的产生与发展历史，并将历史上具有里程碑纪念意义的电子游戏罗列出来，接着总结了游戏的类型以及不同类型的特征，最后介绍了当今主流的几款游戏引擎以及这些引擎的代表作。通过本章的学习，读者可快速了解游戏的基本知识，为后面章节学习并实操游戏案例奠定坚实的基础。

第 2 章 C# 程序设计基础

学习目标

知识目标：

① 熟悉 Visual Studio 的使用。

② 熟悉 C# 的基础知识和基本语法。

③ 掌握面向对象的程序设计技术和方法。

④ 掌握如何通过 C# 开发应用程序。

能力目标：

① 学会使用 Visual Studio 软件创建 C# 项目。

② 能够使用 Visual Studio 编写 C# 程序。

③ 能够使用 C# 语言编写小程序（小游戏）。

④ 能够完成“连连看”游戏的开发。

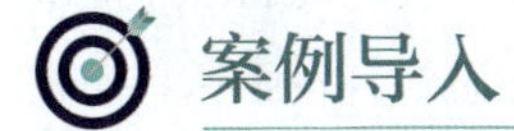

案例导入

“连连看”游戏

在“连连看”游戏（见图 2-1）中，玩家可以将两个相同图案的牌连接起来，连接线不多于三根直线，就可以成功将两个牌消除。

在游戏中，第一次单击游戏界面中的牌，该牌此时“被选中”，以特殊方式显示；再次单击其他牌，若该牌与被选中的牌图案相同，且把第一个牌到第二个牌连起来，中间的直线不超过三根，则消掉这一对牌，否则第一个牌恢复成未被选中状态，而第二个牌变成被选中状态。

■ 图 2-1 “连连看”游戏界面

通关条件为：在规定时间，界面上的牌全部消掉。

通过“连连看”小游戏掌握 C# 的基本开发流程：方案设计、界面布局设计、系统流程设计、编码、游戏测试，以及项目打包等一系列内容。

知识储备

2.1 C# 程序设计概述

2.1.1 C# 与游戏开发

C# 是一种通用编程语言，可以用来开发各种类型的应用程序，包括游戏。在游戏开发中，C# 通常与 Unity 游戏引擎一起使用。Unity 是一款非常流行的游戏引擎，它使用 C# 作为主要的编程语言。开发人员可以使用 C# 来编写游戏逻辑、处理用户输入、管理游戏对象等。Unity 还提供了一系列的 API 和工具，使开发游戏变得更加简单和高效。总的来说，C# 在游戏开发中具有很高的应用价值，它提供了强大的功能和灵活性，使开发人员能够轻松创建各种类型的游戏。

2.1.2 C# 的语言特点及历史

C# 读作 C Sharp，是微软推出的一种基于 .NET 平台的、面向对象的高级编程语言，是微软公司在 2000 年发布的一种编程语言，主要由安德斯・海尔斯伯格（Anders Hejlsberg）主持开发，它是第一种面向组件的编程语言，其源码会编译成微软中间语言（MSIL）再运行。C# 是一种语法简单，类型安全的面向对象的编程语言，可以通过它编写在 .NET Framework 上运行各种安全可靠的应用程序。

C# 语言特点：

① 语法简洁。不允许直接操作内存，去掉了指针操作。

② 彻底的面向对象设计。包括封装、继承、多态。

③ 与 Web 紧密结合。C# 支持绝大多数的 Web 标准，如 HTML、XML、SOAP。

④ 安全机制很强大。.NET 提供的垃圾回收器能够帮助开发者有效地管理内存资源。

⑤ 兼容性。因为 C# 遵循 .NET 的公共语言规范（common language specification, CLS），从而能够保证与其他语言开发组件兼容。

⑥ 灵活的版本控制技术。因为 C# 语言本身内置了版本控制功能，因此使开发人员更容易开发和维护。

⑦ 完善的错误、异常处理机制。C# 提供了完善的错误和异常处理机制，使程序更健壮。

2.1.3 编程语言与脚本语言

编程语言（programming language）是用来定义计算机程序的形式语言。它是一种被标准化的交流技巧，用来向计算机发出指令。一种计算机语言让程序员能够准确地定义计算机所需要使用的数据，并精确地定义在不同情况下所应当采取的行动。

脚本语言（scripting language）又称扩建的语言，或者动态语言，是一种编程语言，用来控制软件应用程序，脚本通常以文本（如 ASCII）保存，只在被调用时进行解释或编译。

脚本语言和编程语言比较：

① 脚本语言因为不需要编译器，省去了编译的过程，这就极大地减少了开发的时间。而编程语言，因为需要编译，所以可能需要的时间更加长一些。

② 脚本语言是一种动态语言，也就是说可以实时地更改代码，而不需要将程序停止下来，这是一种高级特性。而 Java 等编程语言，是静态的语言，一旦编译完成并且运行，就不能更改代码，除非将程序停止下来，但是这样的代价是比较昂贵的。

③ 脚本语言非常容易学习，但是也造成了它的不足，即不全面，缺乏系统性，语法比较散漫。而高级编程语言，虽然相对难学，但是规则强，可以编出简洁美观的代码，并且可读性也相对较强。

④ 一般来说脚本语言通用性较差，但是可以通过专门的应用来调整。

⑤ 随着技术的发展，脚本语言变得越来越强，和编程语言的界限也逐渐模糊，比如 Python，可以将它视为编程语言，因为它很强大。

2.1.4 C# 的基本语法

1. C# 基本数据类型

数据类型主要用于指明变量和常量存储值的类型，C# 语言是一种强类型语言，要求每个变量都必须指定数据类型。

C# 语言的数据类型分为值类型和引用类型。值类型包括整型、浮点型、字符型、布尔型、枚举型等；引用类型包括类、接口、数组、委托、字符串等。从内存存储空间的角度而言，值类型的值存放到栈中，每次存取值都会在该内存中操作；引用类型首先会在栈中创建一个引用变量，然后在堆中创建对象本身，再把这个对象所在内存的首地址赋予引用变量。

（1）值类型

C# 语言中的常用基本数据类型包括值类型中的整型、浮点型、字符型、布尔型，以及引用类型中常用的字符串类型。

① 整型。所谓整型就是存储整数的类型，按照存储值的范围不同，C# 语言将整型分成了 byte 类型、short 类型、int 类型、long 类型等，并分别定义了有符号数和无符号数。

有符号数可以表示负数，无符号数仅能表示正数。

不同整型的取值范围见表 2-1。

表 2-1　不同整型的取值范围

类　型	取 值 范 围
sbyte	有符号数，占用 1 字节，-2^7 ~ 2^7-1
byte	无符号数，占用 1 字节，0 ~ 2^8-1
short	有符号数，占用 2 字节，-2^{15} ~ $2^{15}-1$
ushort	无符号数，占用 2 字节，0 ~ $2^{16}-1$
int	有符号数，占用 4 字节，-2^{31} ~ $2^{31}-1$
uint	无符号数，占用 4 字节，0 ~ $2^{32}-1$
long	有符号数，占用 8 字节，-2^{63} ~ $2^{63}-1$
ulong	无符号数，占用 8 字节，0 ~ $2^{64}-1$

从上面的表中可以看出 short、int 和 long 类型所对应的无符号数类型都是在其类型名称前面加上了 u 字符，只有 byte 类型比较特殊，它存储一个无符号数，其对应的有符号数则是 sbyte。

此外，在 C# 语言中默认的整型是 int 类型。

②浮点型。浮点型是指小数类型，浮点型在 C# 语言中共有两种：一种称为单精度浮点型，另一种称为双精度浮点型。单 / 双精度浮点型取值范围见表 2-2。

表 2-2　单 / 双精度浮点型取值范围

类　型	取 值 范 围
float	单精度浮点型，占用 4 字节，最多保留 7 位小数
double	双精度浮点型，占用 8 字节，最多保留 16 位小数

在 C# 语言中默认的浮点型是 double 类型。如果要使用单精度浮点型，需要在数值后面加上 f 或 F 来表示，例如 123.45f、123.45F。

③ 字符型。字符型只能存放一个字符，它占用 2 字节，能存放一个汉字。字符型用 char 关键字表示，存放到 char 类型的字符需要使用单引号括起来，如 'a'、' 中 ' 等。

（2）引用类型

字符串类型能存放多个字符，它是一个引用类型，在字符串类型中存放的字符数可以认为是没有限制的，因为其使用的内存大小不是固定的，而是可变的。

使用 string 关键字来存放字符串类型的数据。字符串类型的数据必须使用双引号括起来，例如 "abc"、"123" 等。

在 C# 语言中还有一些特殊的字符串，代表了不同的特殊作用。由于在声明字符串类型的数据时需要用双引号将其括起来，那么双引号就成了特殊字符，不能直接输出，转义字符的作用就是输出这个有特殊含义的字符。

转义字符非常简单，常用的转义字符及等价字符见表 2-3。

表 2-3　转义字符及等价字符

转义字符	等价字符	转义字符	等价字符
\'	单引号	\f	换页
\"	双引号	\n	换行
\\	反斜杠	\r	回车
\0	空	\t	水平制表符
\a	警告（产生蜂鸣音）	\v	垂直制表符
\b	退格		

在 C# 语言中，布尔类型使用 bool 来声明，它只有两个值，即 True 和 False。当某个值只有两种状态时可以将其声明为布尔类型，例如，是否同意协议、是否购买商品等。布尔类型的值也被经常用到条件判断的语句中，例如，判断某个值是否为偶数、判断某个日期是否是工作日等。

2. C# 运算符

运算符是每一种编程语言中必备的符号,如果没有运算符,那么编程语言将无法实现任何运算。运算符用于执行程序代码运算，会针对一个以上操作数项目来进行运算。

下面介绍算术运算符、逻辑运算符、比较运算符、位运算符、条件运算符、赋值运算符，以及运算符的优先级。

（1）算术运算符

算术运算符是最常用的一类运算符，包括加法、减法、乘法、除法、取余，具体的表示符号及说明见表 2-4。

表 2-4　算术运算符表示符号及说明

运算符	说明
+	对两个操作数做加法运算
-	对两个操作数做减法运算
*	对两个操作数做乘法运算
/	对两个操作数做除法运算
%	对两个操作数做取余运算

【实例 1】求 100 与 50 两数的各个算术运算结果。

代码如下：

```
1. class Program
2. {
3.     static void Main(string[] args)
```

```
4.     {
5.         Console.WriteLine(100 + 100);      //加法运算
6.         Console.WriteLine(100 - 50);       //减法运算
7.         Console.WriteLine(100 * 50);       //乘法运算
8.         Console.WriteLine(100 / 50);       //除法运算
9.         Console.WriteLine(100 % 49);       //求余运算
10.    }
11.}
```

运行结果如图 2-2 所示。

（2）逻辑运算符

逻辑运算符主要包括与、或、非等，它主要用于多个布尔型表达式之间的运算。逻辑运算符具体表示符号及说明见表 2-5。

表 2-5　逻辑运算符表示符号及说明

运 算 符	含　义	说　明
&&	逻辑与	如果运算符两边都为 True，则整个表达式为 True，否则为 False；如果左边操作数为 False，则不对右边表达式进行计算，相当于“且”的含义
||	逻辑或	如果运算符两边有一个或两个为 True，整个表达式为 True，否则为 False；如果左边为 True，则不对右边表达式进行计算，相当于“或”的含义
!	逻辑非	表示和原来的逻辑相反的逻辑

【实例 2】判断 2017 年是否为闰年。

闰年的判断是需要满足两个条件中的一个，一个是年份能被 4 整除但是不能被 100 整除，一个是能被 400 整除。

代码如下：

```
1. class Program
2. {
3.     static void Main(string[] args)
4.     {
5.         Console.WriteLine("2017年是否是闰年: "+((2017 % 4 == 0 && 2017 % 100 != 0) || (2017 % 400 == 0)));
6.     }
7. }
```

运行结果如图 2-3 所示。

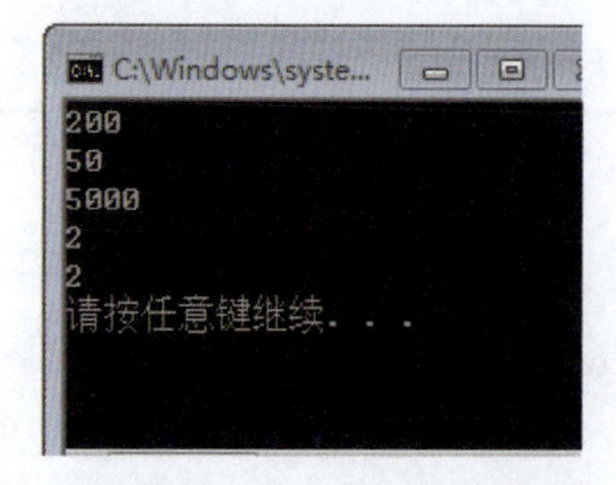

图 2-2　实例 1 运行结果

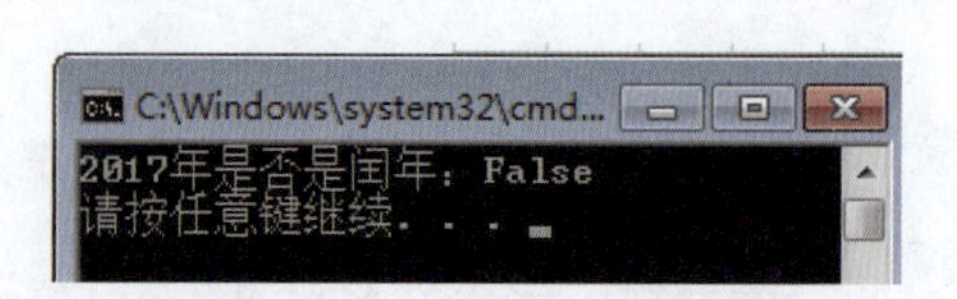

图 2-3　实例 2 运行结果

（3）比较运算符

比较运算符是在条件判断中经常使用的一类运算符，包括大于、小于、不等于、大于等于、小于等于等，使用比较运算符运算得到的结果是布尔型的值，因此经常将使用比较运算符的表达式用到逻辑运算符的运算中。比较运算符具体符号及说明见表 2-6。

表 2-6　比较运算符具体符号及说明

运　算　符	说　　明
==	表示两边表达式运算的结果相等，注意是两个等号
!=	表示两边表达式运算的结果不相等
>	表示左边表达式的值大于右边表达式的值
<	表示左边表达式的值小于右边表达式的值
>=	表示左边表达式的值大于等于右边表达式的值
<=	表示左边表达式的值小于等于右边表达式的值

【实例 3】判断 100 与 50 两数之间的大小。

代码如下：

```
1. class Program
2. {
3.     static void Main(string[] args)
4.     {
5.         Console.WriteLine("100 是否大于 50: " + (100 > 50));
6.         Console.WriteLine("100 是否小于 50: " + (100 < 50));
7.         Console.WriteLine("100 是否等于 50: " + (100 == 50));
8.         Console.WriteLine("100 是否不等于 50: " + (100 != 50));
9.         Console.WriteLine("100 是否大于等于 50: " + (100 >= 50));
10.        Console.WriteLine("100 是否小于等于 50: " + (100 <= 50));
11.    }
12. }
```

运行结果如图 2-4 所示。

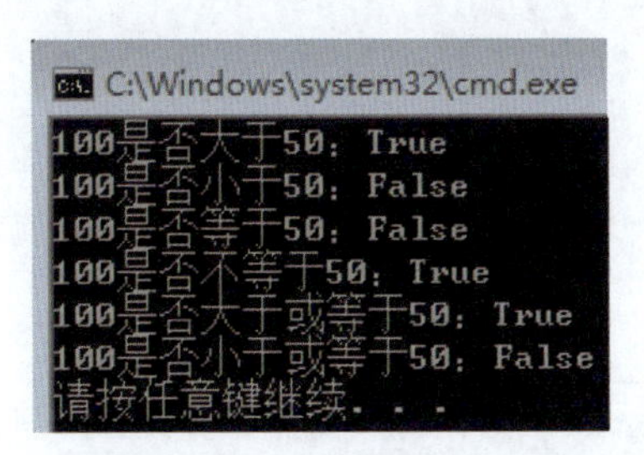

图 2-4　实例 3 运行结果

（4）位运算符

位运算通常是指将数值型的值从十进制转换成二进制后的运算，由于是对二进制数进行运算。位运算包括与、或、非、左移、右移等，具体表示符号及说明见表 2-7。

表 2-7　位运算符表示符号及说明

运 算 符	说　　明
&	按位与。两个运算数都为 1，则整个表达式为 1，否则为 0；也可以对布尔型的值进行比较，相当于“与”运算，但不是短路运算
|	按位或。两个运算数都为 0，则整个表达式为 0，否则为 1；也可以对布尔型的值进行比较，相当于“或”运算，但不是短路运算
~	按位非。当被运算的值为 1 时，运算结果为 0；当被运算的值为 0 时，运算结果为 1。该操作符不能用于布尔型。对正整数取反，则在原来的数上加 1，然后取负数；对负整数取反，则在原来的数上加 1，然后取绝对值
^	按位异或。只有运算的两位不同结果才为 1，否则为 0
<<	左移。把运算符左边的操作数向左移动运算符右边指定的位数，右边因移动空出的部分补 0
>>	有符号右移。把运算符左边的操作数向右移动运算符右边指定的位数。如果是正值，左侧因移动空出的部分补 0；如果是负值，左侧因移动空出的部分补 1
>>>	无符号右移。和 >> 的移动方式一样，只是不管正负，因移动空出的部分都补 0

位逻辑运算规则见表 2-8。

表 2-8　位逻辑运算规则

a	b	a&b	a|b	a^b	~a	~b
0	0	0	0	0	1	1
0	1	0	1	1	1	0
1	0	0	1	1	0	1
1	1	1	1	0	0	0

【实例 4】两数之间的位运算。

代码如下：

```
1. class Program
2. {
3.     static void Main(string[] args)
4.     {
5.         byte a = Convert.ToByte("11010010", 2);
6.         byte b = Convert.ToByte("01000111", 2);
7.         Console.WriteLine(Convert.ToString((a & b), 2));
8.         Console.WriteLine(Convert.ToString((a | b), 2));
9.         Console.WriteLine(Convert.ToString((a ^ b), 2));
10.        Console.WriteLine(Convert.ToString(~a, 2));
11.        Console.WriteLine(Convert.ToString((a << 2), 2));
12.        Console.WriteLine(Convert.ToString((a >> 2), 2));
13.    }
14.}
```

运行结果如图 2-5 所示。

（5）条件运算符

条件运算符又成为三元运算符，在 C# 语言中条件运算符只有一个。具体语法格式如下：

```
布尔表达式 ? 表达式 1: 表达式 2
```

参数说明如下：

① 布尔表达式：判断条件，它是一个结果为布尔型值的表达式。

② 表达式 1：如果布尔表达式的值为 True，该条件运算符得到的结果就是表达式 1 的运算结果。

③ 表达式 2：如果布尔表达式的值为 False，该条件运算符得到的结果就是表达式 2 的运算结果。

【实例 5】使用条件运算符判断，10 是奇数还是偶数。

代码如下：

```
1. class Program
2. {
3.     static void Main(string[] args)
4.     {
5.         Console.WriteLine("10 为: "+(10 % 2 == 0 ? "偶数":"奇数"));
6.     }
7. }
```

运行结果如图 2-6 所示。

1000010
11010111
10010101
11111111111111111111111100101101
1101001000
110100
请按任意键继续. . .

■ 图 2-5　实例 4 运行结果

■ 图 2-6　实例 5 运行结果

（6）赋值运算符

赋值运算符中最常见的是等号，除了等号以外还有很多赋值运算符，它们通常都是与其他运算符连用，起到简化操作的作用。赋值运算符表示符号及说明见表 2-9。

表 2-9　赋值运算符表示符号及说明

运　算　符	说　　明
=	x=y，等号右边的值给等号左边的变量，即把变量 y 的值赋给变量 x
+=	x+=y，等同于 x=x+y
-=	x-=y，等同于 x=x-y
*=	x*=y，等同于 x=x*y
/=	x/=y，等同于 x=x/y
%=	x%=y，等同于 x=x%y，表示求 x 除以 y 的余数
++	x++ 或 ++x，等同于 x=x+1
--	x-- 或 --x，等同于 x=x-1

（7）运算符的优先级

在表达式中使用多个运算符进行计算时，运算符的运算有先后顺序，如果想改变运算符的运算顺序必须依靠括号。运算符的优先级见表 2-10，表中显示的内容是按优先级从高到低排序的。

表 2-10　运算符优先等级

<table>
<tr><th>运　算　符</th><th>结　合　性</th></tr>
<tr><td>.（点）、()（小括号）、[]（中括号）</td><td>从左到右</td></tr>
<tr><td>+（正）、-（负）、++（自增）、--（自减）、~（按位非）、!（逻辑非）</td><td>从右到左</td></tr>
<tr><td>*（乘）、/（除）、%（取余）</td><td>从左向右</td></tr>
<tr><td>+（加）、-（减）</td><td>从左向右</td></tr>
<tr><td><<、>>、>>></td><td>从左向右</td></tr>
<tr><td><、<=、>、>=</td><td>从左向右</td></tr>
<tr><td>==、!=</td><td>从左向右</td></tr>
<tr><td>&</td><td>从左向右</td></tr>
<tr><td>|</td><td>从左向右</td></tr>
<tr><td>^</td><td>从左向右</td></tr>
<tr><td>&&</td><td>从左向右</td></tr>
<tr><td>||</td><td>从左向右</td></tr>
<tr><td>?:</td><td>从右到左</td></tr>
<tr><td>=、+=、-=、*=、/=、%=、&=、|=、^=、~=、<<=、>>=、>>>=</td><td>从右到左</td></tr>
</table>

3. C# 变量与常量的定义和使用

（1）变量

变量（variable）是程序设计中不可缺失的内容，使用变量可以更容易地完成程序的编写。变量可以理解为存放数据的容器，并且在将值存放到变量中时还要为变量指定数据类型。

变量和常量是相对的：变量是指所存放的值是允许改变的，而常量表示存入的值是不允许改变的。

在定义变量时，首先要确认在变量中存放的值的数据类型，然后再确定变量的内容，最后根据 C# 变量命名规则定义好变量名。

定义变量的语法格式如下：

```
数据类型　变量名;
```

例如，定义一个存放整数的变量，可以定义为：

```
int num;
```

在定义变量后如何为变量赋值呢？很简单，直接使用“=”来连接要在变量中存放的值即可。

赋值的语法有两种方式：一种是在定义变量的同时直接赋值；另一种是先定义变量然后再赋值。语法格式如下：

在定义变量的同时赋值：

```
数据类型  变量名 = 值;
```

先定义变量然后再赋值：

```
数据类型  变量名;
变量名 = 值;
```

在定义变量时需要注意变量中的值要与变量的数据类型相兼容。另外，在为变量赋值时也可以一次为多个变量赋值。例如：

```
int a = 1, b = 2;
```

（2）常量

常量在第一次被赋值后值就不能再改变，定义常量需要使用关键字 const 来完成。语法格式如下：

```
const 数据类型 常量名 = 值;
```

例如：

```
const double PI = 3.14;
```

4. C# 变量命名规则

C# 常用的命名方法有两种：一种是 Pascal（帕斯卡）命名法，另一种是 Camel（驼峰）命名法。

Pascal 命名法是指每个单词的首字母大写；Camel 命名法是指第一个单词小写，从第二个单词开始每个单词的首字母大写。

（1）变量的命名规则

变量的命名规则遵循 Camel 命名法，并尽量使用能描述变量作用的英文单词。例如，存放学生姓名的变量可以定义成 name 或者 studentName 等。另外，变量名字也不建议过长，最好是一个单词，最多不超过三个单词。

（2）常量的命名规则

为了与变量有所区分，通常将定义常量的单词的所有字母大写。例如，定义求圆面积的 *π* 的值，可以将其定义成一个常量以保证在整个程序中使用的值是统一的，直接定义成 PI 即可。

（3）类的命名规则

类的命名规则遵循 Pascal 命名法，即每个单词的首字母大写。例如，定义一个存放学生信息的类，可以定义成 Student。

（4）接口的命名规则

接口的命名规则也遵循 Pascal 命名法，但通常都是以 I 开头，并将其后面的每个单词的首字母大写。例如，定义一个存放值比较操作的接口，可以将其命名为 ICompare。

（5）方法的命名规则

方法的命名遵循 Pascal 命名法，一般采用动词来命名。例如，实现添加用户信息操作的方法，可以将其命名为 AddUser。

5. C# 选择结构

选择结构用于判断给定的条件，根据判断的结果判断某些条件，根据判断的结果来控制程序的流程。

C# 中常用的选择结构语句有两种：双分支型选择结构（if... 和 if...else...）和多分支型选择结构（switch() case）。

（1）双分支型选择结构

①单个 if 语句。单一条件的 if 语句是最简单的 if 语句，当布尔表达式中的值为 True 时执行语句块中的内容，否则不执行。语法格式如下：

```
if(布尔表达式)
{
语句块;
}
```

②单个 if...else... 语句。单个 if...else... 语句是二选一的结构与之前介绍的条件运算符功能一样，执行过程是当 if 中的布尔表达式的结果为 True 时执行语句块 1，否则执行语句块 2。语法格式如下：

```
if(布尔表达式)
{
    语句块 1;
}else{
    语句块 2;
}
```

③ if...else... 嵌套使用。if...else... 嵌套使用可视为多选一的选择语句。由于 if...else... 每次使用最多两个选择，为实现在多个条件选一，if...else... 只能嵌套使用。语法格式如下：

```
if(布尔表达式 1)
{
    语句块 1;
}else if(布尔表达式 2){
    语句块 2;
}
...
else{
    语句块 n;
}
```

上面语句的执行过程是先判断布尔表达式 1 的值是否为 True，如果为 True，执行语句块 1，整个语句结束，否则依次判断每个布尔表达式的值，如果都不为 True，执行 else 语句中的语句块 n。

【实例 6】使用多分支 if 语句完成对某门课程成绩划分档次，小于 60 分不及格，60~79 及格，80~89 良好，90~100 优秀。

代码如下：

```
1. class Program
2. {
3.     static void Main(string[] args)
```

```
4.      {
5.          Console.WriteLine(" 请输入分数（大于 0 的整数）");
6.          int points = int.Parse(Console.ReadLine());
7.          // 如果输入的分数小于 0 则将其设置为 0
8.          if (points < 0)
9.          {
10.             points = 0;
11.         }
12.         if (points < 60)
13.         {
14.             Console.WriteLine(" 您的成绩不及格！ ");
15.         }else if (points >= 60  && points <=79)
16.         {
17.             Console.WriteLine(" 您的成绩及格。");
18.         }else if (points >= 80  && points <=89)
19.         {
20.             Console.WriteLine(" 您的成绩良好。");
21.         }else
22.         {
23.             Console.WriteLine(" 您的成绩优秀 ");
24.         }
25.     }
26. }
```

运行结果如图 2-7 所示。

```
请输入分数（大于0的整数）
85
您的成绩良好。
请按任意键继续. . .
```

■ 图 2-7　实例 6 运行结果

（2）多分支型选择结构 switch() case

switch 在一些计算机语言中是保留字，其作用大多情况下是进行判断选择。以 C 语言来说，switch（开关语句）常和 case break default 一起使用。语法格式如下：

```
switch(表达式)
{
    case 值 1:
        语句块 1;
        break;
    case 值 2:
        语句块 2;
        break;
        ...
    default:
        语句块 n;
        break;
}
```

这里，switch 语句中表达式的结果必须是整型、字符串类型、字符型、布尔型等数据类型。如果 switch 语句中表达式的值与 case 后面的值相同，则执行相应的 case 后面的语句块。如果所有的 case 语句与 switch 语句表达式的值都不相同，则执行 default 语句后面的值。default 语句是可以省略的。需要注意的是，case 语句后面的值是不能重复的。

【实例 7】switch 语句完成对某门课程成绩划分档次，小于 60 分不及格，60~79 及格，80~89 良好，90~100 优秀。

代码如下：

```
1. class Program
2. {
3.     static void Main(string[] args)
4.     {
5.         Console.WriteLine("请输入分数（大于 0 的整数）");
6.         int points = int.Parse(Console.ReadLine());
7.         switch (points / 10)
8.         {
9.             case 10:
10.                Console.WriteLine("优秀");
11.                break;
12.            case 9:
13.                Console.WriteLine("优秀");
14.                break;
15.            case 8:
16.                Console.WriteLine("良好");
17.                break;
18.            case 7:
19.                Console.WriteLine("及格");
20.                break;
21.            case 6:
22.                Console.WriteLine("及格");
23.                break;
24.            default:
25.                Console.WriteLine("不及格");
26.                break;
27.        }
28.    }
29. }
```

运行结果如图 2-8 所示。

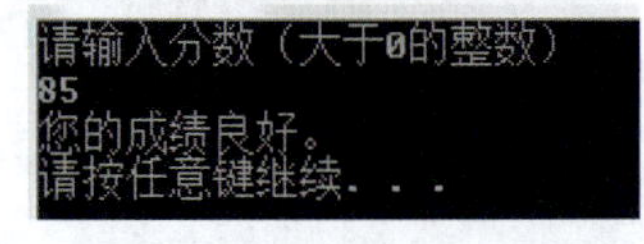

图 2-8　实例 7 运行结果

6. C# 循环结构

循环结构是指在程序中需要反复执行某个功能而设置的一种程序结构。它由循环体中的条件，判断继续执行某个功能还是退出循环。

（1）for 循环

在 C# 中，for 循环是最常用的循环语句，语法格式非常简单，多用于固定次数的循环。语法格式如下：

```
for (表达式 1; 表达式 2; 表达式 3)
{
    表达式 4;
}
```

参数说明如下：

表达式 1：为循环变量赋初值。

表达式 2：为循环设置循环条件，通常是布尔表达式。

表达式 3：用于改变循环变量的大小。

表达式 4：当满足循环条件时执行该表达式 4。

for 循环语句执行的过程是，先执行 for 循环中的表达式 1，然后执行表达式 2，如果表达式 2 的结果为 True，则执行表达式 4，再执行表达式 3 来改变循环变量，接着执行表达式 2 看是否为 True，如果为 True，则执行表达式 4，直到表达式 2 的结果为 False，循环结束。

【实例 8】使用循环输出 1~10 的数，并输出这 10 个数的和。

代码如下：

```
1.  class Program
2.  {
3.      static void Main(string[] args)
4.      {
5.          //设置存放和的变量
6.          int sum = 0;
7.          for (int i = 1; i <= 10; i++)
8.          {
9.              sum += i;
10.         }
11.         Console.WriteLine("1~10 的和为: " + sum);
12.     }
13. }
```

运行结果如图 2-9 所示。

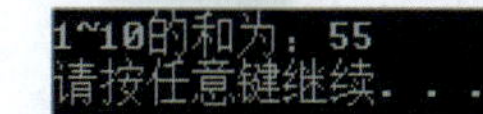

图 2-9　实例 8 运行结果

某些情况下基于问题的复杂性，for 循环语句可以嵌套使用。

【实例 9】打印九九乘法表。

代码如下：

```
1.  class Program
2.  {
3.      static void Main(string[] args)
4.      {
5.          for (int i = 1; i < 10; i++)
6.          {
7.              for (int j = 1; j <= i; j++)
8.              {
9.                  Console.Write(i + "x" + j + "=" + i*j + "\t");
10.             }
11.             Console.WriteLine();
12.         }
13.     }
14. }
```

运行结果如图 2-10 所示。

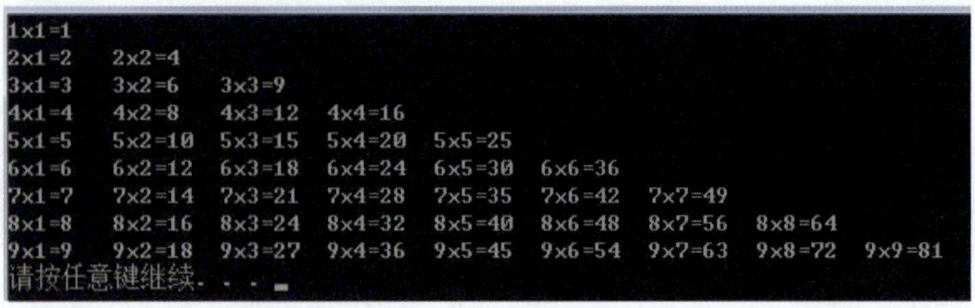

```
1x1=1
2x1=2   2x2=4
3x1=3   3x2=6   3x3=9
4x1=4   4x2=8   4x3=12  4x4=16
5x1=5   5x2=10  5x3=15  5x4=20  5x5=25
6x1=6   6x2=12  6x3=18  6x4=24  6x5=30  6x6=36
7x1=7   7x2=14  7x3=21  7x4=28  7x5=35  7x6=42  7x7=49
8x1=8   8x2=16  8x3=24  8x4=32  8x5=40  8x6=48  8x7=56  8x8=64
9x1=9   9x2=18  9x3=27  9x4=36  9x5=45  9x6=54  9x7=63  9x8=72  9x9=81
请按任意键继续. . .
```

■ 图 2-10　实例 9 运行结果

（2）while 循环

在 C# 中，while 循环与 for 循环类似，但是 while 循环一般适用于不固定次数的循环。语法格式如下：

```
while （布尔表达式）
{
    语句块；
}
```

while 语句执行的过程是，当 while 中布尔表达式的结果为 True 时，执行语句块中的内容，否则不执行。通常使用 for 循环可以操作的语句都可以使用 while 循环完成。

【实例 10】使用 while 循环输出 1~10 的数并输出 1~10 的和。

代码如下：

```
1. class Program
2. {
3.     static void Main(string[] args)
4.     {
5.         int i = 1;
6.         int sum = 0;// 存放 1~10 的和
7.         while (i <= 10)
8.         {
9.             sum = sum + i;
10.            i++;
11.        }
12.        Console.WriteLine("1~10 的和为: " + sum);
13.    }
14.}
```

运行结果如图 2-11 所示。

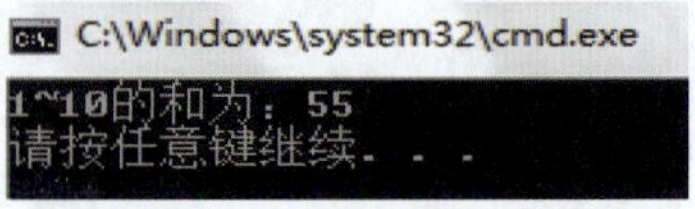

```
C:\Windows\system32\cmd.exe
1~10的和为: 55
请按任意键继续. . .
```

■ 图 2-11　实例 10 运行结果

（3）do...while 循环

do...while 循环跟 while 循环相似，唯一区别是 do...while 要先运行一次循环语句后再进行判断。语法格式如下：

```
do
{
    语句块;
}while （布尔表达式）;
```

do...while 语句执行的过程是，先执行 do{} 中语句块的内容，再判断 while() 中布尔表达式的值是否为 True，如果为 True，则继续执行语句块中的内容，否则不执行，因此 do...while 语句中的语句块至少会执行一次。

【实例 11】使用 do...while 循环输出 1~10 的数。

代码如下：

```
1. class Program
2. {
3.     static void Main(string[] args)
4.     {
5.         int i = 1;
6.         do
7.         {
8.             Console.WriteLine(i);
9.             i++;
10.        } while (i <= 10);
11.    }
12.}
```

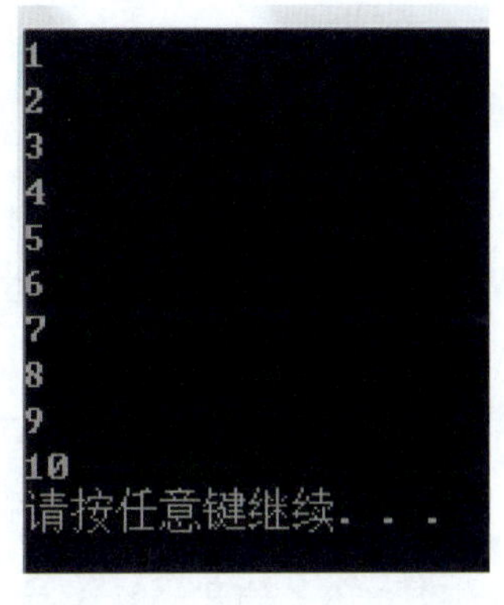

图 2-12　实例 11 运行结果

运行结果如图 2-12 所示。

7. C# goto 语句

在 C# 中，goto 语句用于直接在一个程序中转到程序中的标签指定的位置，标签实际上由标识符加上冒号构成。语法格式如下：

```
goto Labell;
    语句块 1;
Labell
    语句块 2;
```

在上面的语句中使用了 goto 语句后，语句的执行顺序发生了变化，即先执行语句块 2，再执行语句块 1。

此外，需要注意的是，goto 语句不能跳转到循环语句中，也不能跳出类的范围。

2.1.5　C# 面向对象程序设计

面向对象语言（object-oriented language）是一类以对象作为基本程序结构单位的程序设计语言，指用于描述的设计是以对象为核心，而对象是程序运行时刻的基本成分。语言中提供了类、继承等成分，有封装性、继承性和多态性三个主要特点。

1. 封装

封装被定义为“把一个或多个项目封闭在一个物理的或者逻辑的包中”。在面向对象程序设计的方法论中，封装是为了防止对实现细节的访问。抽象和封装是面向对象程序设计的相关特性。抽象允许相关信息可视化，封装则使开发者实现所需级别的抽象。C# 封装根据具体的需要，设置使用者的访问权限，并通过访问修饰符来实现。

一个访问修饰符定义了一个类成员的范围和可见性。C# 支持的访问修饰符如下：

① public：所有对象都可以访问。

② private：对象本身在对象内部可以访问。

③ protected：只有该类对象及其子类对象可以访问。

④ internal：同一个程序集的对象可以访问。

⑤ protected internal：访问限于当前程序集或派生自包含类的类型。

2. 继承

继承是面向对象程序设计中最重要的概念之一。继承允许根据一个类来定义另一个类，这使得创建和维护应用程序变得更容易。同时也有利于重用代码和节省开发时间。

当创建一个类时，程序员不需要完全重新编写新的数据成员和成员函数，只需要设计一个新的类，继承已有类的成员即可。

（1）继承的定义和使用

在现有类（基类、父类）上建立新类（派生类、子类）的处理过程称为继承。派生类能自动获得基类的除构造函数和析构函数以外的所有成员，可以在派生类中添加新的属性和方法扩展其功能。继承的语法格式如下：

```
<访问修饰符 >class
派生类名:
基类名
{   //类的代码   }
```

继承的特性体现在以下几方面：

① 可传递性：C 从 B 派生，B 从 A 派生，那么 C 不仅继承 B 也继承 A。

② 单一性：只能从一个基类中继承，不能同时继承多个基类。继承中的访问修饰符 base 和 this 关键字基类的构造函数和析构函数不能被继承，但可以使用关键字 base 来继承基类的构造函数。

C# 中的 base 关键字代表基类，使用 base 关键字可以调用基类的构造函数、属性和方法。

（2）接口

① 接口的定义。接口用来描述一种程序的规定，可定义属于任何类或结构的一组相关行为，接口可由方法、属性、事件、索引器或这四种成员类型的任何组合构成。接口不能包含常数、字段、运算符、实例构造函数、析构函数或类型，也不能包含任何种类的静态成员。接口一定是公共的。

② 接口的语法格式。

```
<访问修饰符 >
interface
接口名 {//接口主体 }
```

③ 接口的实现。C# 中通常把派生类和基类的关系称为继承，类和接口的关系称为实现。接口不能定义构造函数，所以接口不能实例化。

④ 接口的继承。C# 中的派生类只能有一个基类，不支持类的多重继承，但可以继续承接多个接口，通过接口实现多继承性。

C# 中接口可以多继承接口之间可以互相继承，普通类和抽象类可以继承自接口。一个类可以

同时继承一个类和多个接口，但接口不能继承类。

3. 多态

同一操作作用于不同的对象，可以有不同的解释，产生不同的执行结果，这就是多态性。换句话说，实际上就是同一个类型的实例调用“相同”的方法，产生的结果是不同的。这里的“相同”仅仅是看上去相同的方法，实际上它们调用的方法是不同的。

（1）重载（方法同名，但参数列表不同）

重载是在同一个作用域内发生（比如一个类里面），定义一系列同名方法，但是方法的参数列表不同，就是签名不同，签名由方法名和参数组成。能通过传递不同参数来决定到底调用哪一个同名方法。返回值类型不同不能构成重载，因为签名不包括返回值。同名方法返回值的类型要相同，否则不能重载。

（2）重写（方法同名，且参数列表相同）

基类方法中使用 virtual 关键字声明方法和派生类中使用 override 关键字声明方法名称相同，参数列表也相同。基类方法和派生类方法的签名相同，实现了派生类重写基类中的同名方法。

2.2 C# 程序开发

2.2.1　典型的游戏循环代码框架

游戏运行的过程中，通常用一个循环语句来维持游戏的持续运行状态。设置某个结束游戏的条件，当还没满足该条件的时候，游戏处于循环持续状态；当满足该条件后该循环被打破，游戏结束。系统释放出内存空间。

游戏循环的伪代码如下：

```
游戏初始化
while(! 游戏结束 )
{
    …
    游戏逻辑
    …
    保持帧速率
}
游戏结束
清理资源释放内存空间
```

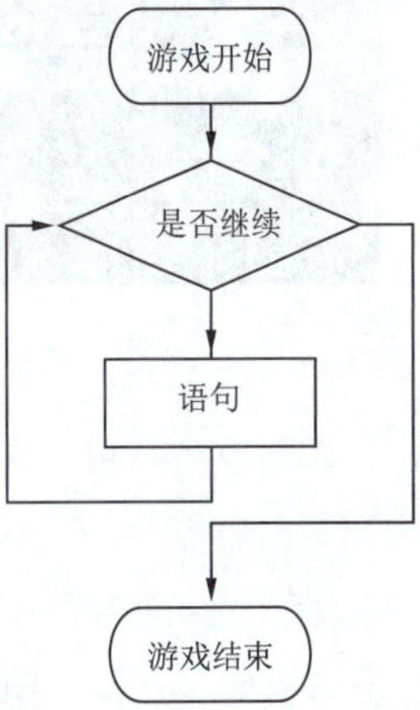

图 2-13　游戏循环流程图

游戏循环的流程图如图 2-13 所示。

2.2.2　创建 Windows 窗体应用

本节用 C# 创建一个简单的 Windows 窗体应用，来实现两数相加，操作步骤如下：

① 打开 Visual studio，新建项目，界面如图 2-14 所示。

② 创建 Windows 窗体应用，如图 2-15 所示。

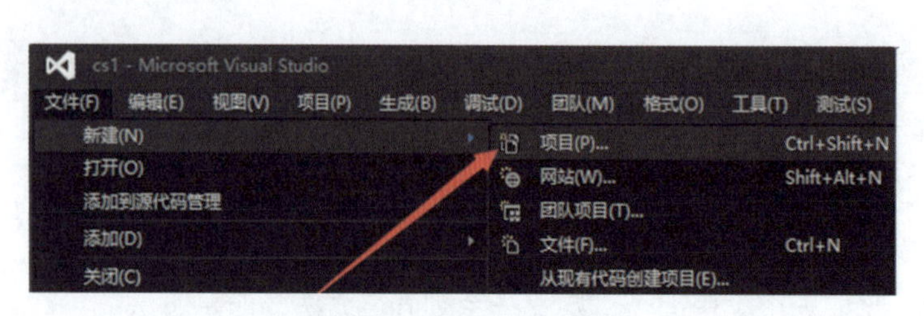

■ 图 2-14　新建项目

■ 图 2-15　创建 Windows 窗体应用

创建完成之后界面如图 2-16 所示。

■ 图 2-16　可编辑界面

③ 从工具箱中添加控件 Button、Label、TextBox，如图 2-17 所示。

■ 图 2-17　添加控件 Button、Label、TextBox

④ 调整控件属性。单击自己要调整的控件，在 VS 的右下角会有一个属性窗口，如图 2-18 所示。调整属性窗口中外观一栏的 Text 项目，可以修改控件的显示名称。

修改完之后的界面如图 2-19 所示。

⑤ 编写代码。双击 Button 控件，对该控件进行编程，在 button1_Click 方法中写入以下代码，如图 2-20 所示。

最后保存运行，如图 2-21 所示。

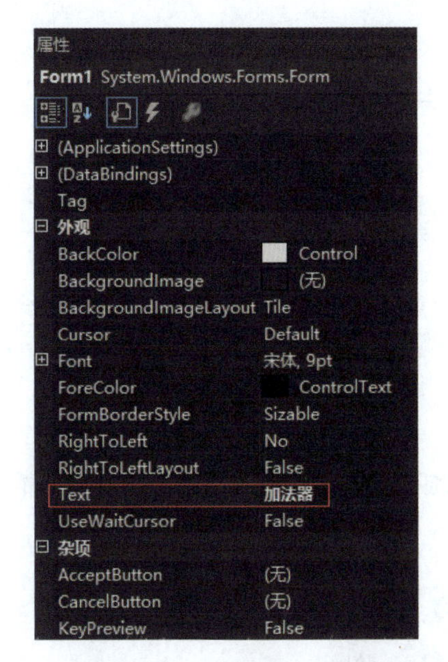

■ 图 2-18　修改控件名称

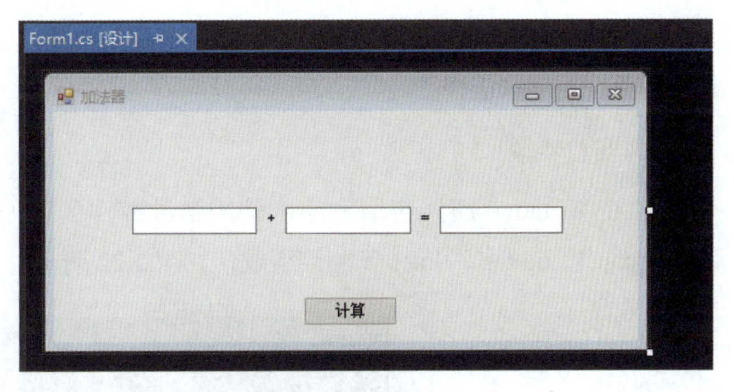

■ 图 2-19　添加控件

```
1 个引用
private void button1_Click(object sender, EventArgs e)
{
    if(textBox1.Text.Length==0||textBox2.Text.Length==0)
    {
        MessageBox.Show("请输入数字");
        return;
    }
    try
    {
        double x = double.Parse(textBox1.Text);
        double y = double.Parse(textBox2.Text);
        textBox3.Text = (x + y).ToString();
    }
    catch(Exception ex)
    {
        MessageBox.Show(ex.Message);
    }
}
```

■ 图 2-20　编写方法

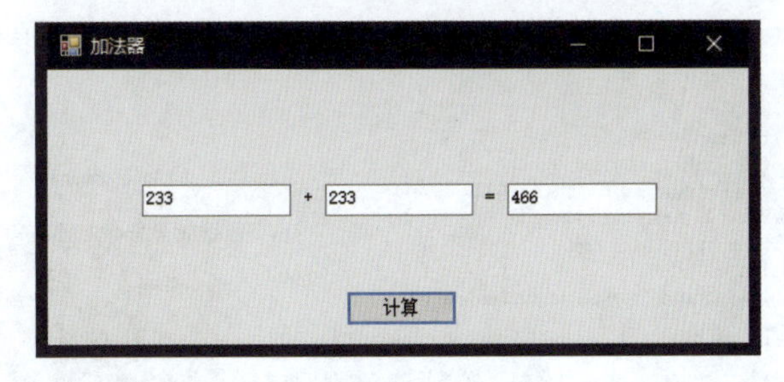

■ 图 2-21　测试

2.2.3　“贪吃蛇”游戏

1. 实验要求

① 使用 C# 的 Windows 窗体应用程序按实验要求开发与实现“贪吃蛇”小游戏。

② 使用 Windows 窗体应用程序创建游戏场景地图。

③ 使用控制语句对贪吃蛇的移动、进食和死亡等状态进行控制。

2. 实验内容

① 制作游戏地图场景。

② 实现在场景的 panel（黄色区域）随机生成食物的功能。

③ 实现通过一个变量的四种状态控制贪吃蛇向四个方向移动，同时通过 timer 控件控制贪吃蛇沿着某个方向往前移动。

3. 实验步骤

① 在 Windows 窗体应用程序中使用各种控件创建一个贪吃蛇的游戏场景，该场景分别由 label、panel、button、timer 等控件组成，如图 2-22 所示。

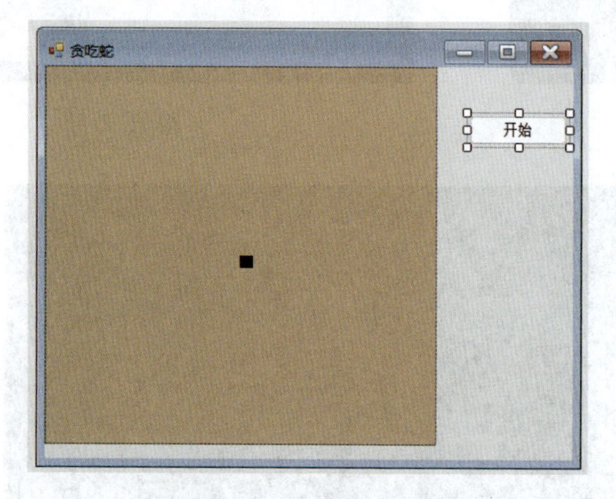

图 2-22 贪吃蛇游戏场景

② 通过编写 Add_food() 的方法，实现在场景中黄色区域随机生成食物的功能，同时确保食物生成的过程中不能落在蛇身上，只能落在空白处，如图 2-23 所示。

```
void Add_food()
{
    Label label = new Label();
    label.Name = "Lab" + Di.s;
    label.BackColor = System.Drawing.Color.Red;
    label.Size = new System.Drawing.Size(10, 10);
    label.Margin = new System.Windows.Forms.Padding(0);
    label.ForeColor = System.Drawing.Color.Red;
    label.AutoSize = false;
    label.TextAlign = System.Drawing.ContentAlignment.MiddleCenter;
    Random rd = new Random();
tag1:
    label.Location = new System.Drawing.Point(rd.Next(0, 30) * 10, rd.Next(0, 30) * 10);
    for (int i = 1; i < Di.s; i++)
    {
        Label lo = (Label)this.Controls.Find("Lab" + i, true)[0];
        if (label.Location == lo.Location) goto tag1;
    }
    this.Controls.Add(label);
    label.SendToBack();
    panel1.SendToBack();
}
```

图 2-23 生成食物

③ 在每次 timer1_Tick 事件触发时，检查方向变量 Di.D 的值，根据方向变量 Di.D 的值触发键盘中的方向按钮，具体如图 2-24 所示。

```
private void timer1_Tick(object sender, EventArgs e)
{
    if (Di.D == 1) { System.Windows.Forms.SendKeys.Send("{DOWN}"); return; };
    if (Di.D == 2) { System.Windows.Forms.SendKeys.Send("{UP}"); return; };
    if (Di.D == 3) { System.Windows.Forms.SendKeys.Send("{LEFT}"); return; };
    if (Di.D == 4) { System.Windows.Forms.SendKeys.Send("{RIGHT}"); return; };
}
```

■ 图 2-24　移动方向控制

④ 使用 FrmMain_KeyDown() 的方法检测触发键盘方向键事件，对检测到的相应个方向键事件做出相关操作，如图 2-25 所示。

```
private void FrmMain_KeyDown(object sender, KeyEventArgs e)
{
    if (e.KeyCode == Keys.Down && Di.D != 2)...
    if (e.KeyCode == Keys.Up && Di.D != 1)...
    if (e.KeyCode == Keys.Left && Di.D != 4)...
    if (e.KeyCode == Keys.Right && Di.D != 3)...
}
```

■ 图 2-25　检测方向键

⑤ 食物检测方法。当贪吃蛇蛇头沿着某个方向移动时，对蛇头前的位置进行检测是否存在食物，如果存在食物则表示可以正常进食，让当前食物变成蛇头（蛇身长度加 1），再调用生成食物的方法，如图 2-26 所示。

```
if (lb.Location == new System.Drawing.Point(Lab1.Location.X, Lab1.Location.Y + 10))
{
    lb.BackColor = System.Drawing.Color.Black;
    le.Location = new System.Drawing.Point(Lab1.Location.X, Lab1.Location.Y);
    Lab1.Location = new System.Drawing.Point(Lab1.Location.X, Lab1.Location.Y + 10);
    lb.Location = le.Location;
    this.Controls.Remove(le);
    Di.s++;
    Add_food();
    timer1.Enabled = true;
    return;
}
```

■ 图 2-26　贪吃蛇进食方法

⑥ 游戏结束。要结束游戏则需要满足两个条件：蛇头撞墙、蛇头咬到蛇身，如图 2-27 所示。

```
if (lb.Location == new System.Drawing.Point(Lab1.Location.X, Lab1.Location.Y + 10))
{
    lb.BackColor = System.Drawing.Color.Black;
    le.Location = new System.Drawing.Point(Lab1.Location.X, Lab1.Location.Y);
    Lab1.Location = new System.Drawing.Point(Lab1.Location.X, Lab1.Location.Y + 10);
    lb.Location = le.Location;
    this.Controls.Remove(le);
    Di.s++;
    Add_food();
    timer1.Enabled = true;
    return;
}
```

■ 图 2-27　游戏结束的方法

4. “贪吃蛇”游戏代码

```
    using System;
    using System.Drawing;
    using System.Windows.Forms;
    namespace tcs_zy
    {
        public partial class FrmMain : Form
        {
            public FrmMain()
            {
                InitializeComponent();
            }
            private void FrmMain_Load(object sender, EventArgs e)
            {
            }
            public class Di
            {
                public static int D;
                public static int s = 2;
            }
            void Add_food()
            {
                Label label = new Label();
                label.Name = "Lab" + Di.s;
                label.BackColor = System.Drawing.Color.Red;
                label.Size = new System.Drawing.Size(10, 10);
                label.Margin = new System.Windows.Forms.Padding(0);
                label.ForeColor = System.Drawing.Color.Red;
                label.AutoSize = false;
                label.TextAlign = System.Drawing.ContentAlignment.MiddleCenter;
                Random rd = new Random();
            tag1:
                label.Location = new System.Drawing.Point(rd.Next(0, 30) * 10,
rd.Next(0, 30) * 10);
                for (int i = 1; i < Di.s; i++)
                {
                    Label lo = (Label)this.Controls.Find("Lab" + i, true)[0];
                    if (label.Location == lo.Location) goto tag1;
                }
                this.Controls.Add(label);
                label.SendToBack();
                panel1.SendToBack();
            }
            private void button1_Click(object sender, EventArgs e)
            {
                Add_food();
                button1.Enabled = false;
            }

            private void timer1_Tick(object sender, EventArgs e)
            {
```

```
                if (Di.D == 1) { System.Windows.Forms.SendKeys.Send("{DOWN}");
return; };
                if (Di.D == 2) { System.Windows.Forms.SendKeys.Send("{UP}");
return; };
                if (Di.D == 3) { System.Windows.Forms.SendKeys.Send("{LEFT}");
return; };
                if (Di.D == 4) { System.Windows.Forms.SendKeys.Send("{RIGHT}");
return; };
            }
            private void FrmMain_KeyDown(object sender, KeyEventArgs e)
            {
                if (e.KeyCode == Keys.Down && Di.D != 2)
                {
                    timer1.Enabled = false;
                    Di.D = 1;
                    Label lb = (Label)this.Controls.Find("Lab" + Di.s, true)[0];
                    Label lbl = (Label)this.Controls.Find("Lab" + (Di.s - 1),
true)[0];
                    Point[,] Lo = new Point[101, 101];
                    for (int i = 1; i <= Di.s; i++)
                    {
                        Label lo = (Label)this.Controls.Find("Lab" + i, true)[0];
Lo[i, i] = new Point(lo.Location.X, lo.Location.Y);
                    }
                    Label le = new Label();
                    le.Visible = false;
                    if (e.KeyCode == Keys.Down && Di.s > 2 && lbl.BackColor !=
System.Drawing.Color.Red && Lab1.Location.Y != 290)
                    {
                        for (int i = 2; i < Di.s; i++)
                        {
                            Label lo = (Label)this.Controls.Find("Lab" + i, true)
[0]; lo.Location = Lo[i - 1, i - 1];
                        }
                    }
                    if (lb.Location == new System.Drawing.Point(Lab1.Location.X,
Lab1.Location.Y + 10))
                    {
                        lb.BackColor = System.Drawing.Color.Black;
                        le.Location = new System.Drawing.Point(Lab1.Location.X,
Lab1.Location.Y);
                        Lab1.Location = new System.Drawing.Point(Lab1.Location.
X, Lab1.Location.Y + 10);
                        lb.Location = le.Location;
                        this.Controls.Remove(le);
                        Di.s++;
                        Add_food();
                        timer1.Enabled = true;
                        return;
                    }
                    for (int i = 1; i < Di.s; i++)
                    {
```

```
                    Label lo = (Label)this.Controls.Find("Lab" + i, true)[0];
                    if (lo.Location == new System.Drawing.Point(Lab1.Loca-
tion.X, Lab1.Location.Y + 10))
                    { timer1.Enabled = false; MessageBox.Show(" 游戏结束！ ",
" 提示 "); return; }; ;
                }
                if (e.KeyCode == Keys.Down && Lab1.Location.Y == 290)
                { timer1.Enabled = false; MessageBox.Show(" 游戏结束！ ", " 提
示 "); return; };
                Lab1.Top = Lab1.Top + 10;
                timer1.Enabled = true;
            }
            if (e.KeyCode == Keys.Up && Di.D != 1)
            {
                timer1.Enabled = false;
                Di.D = 2;
                Label lb = (Label)this.Controls.Find("Lab" + Di.s, true)[0];
                Label lbl = (Label)this.Controls.Find("Lab" + (Di.s - 1),
true)[0];
                Point[,] Lo = new Point[101, 101];
                for (int i = 1; i <= Di.s; i++)
                {
                    Label lo = (Label)this.Controls.Find("Lab" + i, true)[0];
Lo[i, i] = new Point(lo.Location.X, lo.Location.Y);
                }
                Label le = new Label();
                le.Visible = false;
                if (e.KeyCode == Keys.Up && Di.s > 2 && lbl.BackColor !=
System.Drawing.Color.Red && Lab1.Location.Y != 0)
                {
                    for (int i = 2; i < Di.s; i++)
                    {
                        Label lo = (Label)this.Controls.Find("Lab" + i,
true)[0]; lo.Location = Lo[i - 1, i - 1];
                    }
                }
                if(lb.Location == new System.Drawing.Point(Lab1.Location.X,
Lab1.Location.Y - 10))
                {
                    lb.BackColor = System.Drawing.Color.Black;
                    le.Location = new System.Drawing.Point(Lab1.Location.X,
Lab1.Location.Y);
                    Lab1.Location = new System.Drawing.Point(Lab1.Location.
X, Lab1.Location.Y - 10);
                    lb.Location = le.Location;
                    this.Controls.Remove(le);
                    Di.s++;
                    Add_food();
                    timer1.Enabled = true;
                    return;
                }
```

```
                    for (int i = 1; i < Di.s; i++)
                    {
                        Label lo = (Label)this.Controls.Find("Lab" + i, true)[0];
if (lo.Location == new System.Drawing.Point(Lab1.Location.X, Lab1.Location.Y - 10)) {
timer1.Enabled = false; MessageBox.Show(" 游戏结束！ ", " 提示 "); return; }; ;
                    }
                    if (e.KeyCode == Keys.Up && Lab1.Location.Y == 0) { timer1.
Enabled = false; MessageBox.Show(" 游戏结束！ ", " 提示 "); return; };
                    Lab1.Top = Lab1.Top - 10;
                    timer1.Enabled = true;
                }
                if (e.KeyCode == Keys.Left && Di.D != 4)
                {
                    timer1.Enabled = false;
                    Di.D = 3;
                    Label lb = (Label)this.Controls.Find("Lab" + Di.s, true)[0];
                    Label lbl = (Label)this.Controls.Find("Lab" + (Di.s - 1),
true)[0];
                    Point[,] Lo = new Point[101, 101];
                    for (int i = 1; i <= Di.s; i++)
                    {
                        Label lo = (Label)this.Controls.Find("Lab" + i, true)[0];
Lo[i, i] = new Point(lo.Location.X, lo.Location.Y);
                    }
                    Label le = new Label();
                    le.Visible = false;
                    if (e.KeyCode == Keys.Left && Di.s > 2 && lbl.BackColor !=
System.Drawing.Color.Red && Lab1.Location.X != 0)
                    {
                        for (int i = 2; i < Di.s; i++)
                        {
                            Label lo = (Label)this.Controls.Find("Lab" + i,
true)[0]; lo.Location = Lo[i - 1, i - 1];
                        }
                    }
                    if (lb.Location == new System.Drawing.Point(Lab1.Location.X
- 10, Lab1.Location.Y))
                    {
                        lb.BackColor = System.Drawing.Color.Black;
                        le.Location = new System.Drawing.Point(Lab1.Location.X,
Lab1.Location.Y);
                        Lab1.Location = new System.Drawing.Point(Lab1.Location.
X - 10, Lab1.Location.Y);
                        lb.Location = le.Location;
                        this.Controls.Remove(le);
                        Di.s++;
                        Add_food();
                        timer1.Enabled = true;
                        return;
                    }
```

```
                for (int i = 1; i < Di.s; i++)
                {
                    Label lo = (Label)this.Controls.Find("Lab" + i, true)[0];
if (lo.Location == new System.Drawing.Point(Lab1.Location.X - 10, Lab1.Location.
Y)) { timer1.Enabled = false; MessageBox.Show("游戏结束! ", "提示"); return; }; ;
                }
                if (e.KeyCode == Keys.Left && Lab1.Location.X == 0) { tim-
er1.Enabled = false; MessageBox.Show("游戏结束! ", "提示"); return; };
                Lab1.Left = Lab1.Left - 10;
                timer1.Enabled = true;
            }
            if (e.KeyCode == Keys.Right && Di.D != 3)
            {
                timer1.Enabled = false;
                Di.D = 4;
                Label lb = (Label)this.Controls.Find("Lab" + Di.s, true)[0];
                Label lbl = (Label)this.Controls.Find("Lab" + (Di.s - 1),
true)[0];
                Point[,] Lo = new Point[101, 101];
                for (int i = 1; i <= Di.s; i++)
                {
                    Label lo = (Label)this.Controls.Find("Lab" + i, true)[0];
Lo[i, i] = new Point(lo.Location.X, lo.Location.Y);
                }
                Label le = new Label();
                le.Visible = false;
                if (e.KeyCode == Keys.Right && Di.s > 2 && lbl.BackColor !=
System.Drawing.Color.Red && Lab1.Location.X != 290)
                {
                    for (int i = 2; i < Di.s; i++)
                    {
                        Label lo = (Label)this.Controls.Find("Lab" + i,
true)[0]; lo.Location = Lo[i - 1, i - 1];
                    }
                }
                if (lb.Location == new System.Drawing.Point(Lab1.Location.X
+ 10, Lab1.Location.Y))
                {
                    lb.BackColor = System.Drawing.Color.Black;
                    le.Location = new System.Drawing.Point(Lab1.Location.X,
Lab1.Location.Y);
                    Lab1.Location = new System.Drawing.Point(Lab1.Location.
X + 10, Lab1.Location.Y);
                    lb.Location = le.Location;
                    this.Controls.Remove(le);
                    Di.s++;
                    Add_food();
                    timer1.Enabled = true;
                    return;
                }
```

```
                    for (int i = 1; i < Di.s; i++)
                    {
                        Label lo = (Label)this.Controls.Find("Lab" + i, true)[0];
if (lo.Location == new System.Drawing.Point(Lab1.Location.X + 10, Lab1.Location.
Y)) { timer1.Enabled = false; MessageBox.Show(" 游戏结束！ ", " 提示 "); return; }; ;
                    }
                    if (e.KeyCode == Keys.Right && Lab1.Location.X == 290) {
timer1.Enabled = false; MessageBox.Show(" 游戏结束！ ", " 提示 "); return; };
                    Lab1.Left = Lab1.Left + 10;
                    timer1.Enabled = true;
    } } } }
```

编译后运行，结果如图 2-28 所示。

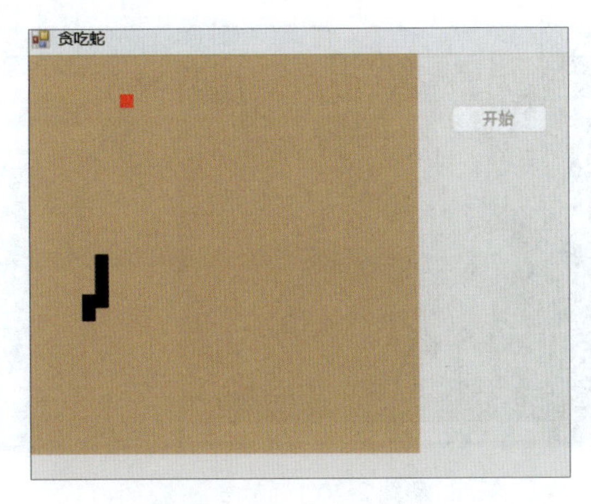

■ 图 2-28　游戏运行界面

2.3 休闲类小游戏：连连看

2.3.1　游戏概述

前文已介绍了连连看小游戏及其游戏规则，可知该游戏的胜利条件是将游戏界面上的牌全部消除掉。失败条件是到规定时间，界面上的牌仍未全部消掉。

2.3.2　游戏设计思路

所有的图片都是按约定好的种类数和在同一区域的重复次数随机出现，并且每张图片的出现次数为偶数，时间会有限制，每一关的图片数量或时间是不同的，这样就增加了游戏的难度。

软件分成两个模块：①整体界面的设计和图片的随机生成；②图片路径判断函数。系统结构图如图 2–29 所示。

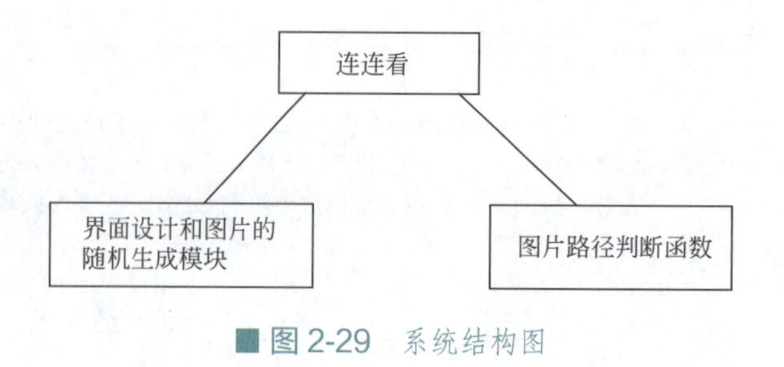

■ 图 2-29　系统结构图

2.3.3　界面设计

利用 C# 中的可视化编程设计出界面布局，如图 2-30 所示。

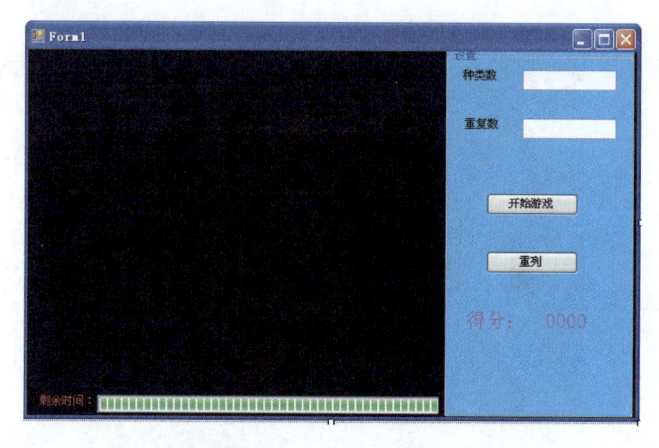

■ 图 2-30　界面布局图

“连连看”游戏界面设计由两部分组成：游戏区域和控制区域。

① 游戏区域：包括游戏操作区域和计时区域，是游戏面向用户的主要功能窗口。

② 控制区域：控制方块的种类数目，单个方块的重复数。启动游戏，重列方块，以及计算游戏得分。

2.3.4　图片的随机生成

图片的随机生成分两步骤实现：

① 程序运行时即载入游戏需要的 N 张图片，默认情况下图片种类数是 18，重复数是 4（重复数必须是偶数），并且可以选择是否重列。通过一个循环，加载选择 N 种图片。具体载入图片的代码如下：

```
//加载图
private void IniteBmp(int maxnum)
{
    g_g=this.CreateGraphics();
    for (int i=0;i<MAPWIDTH;i++)
        for (int j=0;j<MAPHEIGHT;j++)
            gmap[i,j]=0;
    IniteRandomMap(ref gmap, maxnum);
```

```
        AI=new Kernal(ref gmap);
        for (int i=0;i<maxnum;i++)
        {
            ResourceManager rm=new ResourceManager("LLK.data", Assembly.
GetExecutingAssembly());
            img[i]=(Image)rm.GetObject(i.ToString()+".bmp");
            //img[i]=(Image)Bitmap.FromFile("Images\\"+(i+1).
ToString()+".bmp");
        }
        for (int i=0;i<6;i++)
        {
            //bombimg[i]=(Image)Bitmap.FromFile("Images\\B"+(i+1).
ToString()+".bmp");
        }
    }
```

② 当确认游戏开始时，通过画图过程完成图片生成，画图的过程代码如下：

```
    private bool CheckWin(ref int[,] map)
    {
        bool Win=true;
        for (int i=0;i<MAPWIDTH;i++)
            for (int j=0;j<MAPHEIGHT;j++)
                if (map[i,j]!=0)
                    Win=false;
        return Win;
    }
    private void IniteRandomMap(ref int[,] map,int num)
    {
        Random r=new Random();
        while (num>0)
        {
            for (int i=0;i<multipic;i++)
            {
                int xrandom=r.Next(19);
                int yrandom=r.Next(11);
                if (map[xrandom,yrandom]==0)
                {
                    map[xrandom,yrandom]=num;
                }
                else
                    i--;
            }
            num--;
        }
    }
    private void FreshMap(ref int[,]map)
    {
        Random r=new Random();
        for (int i=0;i<MAPWIDTH;i++)
            for (int j=0;j<MAPHEIGHT;j++)
            {
                if (gmap[i,j]!=0)
                {
```

```
                int x=r.Next(19);
                int y=r.Next(11);
                int temp=gmap[x,y];
                gmap[x,y]=gmap[i,j];
                gmap[i,j]=temp;
            }
        }
    TransportMap(ref gmap);

}
private void TransportMap(ref int[,] map)
{
    for (int i=0;i<MAPWIDTH;i++)
        for (int j=0;j<MAPHEIGHT;j++)
        {
            AI.GiveMapValue(i,j,map[i,j]);
        }
}
//在指定位置画指定图
private void Draw(Graphics g, Image scrImg, int PicX,int PicY)
{
    g.DrawImage(scrImg, new Point(PicX, PicY));
}
private void Form1_Paint(object sender, PaintEventArgs e)
{
g_g.DrawLine(new Pen(new SolidBrush(Color.DeepSkyBlue),5),0,11*34+5,
19*34,11*34+5);

if (bStart)
{

    for (int i=0;i<MAPWIDTH;i++)
        for (int j=0;j<MAPHEIGHT;j++)
        {
            if (gmap[i,j]!=0)
            {
                Draw (g_g,img[gmap[i,j]-1],i*PICWIDTH,j*PICHEIGHT);
            }
        }
    }
}
```

2.3.5 事件处理

本游戏共有两个单击按钮：开始游戏（进入游戏状态）、重列（重新加载图片）。

①“开始游戏”按钮的实现代码如下：

```
bool starttimer=false;
private void button1_Click_1(object sender, EventArgs e)
{
    //处理 Processbar
    if (!starttimer)
    {
        progressBar1.Value=PBMAX;
```

```
            pbtimer.Interval=500;
            pbtimer.Start();
            starttimer=true;
        }
        //处理分数
        score=0;
        picnum=Convert.ToInt16(textBox1.Text);
        multipic=Convert.ToInt16(textBox2.Text);
        if (picnum*multipic > 209)
        {
            MessageBox.Show("游戏区域内最多只有209个空，您选的数据太多！请重新选！");
            textBox1.Text="18";
            textBox2.Text="4";
            return;
        }
        IniteBmp(picnum);
        if (bStart)
        {
            MessageBox.Show("游戏已在运行！");
            return;
        }
        else
        {
            bStart=true;
            this.Invalidate();
            music.Play("Sounds\\bg-03.mid");
        }
    }
```

② “重列”按钮的实现代码如下：

```
private void RefreshMap(ref int[,] map)
{
    if (bStart)
    {
        for (int i=0;i<MAPWIDTH;i++)
            for (int j=0;j<MAPHEIGHT;j++)
            {
                if (gmap[i,j]!=0)
                {
                    Draw (g_g,img[gmap[i,j]-1],i*PICWIDTH,j*PICHEIGHT);
                }
            }
    }

private void FreshMap(ref int[,] map)
{
    Random r=new Random();
    for (int i=0;i<MAPWIDTH;i++)
        for (int j=0;j<MAPHEIGHT;j++)
        {
            if (gmap[i,j]!=0)
            {
```

```
                int x=r.Next(19);
                int y=r.Next(11);
                int temp=gmap[x,y];
                gmap[x,y]=gmap[i,j];
                gmap[i,j]=temp;
            }
        }
    TransportMap(ref gmap);
}
private void button2_Click(object sender, EventArgs e)
{
    refreshplayer.Play();
    FreshMap(ref gmap);
    this.Invalidate();
}
```

2.3.6 图片的消除与计分规则

1. 图片的消除

游戏连线思路：假设目标点 p1、p2，如果有两个折点分别为 z1、z2，那么，所要进行的是：

① 如果验证 p1、p2 直线连线，则连接成立。

② 搜索以 p1、p2 的 x、y 方向四条直线（可能某两条直线会重合）上的有限点，每次取两点作为 z1、z2，验证 p1 到 z1/z1 到 z2/z2 到 p2 是否都能直线相连，是则连接成立。

实现代码如下：

```
using System;
using System.Collections.Generic;
using System.ComponentModel;
using System.Data;
using System.Drawing;
using System.Text;
using System.Windows.Forms;
using System.Media;
using System.Runtime.InteropServices;
namespace LLK
{
    class Kernal
    {
        private const int M=19;
        private const int N=11;
        private const int BLANK=0;
        private static int[,] map=new int[M,N];
        Point[] arr1=new Point[209];
        int arr1Len,arr2Len;
        Point[] arr2=new Point[209];
        static Point[] corner=new Point[2];        //用来存储两个拐点
        static int co=0;                           //用来标识几个拐点

        public Kernal(ref int[,] mmap)
        {
```

```
    for (int i=0;i<M;i++)
        for(int j=0;j<N;j++)
            map[i,j]=mmap[i,j];
    corner[0]=new Point(0,0);
    corner[1]=new Point(0,0);
}
public Point[] GetPoints()
{
    Point[] p=new Point[3];
    p[0]=corner[0];
    p[1]=corner[1];
    p[2]=new Point(co,0);
    return p;
}
/// <summary>
/// 判断是否为同一个拐点
/// </summary>
/// <param name="a1">数组一</param>
/// <param name="a1Len">数组一的长度</param>
/// <param name="a2">数组二</param>
/// <param name="a2Len">数组二的长度</param>
/// <returns></returns>
public bool IsShare(ref Point[] a1,int a1Len,ref Point[] a2,int a2Len)
{
    bool result=false;
    for (int i=0;i<a1Len;i++)
        for (int j=0;j<a2Len;j++)
            if (a1[i].X==a2[j].X && a1[i].Y==a2[j].Y)
            {
                corner[0]=new Point(a1[i].X,a1[i].Y);
                result=true;
            }
    return result;
}
public bool IsDirectLink(int x1,int y1,int x2,int y2)
{
    if (x1==x2 && y1==y2)
    {
        return false;
    }
    if (x1==x2)
    {
        int bigger=y1>y2 ? y1:y2;
        int smaller=y1>y2 ? y2:y1;
        int miny=smaller+1;
        while (map[x1,miny]==BLANK)
        {
            miny++;
            if (miny>=N)
                break;
        }

        if (miny==bigger)
            return true;
```

```
            else
                return false;
        }
        if (y1==y2)
        {
            int bigger=x1>x2 ? x1:x2;
            int smaller=x1>x2 ? x2:x1;
            int minx=smaller+1;
            while (map[minx,y1]==BLANK)
            {
                minx++;
                if (minx>=M)
                    break;
            }
                if (minx==bigger)
                    return true;
                else
                    return false;
        }
        return false;
    }

    public int FindEmpty(int x,int y,ref Point[] arr)
    {
        int count=0;
        int pos=x-1;
        while(0<=pos && pos<M && map[pos,y]==BLANK)
        {
            arr[count].X=pos;
            arr[count].Y=y;
            pos--;
            count++;
        }
        pos=x+1;
        while (0<=pos && pos<M && map[pos,y]==BLANK)
        {
            arr[count].X=pos;
            arr[count].Y=y;
            pos++;
            count++;
        }
        pos=y-1;
        while (0<=pos && pos<N && map[x,pos]==BLANK)
        {
            arr[count].X=x;
            arr[count].Y=pos;
            pos--;
            count++;
        }
        pos=y+1;
        while (0<=pos && pos<N && map[x,pos]==BLANK)
        {
            arr[count].X=x;
            arr[count].Y=pos;
```

```
            pos++;
            count++;
        }
        return count;
    }
    public bool IndirectLink(int x1,int y1,int x2,int y2)
    {

        int pos=0;
        Point[] ar1=new Point[209];
        int ar1Len=0;
        Point[] ar2=new Point[209];
        int ar2Len=0;
        pos=y1-1;
        while (0<=pos && pos<N && map[x1,pos]==BLANK)
        {
            ar1Len=FindEmpty(x1,pos,ref ar1);
            ar2Len=FindEmpty(x2,y2,ref ar2);
            if (IsShare(ref ar1,ar1Len,ref ar2,ar2Len))
            {
                co=2;
                corner[1]=new Point(x1,pos);
                return true;
            }
            pos--;
        }
        pos=y1+1;
        while (0<=pos && pos<N && map[x1, pos]==BLANK)
        {
            ar1Len=FindEmpty(x1,pos,ref ar1);
            ar2Len=FindEmpty(x2,y2,ref ar2);
            if (IsShare(ref ar1,ar1Len,ref ar2,ar2Len))
            {
                co=2;
                corner[1]=new Point(x1,pos);
                return true;
            }
            pos++;
        }


        //如果两点是左右且非直连关系
        pos=x1-1;
        while (0<=pos && pos<M && map[pos,y1]==BLANK)
        {
            ar1Len=FindEmpty(pos,y1,ref ar1);
            ar2Len=FindEmpty(x2,y2,ref ar2);
            if (IsShare(ref ar1,ar1Len,ref ar2,ar2Len))
            {
                co=2;
                corner[1]=new Point(pos,y1);
                return true;
            }
            pos--;
```

```
            }
            pos=x1+1;
            while (0<=pos && pos<M && map[pos, y1]==BLANK)
            {
                ar1Len=FindEmpty(pos,y1,ref ar1);
                ar2Len=FindEmpty(x2,y2,ref ar2);
                if (IsShare(ref ar1,ar1Len,ref ar2,ar2Len))
                {
                    co=2;
                    corner[1]=new Point(pos,y1);
                    return true;
                }
                pos++;
            }
            //如果非上下非左右，即构成矩形的关系
            return false;
        }
        public bool IsLink(int x1,int y1,int x2,int y2)
        {
            if (x1==x2 && y1==y2)
            {
                return false;
            }
            if (map[x1,y1]==map[x2,y2])
            {
                if (IsDirectLink(x1,y1,x2,y2))     //直线连接
                {
                    co=0;
                    return true;
                }
                else
                {
                    arr1Len=FindEmpty(x1,y1,ref arr1);
                    arr2Len=FindEmpty(x2,y2,ref arr2);
                    if (IsShare(ref arr1,arr1Len,ref arr2,arr2Len))//单拐点连接
                    {
                        co=1;
                        return true;
                    }
                    else
                    {
                        return IndirectLink(x1,y1,x2,y2);   //双拐点连接
                    }
                }
            }
            return false;
        }

        public void GiveMapValue(int XX,int YY,int value)
        {
            map[XX,YY]=value;
        }
    }
}
```

2. 计分规则

本游戏的计分规则为：直连得 10 分，一个拐点得 20 分，两个拐点得 40 分。用一个 Label 控件存储得分。

具体代码如下：

```
switch (corner[2].X)
      {
          case 1:
              score+=20;                // 一个拐点加 20
              g_g.DrawLine(pen,new Point(p1.X*31+15,p1.Y*34+17),
new Point(corner[0].X*31+15, corner[0].Y*34+17));
              g_g.DrawLine(pen,new Point(p2.X*31+15,p2.Y*34+17),
new Point(corner[0].X*31+15,corner[0].Y*34+17));
              Thread.Sleep(100);
              EraseBlock(g_g,p1,p2);
              g_g.DrawLine(bkpen,new Point(p1.X*31+15,p1.Y*34+17),
new Point(corner[0].X*31+15,corner[0].Y*34+17));
              g_g.DrawLine(bkpen,new Point(p2.X*31+15,p2.Y*34+17),
new Point(corner[0].X*31+15,corner[0].Y*34+17));

              break;
          case 2:
              score+=40;                // 两个拐点加 40
              Point[] ps={ new Point(p1.X*31+15,p1.Y*34+17),new
Point( corner[1].X*31+15,corner[1].Y*34+17),new Point(corner[0].X*31+15,
corner[0].Y*34+17),new Point(p2.X*31+15, p2.Y*34+17)};
              g_g.DrawLines(pen,ps);
              Thread.Sleep(100);
              EraseBlock(g_g,p1,p2);
              g_g.DrawLines(bkpen,ps);
              //foreach (Point mp in ps)
              //{
              //MessageBox.Show("("+mp.X.ToString()+","+mp.Y.ToString()+")");
              //}

              break;
          case 0:
              score+=10;                // 直连加 10
              g_g.DrawLine(pen,new Point(p1.X*31+15,p1.Y*34+17),
new Point(p2.X*31+15,p2.Y*34+17));
              Thread.Sleep(100);
              EraseBlock(g_g,p1,p2);
              g_g.DrawLine(bkpen,new Point(p1.X*31+15,p1.Y*34+17),
new Point(p2.X*31+15,p2.Y*34+17));
              break;
          default: break;
      }
      //RefreshMap(ref gmap);
      label5.Text=score.ToString();
```

2.3.7 项目打包

项目打包的操作步骤如下：

① 下载扩展 Microsoft Visual Studio Installer Projects。

打开 VS 2019，选择“扩展”→“管理扩展”命令，如图 2-31 所示。

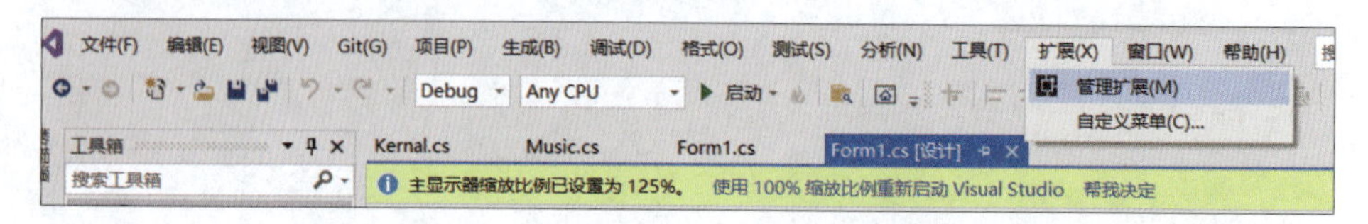

图 2-31 选择“扩展”→“管理扩展”命令

打开“管理扩展”对话框，搜索并下载 Microsoft Visual Studio Installer Projects，如图 2-32 所示。

图 2-32 “管理扩展”对话框

关闭 VS 2019 界面后，系统自动弹窗，单击响应按钮，进入修改更新进度条界面，如图 2-33 所示。

图 2-33 修改更新进度条界面

② 右击“解决方案”按钮，在弹出的快捷菜单中选择“添加”→“新建项目”命令，如图 2-34 所示。

打开“添加新项目”对话框，在搜索栏输入 setup，下方会列出搜索结果，选择 Setup Project 选项，如图 2-35 所示。

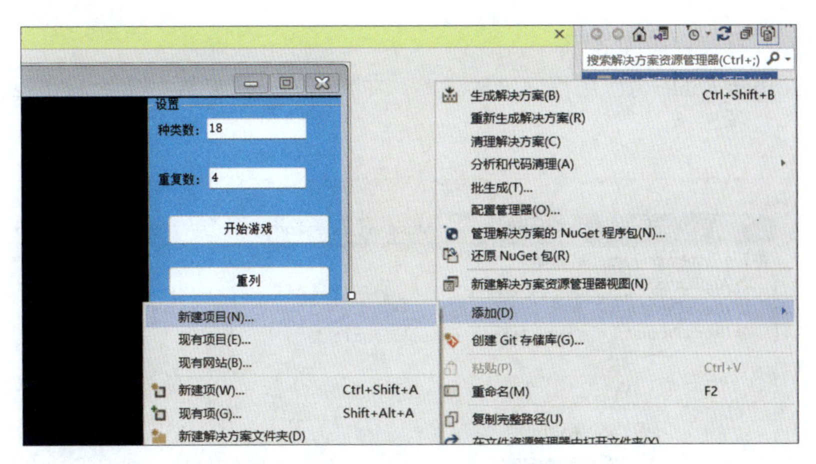

■ 图 2-34　选择“添加”→“新建项目”命令

■ 图 2-35　“添加新项目”对话框

打开“配置新项目”对话框，填写项目名称，选择位置，单击“创建”按钮，如图 2-36 所示，至此，项目创建成功。

■ 图 2-36　“配置新项目”对话框

③ 项目创建成功后，添加文件。

右击 Application Folder（应用程序文件夹），在弹出的快捷菜单中选择 Add →文件命令，如图 2-37 所示。

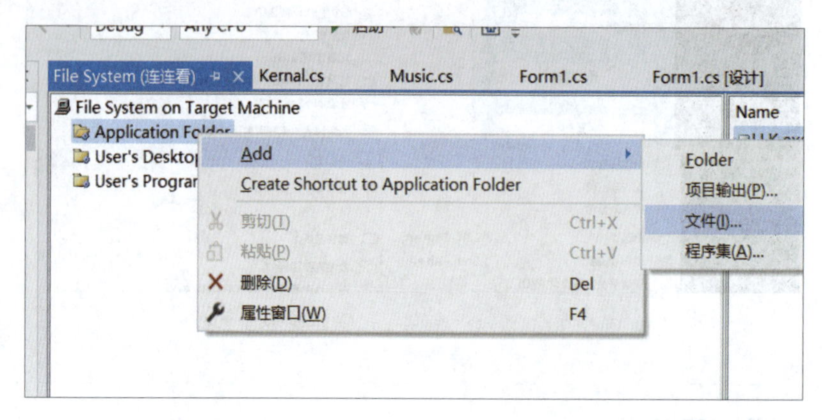

■ 图 2-37　选择“Add”→“文件”命令

在打开的对话框中，找到需要打包的项目的 Debug 文件夹，选择 bin → Debug 文件夹下的所有文件，将它们全部添加到 Application Folder（应用程序文件夹）中（注：项目不同文件多少不一致，需要全部添加），如图 2-38 所示。

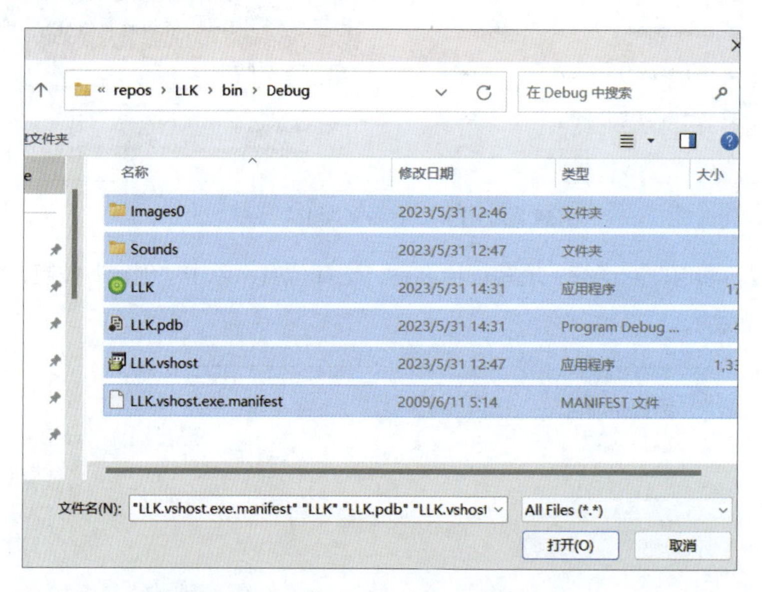

■ 图 2-38　选择 Debug 文件夹下的所有文件

④ 添加卸载程序（C:\Windows\System32）msiexec.exe。

右击 Application Folder（应用程序文件夹），在弹出的快捷菜单中选择 Add →“文件”命令，在打开的新对话框中，将 msiexec.exe 文件添加到 Application Folder 项目中，如图 2-39 所示。添加后如图 2-40 所示。

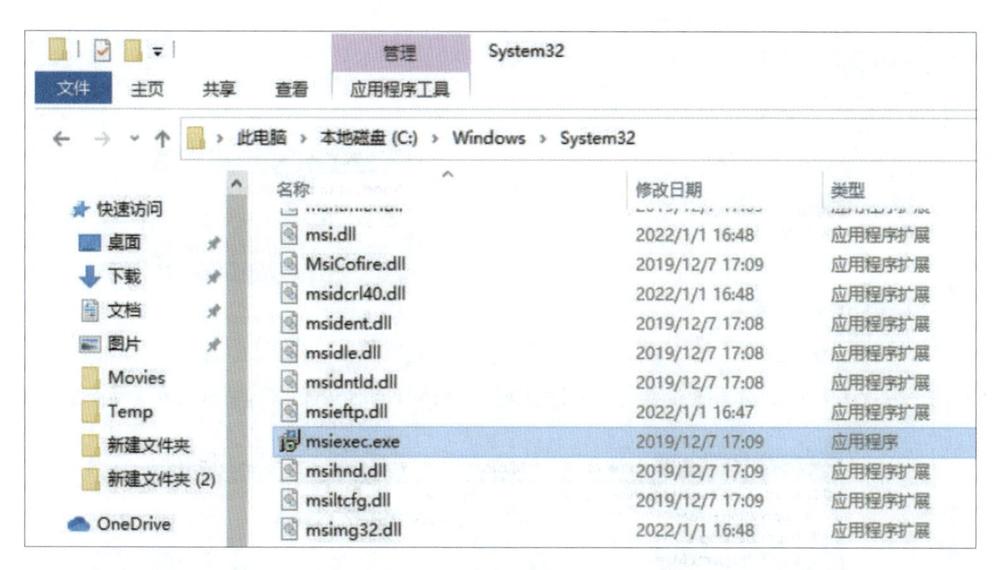

■ 图 2-39　将 msiexec.exe 文件添加到 Application　Folder 项目中

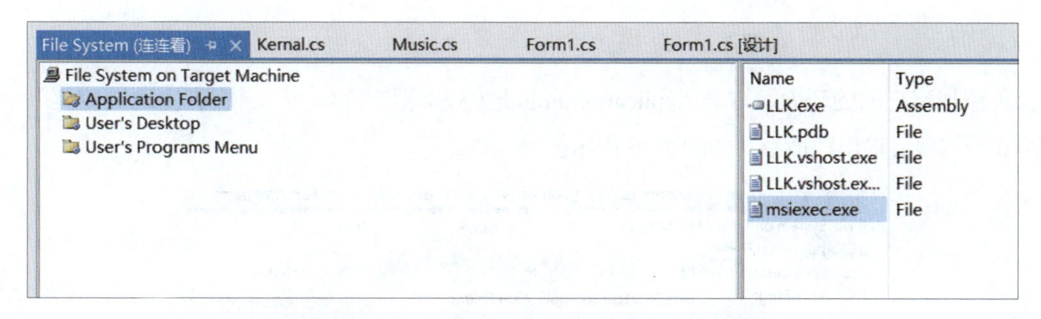

■ 图 2-40　添加 msiexec.exe 文件后的效果

右击 msiexec.exe 文件，在弹出的快捷菜单中选择 Create Shortcut to msiexec.exe 命令，如图 2-41 所示。

新建文件 Shortcut to msiexec.exe，如图 2-42 所示。

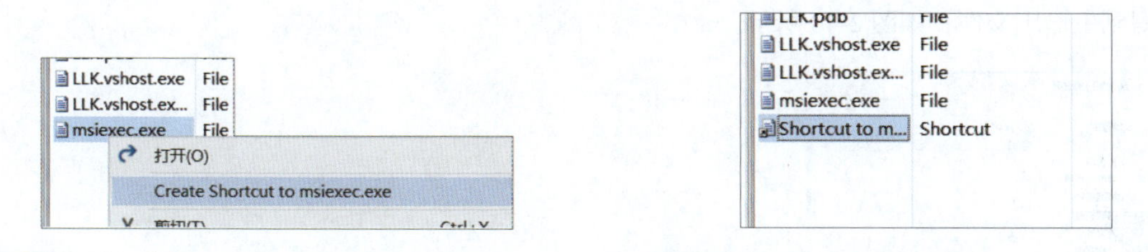

■ 图 2-41　选择 Create Shortcut to msiexec.exe　　■ 图 2-42　新建的文件 Shortcut to msiexec.exe

单击“连连看”，复制 ProductCode 属性的值，如图 2-43 所示。

单击 Shortcut to msiexec.exe，将复制的 ProductCode 属性值粘贴在 Arguments 属性中，然后在最前面加上 /X（注：/X 后有一个空格），如图 2-44 所示。

最后将其拖动到 User’s Programs Menu（用户的程序菜单）中，如图 2-45 所示。

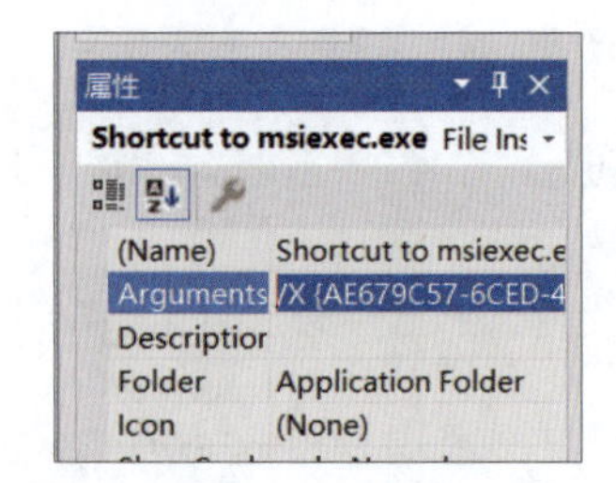

■ 图 2-43 将 ProductCode 属性的值复制 ■ 图 2-44 复制 ProductCode 属性值粘贴在 Arguments 属性中

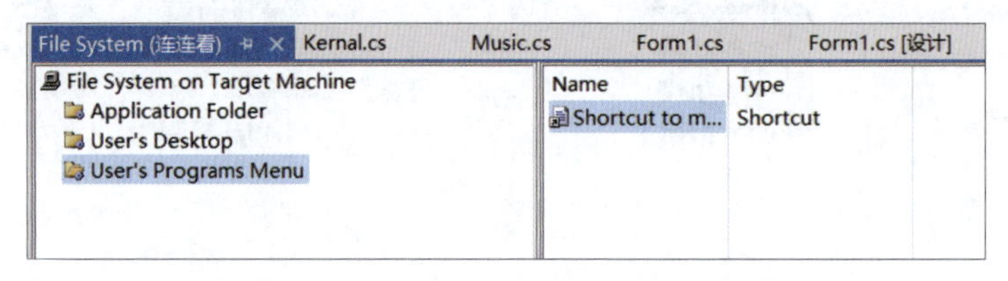

■ 图 2-45 拖动到 User's Programs Menu 中

⑤ 添加运行时的环境。右击 Application Folder（应用程序文件夹），在弹出的快捷菜单中选择 Add→“项目输出”命令，如图 2-46 所示。

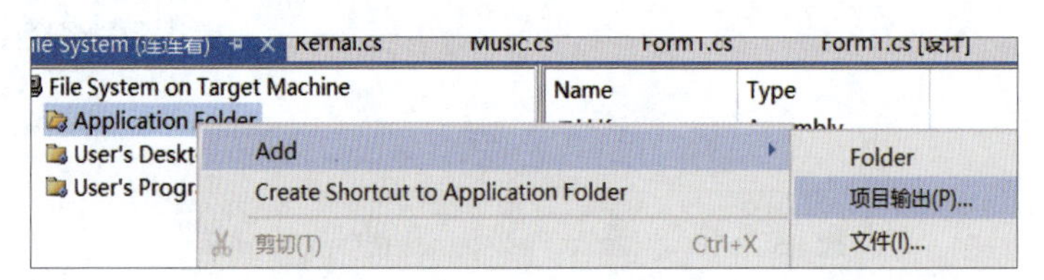

■ 图 2-46 选择 Add→“项目输出”命令

在新打开的“添加项目输出组”对话框中选择项目、主输出，单击“确定”按钮，如图 2-47 所示。

得到主输出文件，如图 2-48 所示。

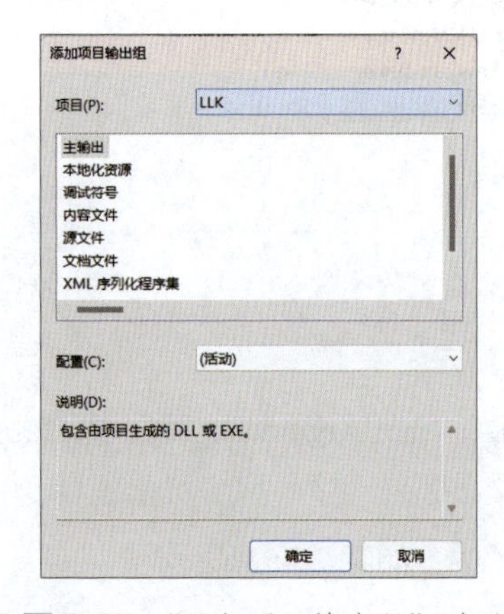

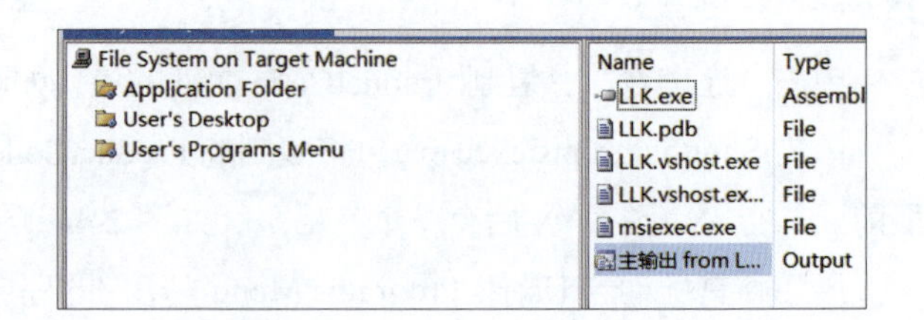

■ 图 2-47 “添加项目输出组”对话框 ■ 图 2-48 得到主输出文件

同时创建了一个主输出文件的快捷方式，将其拖进用户桌面，如图 2-49 所示。

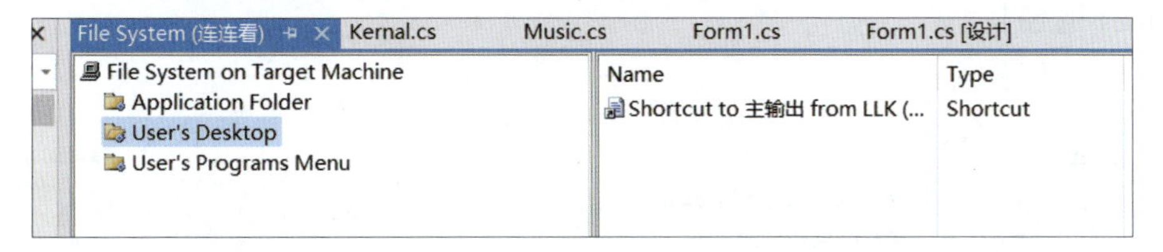

■ 图 2-49　将主输出文件的快捷方式拖进用户桌面

右击“连连看”程序，在弹出的快捷菜单中选择“属性”命令，如图 2-50 所示。

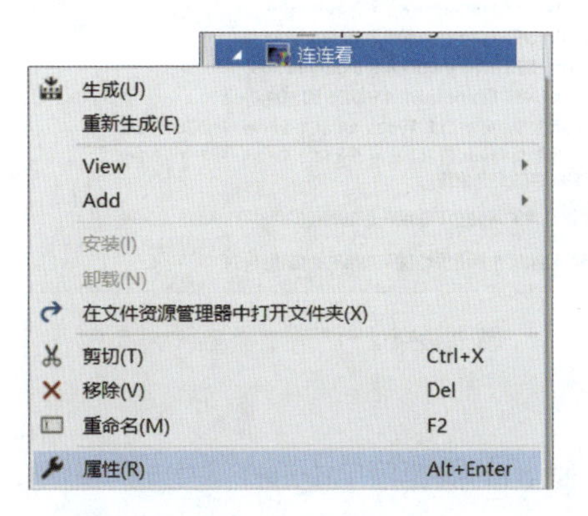

■ 图 2-50　选择“属性”命令

在新打开的“连连看 属性页”对话框中，单击“Prerequisites...”按钮，如图 2-51 所示。

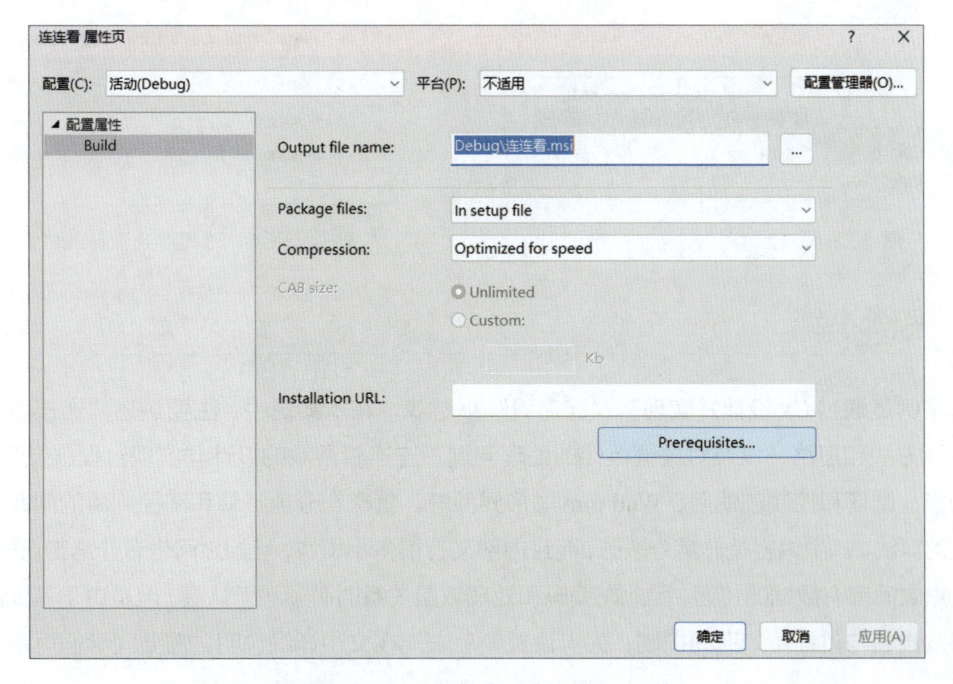

■ 图 2-51　“连连看　属性页”对话框

打开“系统必备”对话框，如图 2-52 所示，选择相应选项后单击“确定”按钮（此处选择所使用的 .NET 的版本）。

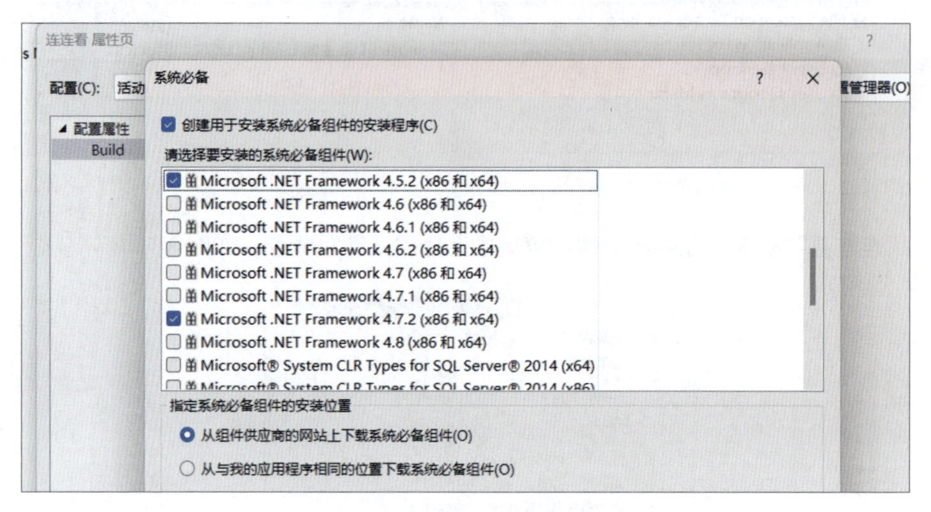

■ 图 2-52 “系统必备”对话框

⑥ 生成项目。

右击“连连看”程序，在弹出的快捷菜单中选择“生成”命令，如图 2-53 所示。

此后，会在项目的 Debug 文件夹中得到图 2-54 所示文件，单击 setup.exe 文件即可安装游戏并运行。至此游戏创建成功。

■ 图 2-53 选择“生成”命令

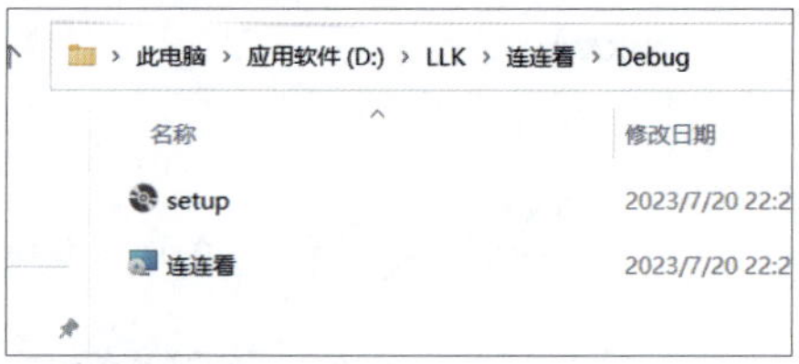

此电脑 › 应用软件 (D:) › LLK › 连连看 › Debug
名称 修改日期
setup 2023/7/20 22:2
连连看 2023/7/20 22:2

■ 图 2-54 创建游戏后得到的文件

案例小结

本案例是通过 C# 设计并实现了“连连看”小游戏。在本案例中，主要讲述“连连看”小游戏的设计方法和思路，以及对关键事件的处理问题。连连看游戏的设计与实现过程涉及到 C# 多个知识点：循环和控制的使用、WinFrom 图形界面等。其次在分值计算和路径判断的问题上用到了相关的算法。其中内容是非常分散的，而且内部又有很多小模块，互相之间也有非常密切的联系，很多变量之间都有数据的传递，因此在编码和处理数量关系时必须严谨认真。但是由于其他原因，某些开发步骤与过程（如时间控制，关卡设置等）未能在文中详细说明，需要同学们再自行探讨研究。

案例拓展

在原“连连看”小游戏的基础上进行以下拓展开发：

① 给游戏设定关卡，根据不同关卡设置不同难度。

② 对游戏时间、图片数量和种类进行修改，以增加游戏的可玩性。

第3章 Unity 3D游戏开发基础

学习目标

知识目标：

① 熟悉Unity引擎的概念。
② 掌握脚本程序开发。
③ 掌握脚本的基础语法。
④ 掌握材质的应用及修改对象的属性。

能力目标：

① 能够在Unity 3D中创建项目、场景、Plane和Sphere。
② 能够在Unity 3D中创建脚本的方法。
③ 能够在Unity 3D中移动和选择对象等操作及了解控制相机跟随的方法。
④ 能够在Unity 3D中创建Cube对象并了解旋转对象的方法。
⑤ 能够在Unity 3D中UI中Text控件的使用方法。
⑥ 能够在Unity 3D中发布程序的方法以及运行发布后的程序。

案例导入

Roll A Ball小游戏

控制一个小球滚动，这个小球在滚动的过程中会吃掉黄色的小方块，当把所有的小方块都吃完的时候，就获得了这个游戏的胜利。在演示过程中的小方块可以使用键盘上的上下左右键来控制，然后在吃完的时候显示提示信息“You Win！”，屏幕左上角还会显示吃掉小方块的个数，最后把这个游戏发布到 PC 上。通过这样一个小游戏来掌握 Unity 的基本开发流程、游戏场景的保存、场景的开发、脚本的编写，以及最后游戏的发布等一系列内容。

知识储备

3.1 Unity 引擎概览

Unity 是一款功能强大的集成开发编辑器和引擎，为用户提供了创建、开发和发布一款游戏所必需的工具，使用户无论是开发 3D 游戏还是 2D 游戏都能够得心应手。Unity 的每个视图都提供了不同的编辑和操作功能，以帮助用户完成开发工作。

3.1.1　熟悉界面

Unity 的主编辑器由菜单栏及若干个选项卡窗口组成，这些窗口统称为视图。每个视图都有其特定的作用。在这里先介绍 Unity 常用的界面，如图 3-1 所示，包括菜单栏、工具栏、项目（Project）视图、层级（Hierarchy）视图、检视（Inspector）视图、场景（Scene）视图、游戏（Game）视图等。

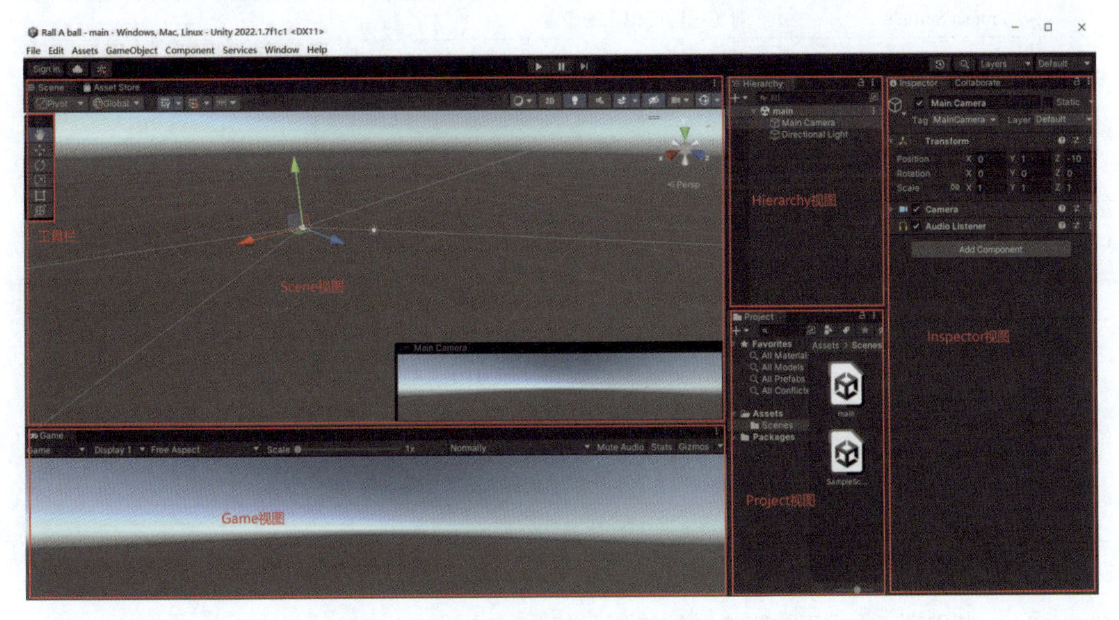

■ 图 3-1　Unity 3D 界面

1. 菜单栏

① File（文件）：打开和保存场景、项目，以及创建游戏。在开发过程中，File 菜单列表中常用的菜单命令名称及说明见表 3-1。

表 3-1　File 菜单列表中常用的菜单命令名称及说明

名　称	说　明
New Scene	创建新的场景。每一个新创建的游戏场景都包含了一个 Main Camera（主摄像机）和一个 Direction Light（定向光源）
Open Scene	打开一个已经创建的场景。单击 Open Scene 后，会弹出一个 Load Scene 对话框，选择所要打开的场景文件（扩展名为“.unity”的文件）即可
Save	保存当前场景
Save As	当前场景另存为
Build Setting	发布设置，即在发布游戏前一些必要的设置。单击 Build Settings 后，会立刻弹出 Build Settings 对话框，在 Platform 下可选择当前项目发布后所要运行的平台；同时可以单击“Player Settings”按钮，在属性查看器中修改相关参数

② Edit（编辑）：包含普通的复制和粘贴功能，以及修改 Unity 部分属性的设置。在开发过程中，Edit 菜单列表中常用的菜单名称及说明见表 3-2。

表 3-2　Edit 菜单列表中常用的菜单名称及说明

名　称	说　明
Frame Selected	居中并最大化显示当前选中的物体，即若要在场景设计面板中近距离观察所选中的游戏对象，便可单击 Frame Selected，从而方便地切换视角
Project Settings	对工程进行相应的设置
Preferences	偏好设置。对 Unity3D 的一些基本设置，如：选用外部的脚本编辑，皮肤，各种颜色的设置，以及一些用户基本的快捷键的设置

③ Assets（资源）：包含与资源创建、导入、导出及同步相关的所有功能。在开发过程中，Assets 菜单列表中常用菜单命令的名称及说明见表 3-3。

表 3-3　Assets 菜单列表中常用的菜单命令名称及说明

名　称	说　明
Create	创建功能，可以用来创建各种脚本、动画、材质、字体、贴图、物理材质、GUI 皮肤等
Show In Explorer	打开资源所在的目录位置
Import Package	导入资源包。当创建项目工程的时候，有些资源包没有导入进来，在开发过程中又需要使用，这时可以用到导入资源包的功能
Export Package	可将需要的资源导出为资源包

④ GameObject（游戏对象）：创建、显示游戏对象，以及为它们创建父子关系。在开发过程中，GameObject 菜单列表中常用的菜单命令名称及说明见表 3-4。

表 3-4　GameObject 菜单列表中常用菜单命令名称及说明

名　称	说　明
Create Empty	创建一个空的游戏对象，可以对这个空的对象添加各种组件，即各种属性（在 Component 中会讲到）
3D Object	创建 3D 游戏对象，包括 Cube、Sphere、Capsule、Cylinder、Plane、Quad、Ragdoll、Terrain、Tree、Wind Zone 和 3DText

续表

名　　称	说　　明
Light	创建光源对象，包括 Directional Light、Point Light、SpotLight、Area Light、Reflection Probe 和 Light Probe Group
Audio	创建与声音有关的游戏组件，包括 Audio Source、Audio Reverb Zone、Audio Source 等
UI	创建和搭建与 UI 有关的游戏对象，包括 Panel、Button、Text、Image、Raw Image、Slider、Scrollbar、Toggle、Input Field、Canvas 和 Event System 等

⑤ Component（组件）：为游戏对象添加新的组件或属性。在开发过程中，Component 菜单列表中常用的菜单命令名称及说明见表 3-5。

表 3-5　Component 菜单列表中常用的菜单命令名称及说明

名　　称	说　　明
Mesh	添加网格属性，指模型的网格，Mesh 的主要属性内容包括顶点坐标、法线、纹理坐标、三角形绘制序列等其他有用的属性和功能。因此建网格就是画三角形，画三角形就是定位三个点
Particles	粒子系统，能够造出很棒的流体效果
Physics	物理系统，可以使物体带有对应的物理属性
Audio	音频，可以创建声音源和声音的听者
Rendering	渲染
Miscellaneous	杂项
Scripts	脚本。Unity 内置的一些功能很强大的脚本
Camera-Control	摄像机控制

⑥ Window（窗口）：显示特定视图（如项目资源列表或游戏组成对象列表）。在开发过程中，Window 菜单列表中常用的菜单命令名称及说明见表 3-6。

表 3-6　Window 菜单列表中各项名称及说明

名　　称	说　　明
Next Window	下一个窗口
Animation	动画窗口，用于创建时间动画的面板
Profiler	探查窗口，主要功能是对 Unity 集成开发环境中各个功能的使用情况和 CPU 的利用率进行检查
Lighting	打开光照设置面板

2. 工具栏

Unity 的工具栏包括五个基本控制。

① Transform 变换工具：用来控制和操作场景及游戏对象，主要应用于 Scene 场景视图，每个工具的用法见表 3-7。

表 3-7　Transform 变换工具

工　具	名　称	快 捷 键	说　明
	View（手掌）Tool	【Q】	平移 Scene 视图
	Move（移动）Tool	【W】	移动游戏对象
	Rotate（旋转）Tool	【E】	旋转游戏对象
	Scale（缩放）Tool	【R】	缩放游戏对象
	Rect（矩形）Tool	【T】	编辑游戏对象的矩形手柄

② Gizmo 坐标系工具：用来切换中心点的位置。

Pivot：改变游戏对象的轴心点。

Center：改变游戏对象的轴心为物体包围盒的中心。

Pivot：使用物体本身的轴心。

Global：改变物体的坐标。

Global：世界坐标。

Local：自身坐标。

③ 播放工具：用来在编辑器运行或暂停游戏的测试，用法见表 3-8。

表 3-8　播放工具

工　具	名　称	快 捷 键	说　明
	Play（播放）	【Ctrl+P】	运行游戏
	Pause（暂停）	【Ctrl+Shift+P】	暂停游戏
	Step（单帧）	【Ctrl+Alt+P】	一次执行一步游戏

④ Layers（分层）下拉列表：用来控制游戏对象在 Scene 视图中的显示和隐藏，各功能见表 3-9。

表 3-9　Layers 下拉列表信息

分层名称	说　明
Everything	显示所有游戏的对象
Nothing	不显示任何游戏对象
Default	显示默认的游戏对象
TransparentFX	显示透明的游戏对象
Ignore Raycast	显示不处理投射事件的游戏对象
Water	显示水对象

⑤ Layout（布局）下拉列表：改变窗口和视图的布局，并且可以保存所创建的任意自定义布局。

3.1.2　Project 视图

Project（项目）视图包含整个工程中所有可用的资源，如模型、脚本等。把它称为一个文件夹也适合，因为毕竟它的确对应了一个文件夹，即每个 Unity 项目文件都会包含一个 Assets 文件夹，Assets 文件夹是用来存放用户所常见的对象和导入的资源，并且这些资源是以目录的方式来组织的，Unity 编辑器也只认这个文件夹，如图 3-2 所示。

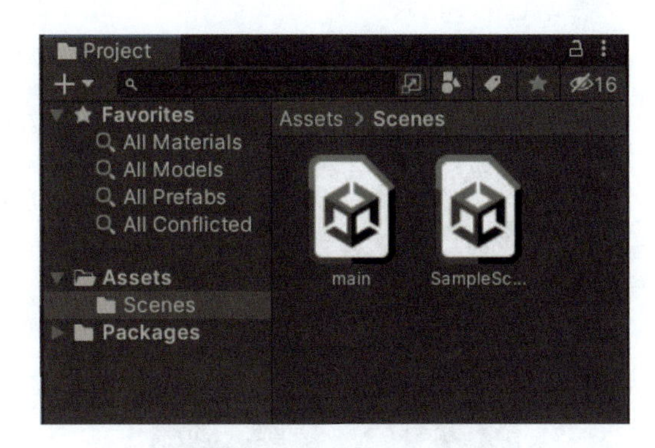

■ 图 3-2　Project 视图

3.1.3　Hierarchy 视图

Hierarchy（层级）视图显示当前场景中的每个 GameObject（游戏对象），包含摄像机、灯光和模型等，以文字的方式显示在列表中。“游戏对象”是 Unity 中非常重要且基础的概念，在游戏中进行的操作几乎均是在不断改变游戏对象。相当于 Photoshop 中的“层”的概念，即每个层可以包含一个自身可以显示的对象，其下方还可以包含多个子对象，子对象还可以包含子对象，不断嵌套。而这里的每个层，都是一个“游戏对象”，可在 Hierarchy 视图中选择对象并将一个对象拖到另一个对象内，以应用 Parenting（父子化）。在场景中添加和删除对象后，还将在 Hierarchy 视图中显示，如图 3-3 所示。

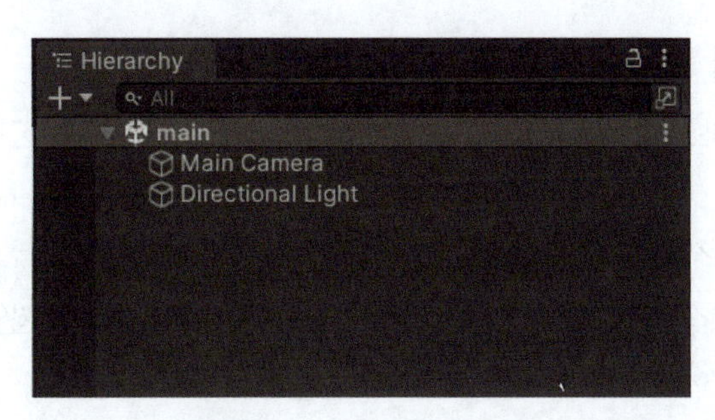

■ 图 3-3　Hierarchy 视图

3.1.4　Inspector 视图

Inspector（检视）视图用于显示当前所选游戏对象的相关属性与信息，还用于显示资源的属性、内容以及渲染设置、项目设置等参数，千万不要被 Inspector 这个单词或者“检视”这个词所迷惑，它所代表的含义只是相当于属性面板而已，即它是针对当前选中的物件进行详细的描述。当然有些时候，不仅仅是描述，它还可以编辑属性。可以选中的物件不外乎两大类：游戏对象（来自 Hierarchy 面板）和资源文件（来自 Project 面板），如果选中游戏对象，可以编辑此游戏对象的属性，比如精确编辑其位置、旋转、缩放等；如果选中资源文件，可以修改其导入设置，比如选择一张图片，可以设置其贴图类型、压缩格式等，如图 3-4 所示。

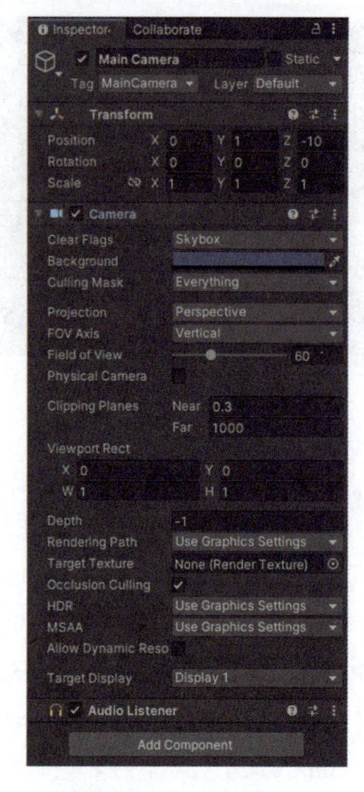

■ 图 3-4　Inspector 视图

3.1.5　Scene 视图

Scene（场景）视图是游戏场景设计视图，是游戏画面主要的编辑区域，所有的对象均在这里布置，设置它们的位置、大小、旋转等信息，组成一幕画面，一个 Scene 只能组合出一幕画面，那么多幕画面则需要由多个场景构成，一个场景是游戏的一个显示单位，如战斗场景、欢迎场景、设置场景等。场景中的每个物体都有一个三维，Unity 的坐标系是左手坐标系，即 x 轴向右，y 轴向上，z 轴就向里，如图 3-5 所示。

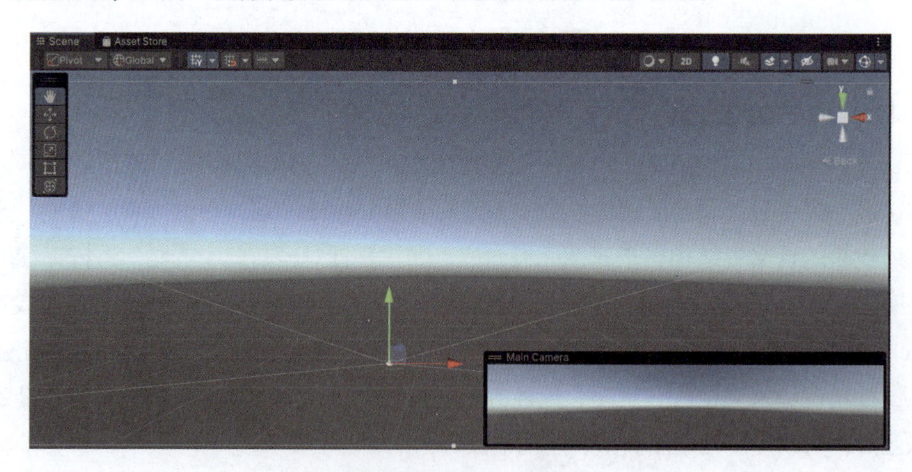

■ 图 3-5　Scene 视图

① shaded（遮蔽处）下拉框可以选择场景的显示方式，shaded 是以实体方式显示，wireframe（线框）是以线框方式显示，还有一些其他的显示方式，在引擎中试试就知道了。

② 2D 按钮是控制场景以 2D 方式显示还是以 3D 方式显示，默认没选中表示以 3D 方式显示，选中后场景会以 2D 方式显示，摄像机的视图变成平行视图。

③光线按钮是控制场景光线是否启用，如果启用，则可以在场景中看到运用光线之后的效果，则显示场景真实角度的光线，而不是游戏呈现出来的效果。此操作不会影响真实游戏的光线效果，只影响在场景界面中的显示效果。

④音频按钮是控制场景中是否播放音频，此操作同样不影响游戏实际运行效果，只控制场景中音频是否播放。

⑤右边这个图片下拉框是控制其他物体在场景中是否显示，同样只针对场景，不影响游戏运行效果。skybox 是控制场景是否显示天空盒，fog 是控制场景是否显示雾效果，flare（闪耀）是控制场景是否运用镜头光晕效果，animated materials 指动画材料，image effects 指图片特效。

⑥ gizmos（小玩意）按钮是控制场景是否显示一些物体，比如 3D icon 控制场景是否以 3D 的方式来显示音频、摄像机这些图标。show grid 是控制场景中的物体是否显示网格。

上面那五个按钮是对选中物体或场景的控制按钮，分别是平移场景、平稳物体、旋转物体、缩放物体和 2D 控制，对应的快捷键分别是 QWERT。

3.1.6　Game 视图

Game（游戏）视图是游戏运行时的显示视图，对 Scene 视图的修改都会时时同步到 Game 视图，如图 3-6 所示。

■ 图 3-6　Game 视图

- Display 下拉框是控制以几个摄像机进行渲染，默认是一个，即默认摄像机。
- 第二个下拉框是控制渲染界面的分辨率，Free Aspect 表示填满界面。
- 下一个滑动条是控制渲染界面的缩放比例。
- Stats（统计）控制是否显示运行信息面板。
- Gizmos 控制是否显示一些物体。

3.1.7 控制台和状态栏

控制台和状态栏是 Unity 集成开发环境中两个很有用的调试工具。状态栏总是出现在编辑器的底部（虽然在通常情况下它只是一条空白的灰线）。可以通过菜单 Window → Console 或按【Ctrl+Shit+C】快捷组合键打开控制台，也可以单击状态栏来打开控制台。

按下“播放”按钮开始测试游戏，并且看看控制台和状态栏是怎样一起随着 Sphere 高度的数据而进行更新的。开发人员还可以在脚本中让游戏向控制台和状态栏输出一些信息，这有助于调试和修复错误。游戏遇到的任何错误、消息或者警告，以及和这个特定错误相关的任何细节，都会显示在控制台里。

3.2 Unity 脚本程序开发

Unity 支持多种语言作为脚本语言。目前 C# 语言使用得最为广泛，并且开发得最为完善，所以以 C# 语言为例，介绍与 Unity 脚本程序开发相关的基础知识。

3.2.1 Unity 脚本概述

与其他常用的平台有所不同，在 Unity 中，脚本程序要起作用，实现的主要途径是将脚本附到特定的游戏对象中。这样，脚本中不同方法在特定的情况下被调用，就能实现特定的功能。下面是最常用的几个回调方法。

① Start 方法。这个方法在游戏场景加载时调用，在该方法内可以写一些游戏场景初始化之类的代码。

② Update 方法。这个方法会在每一帧渲染之前调用，大部分游戏代码在这里执行，除了物理部分的代码。

③ FixedUpdate 方法。此方法会每隔固定的时间间隔系统调用，这里也是基本物理行为代码执行的地方。

除了以上几种回调的方法以外，Unity 还提供了一些其他的具有特定作用的回调方法。并且在有需要的情况下，还可以重写一些处理特定事件的回调方法，这类方法一般以 On 前缀开头，如 OnCollisionEnter 方法（此方法在系统检测到碰撞开始时被回调）等。

其实上述的方法与代码在开发中一般都是位于 MonoBehaviour 类的子类中，也就是说开发脚本代码时，主要是继承 MonnoBehaviour 类并重写其中特定的方法。

3.2.2 Unity 中 C# 脚本的注意事项

Unity 中 C# 脚本的运行环境使用了 Mono 技术，Mono 是一个由 Xamarin 公司主持的致力于发展 .NET 开源的工程。用户可以在 Unity 脚本中使用 .NET 所有的相关类。但 Unity 中 C# 的使用和传统的 C# 有一些不同，下面是初学者在学习 Unity 时 C# 脚本开发中需要特别注意的事项。

1. 继承自 MonoBehaviour 类

Unity 中所有挂载到游戏对象上的脚本包含的类都继承自 MonoBehavior 类（直接或间接地）。MonoBehaviour 类中定义了各种回调方法，例如 Start、Update 和 FixedUpdate 等。通过单击 Assets → Create → C#Script 创建的脚本，其系统模板已经包含必要的定义。

```
public class BNUScript : MonoBehaviour {……}           //继承 MonoBehaviour 类
```

2. 类名必须匹配文件名

C# 脚本中类名需要手动编写，而且类名还必须和文件名相同，否则当脚本挂载到游戏对象上时，控制台会报错。

3. 使用 Awake 或 Start 方法初始化

C# 用于初始化脚本的代码必须置于 Awake 或 Start 方法中。Awake 和 Start 的不同之处在于，Awake 方法是在加载场景时运行，Start 方法是在第一次调用 Update 或 FixedUpdate 方法之前被调用，Awake 方法在所有 Start 方法之前运行。

4. Unity 脚本中协同程序有不同的语法规则

Unity 脚本中协同程序（Coroutines）必须是 IEnumterator 返回类型，并且 yield 用 yield return 代替。具体可以使用如下的 C# 代码片段来实现。

```
1 using  UnityEngine;
2 using  System.Collections;                                  //引入系统包
3 public class BNUCoroutines : MonoBehaviour{                 //声明类
4     IEnumerator SomeCoroutines(){                           //C# 协同程序
5         yield return 0;                                     //等待 1 帧
6         yield return new WaitForSeconds(2);                 //等待 2 秒
7 }}
```

5. 只有满足特定条件的变量才能显示在属性查看器中

只有序列化的成员变量能显示在属性查看器中。而 private 和 protected 类型的成员变量只能在专家模式中显示，并且，它们的属性不被序列化或显示在属性查看器中，如果属性想在属性查看器中显示，那么它必须是 public 类型的。

提示：序列化是指将对象实例的状态存储到存储媒体的过程。序列化的成员变量一般就是指 public 类型的成员变量，相反，static、private 和 protected 等类型的变量就不符合此条件。

6. 尽量避免使用构造函数

不要在构造函数中初始化任何变量，而是使用 Awake 或 Start 方法来实现。即便是在编辑模式中，Unity 仍会自动调用构造函数，因为 Unity 需要调用脚本的构造函数来取回脚本的默认值。何时调用构造函数无法预计，因为它或许会被预制件或未激活的游戏对象所调用。

在单一模式下使用构造函数可能会导致严重后果，会引发类似随机的空引用异常。因此，一般情况下尽量避免使用构造函数。事实上，没必要在继承自 MonoBehaviour 的类的构造函数中写任何代码。

3.3 Unity 脚本的基础语法

下面以 C# 脚本为例，对 Unity 脚本的基本语法进行介绍，主要包括对游戏对象的常用操作、访问游戏对象和一些重要类的介绍等方面。

3.3.1 常用操作

1. 位移与旋转

（1）基础知识

游戏的开发中常常需要对游戏对象进行位移和旋转等基础操作。在 Unity 中，对游戏对象的操作都是通过脚本来修改游戏对象的 Transform（变换对象）与 Rigidbody（刚体属性）参数来实现的。这些参数的修改是通过脚本编程来实现的。

（2）开发流程

物体的旋转是通过 Transform.Rotate 方法来实现的。本案例通过此方法实现了让游戏对象绕 x 轴顺时针每帧旋转 2° 的效果，具体开发流程如下：

① 创建 Cube 对象。单击 GameObject → 3D Object → Cube，创建一个 Cube 对象作为本案例游戏对象，可以在左侧面板上单击“Cube”查看其相关属性。

② 编写脚本。单击 Assets → Create → C# Script，创建一个 C# 脚本，并将其命名为 BNU-TransR.cs，然后编写脚本。

③ 挂载脚本。脚本开发完成后，将这个脚本挂载到游戏对象上，在项目运行时即可实现所需功能。

旋转与位移的基础语法如下：

```
1 using UnityEngine;
2 using System.Collections;                          //引入系统包
3 public class BNUTransR : MonoBehaviour {           //声明类
4 void Update(){                                     //重写 Update 方法
5 this.transform.Rotate(2,0,0);                      //绕 X 轴每帧旋转 2°
6 }}
```

说明： 物体的旋转实现起来相当简单，需要注意的是，在 Update 方法里通过改变游戏对象 Transform 属性来实现物体的旋转和位移都是按帧来计算的。

物体的位移是通过 Transform.Translate 方法来实现的，例如，实现游戏对象沿 Z 轴正方向每帧移动一个单位的效果，具体代码如下：

```
1 using UnityEngine;
2 using System.Collections;                       //引入系统包
3 public class BNUTransT : MonoBehaviour          //声明类
4 void Update(){                                  //重写 Update 方法
5 this.transform.Translate(0,0,1);                //游戏对象每帧沿 Z 轴移动一个单位
6 }}
```

说明：一般情况下，在 Unity 中，x 轴为红色的轴，表示左右；y 轴为绿色的轴，表示上下；z 轴为蓝色的轴，表示前后。

2. 记录时间

（1）基础知识

在 Unity 中记录时间需要用到 Time 类。Time 类中比较重要的变量为 deltaTime（此变量为只读变量），它指的是从最近一次调用 Update 或者 FixedUpdate 方法到现在的时间。如果想均匀地旋转一个物体，在不考虑帧速率的情况下，可以乘以 Time.deltaTime。

（2）开发流程

本案例实现了让游戏对象绕 x 轴顺时针每帧旋转 10° 的效果，具体开发流程如下：

① 创建 Cube 对象。单击 GameObject → 3D Object → Cube，创建一个 Cube 对象作为本案例游戏对象，可以在左侧面板上单击 Cube 查看其相关属性。

② 编写脚本。单击 Assets → Create → C# Script，创建一个 C# 脚本，并将其命名为 BNUTime.cs，然后编写脚本。

③ 挂载脚本。脚本开发完成后，将这个脚本挂载到游戏对象上，在项目运行时即可实现所需功能。

记录时间的基础语法如下：

```
1  using UnityEngine;
2  using System.Collections;                              //引入系统包
3  public class BNUTime : MonoBehaviour{                  //声明类
4      void Update(){                                     //重写 Update 方法
5      this.transform.Rotate(10 * Time.deltaTime, 0, 0);  //绕 X 轴均匀旋转
6      }
7  }
```

说明：系统在绘制每一帧时，都会回调一次 Update 方法，因此，如果想在系统绘制每一帧时都做同样的工作，可以把对应的代码写在 Update 方法中。

如果涉及刚体，可以将相关代码写在 FixedUpdate 方法里面。在 FixedUpdate 方法里面如果想每秒增加或减少一个值，需要乘以 Time.fixedDelatTime，例如，想让刚体沿 Y 轴正方向每秒上升 5 个单位，具体开发流程如下：

① 创建 Cube 对象。单击 GameObject → 3D Object → Cube，创建一个 Cube 对象作为本案例的游戏对象，可以单击“Cube”查看其相关属性，然后单击“Add Component”为其添加组件，并将“Use Gravity”取消勾选。

② 编写脚本。单击 Assets → Create → C# Script，创建一个 C# 脚本，并将其命名为“BNUFUpdate.cs”，然后编写脚本。

③ 挂载脚本。脚本开发完成后，将这个脚本挂载到摄像机上，然后在摄像机的属性中会出现脚本，将 GameObject 一项设置为创建好的 Cube 对象，在项目运行时即可实现所需功能。

具体的语法如下：

```
1    using UnityEngine;
2    using System.Collections;                          //引入系统包
3    public class BNUFUpdtae : MonoBehaviour{           //声明类
4    public GameObject gameObject;                      //声明游戏对象
5    void FixedUpdate(){                                //重写 FixedUpdate 方法
6        Vector3 te=gameObject.GetComponent<Rigidbody>().transform.position;
                                                        //获取刚体的位置坐标
7        te.y += 5 * Time.fixedDeltaTime;               //刚体沿 Y 轴每秒上升 5 个单位
8         gameObject.GetComponent<Rigidbody>().transform.position=te;
                                                        //设置刚体的位置坐标
9        }
10   }
```

说明： 本案例定义了一个向量来表示物体位移的方向。FixedUpdate 方法是按固定的物理时间被系统回调执行的，其中代码的执行和游戏的帧速率无关。

3.3.2 访问游戏对象组件

1. 基础知识

在 Unity 中组件（Component）属于游戏对象，例如，把一个 Renderer（渲染器）组件附加到游戏对象上，可以使游戏对象显示在游戏场景中。把 Camera（摄像机）组件附加到游戏对象上可以使该对象具有摄像机的所有属性。由于所有的脚本都是组件，因此一般脚本都可以附加到游戏对象上。常用的组件可以通过简单的成员变量获得。下面介绍一些常见的成员变量，见表 3-10。

表 3-10　常见组件

组 件 名 称	变 量 名 称	组 件 名 称	变 量 名 称
Transform	transform	Rigidbody	rigidbody
Renderer	renderer	Camera	camera（只在摄像机对象有效）
Light	light（只在光源 对象有效）	Animation	animation
Collider	collider		

2. 开发流程

在 Unity 中，附加到游戏对象上的组件可以通过 GetComponent 方法获得。本案例中的第 5 行和第 6 行代码功能一样的，都是使游戏对象沿 x 轴正方向移动，而第 6 行代码通过获取 Transform 组件来使游戏对象移动，具体的开发流程如下：

① 创建 Cube 对象。单击 GameObject → 3D Object → Cube，创建一个 Cube 对象作为本案例游戏对象，可以在左侧面板上单击“Cube”查看其相关属性。

② 编写脚本。单击 Assets → Create → C# Script，创建一个 C# 脚本，并将其命名为 BNU-Component.cs，然后编写脚本。

③ 挂载脚本。脚本开发完成后，将这个脚本挂载到游戏对象上，在项目运行时即可实现所需功能。

访问游戏对象组件的基础语法如下：

```
1  using UnityEngine;
2  using System.Collections;                                    //引入系统包
3  public class BNUComponent: MonoBehaviour {                   //声明类
4    void Update(){                                             //重写 Update 方法
5      transform.Translate(1, 0, 0);                            //沿 X 轴移动一个单位
6      GetComponent<Transform>().Translate(1,0, 0);             //沿 X 轴移动一个单位
7    }
8  }
```

3.3.3 访问其他游戏对象

Unity 中脚本不仅可以控制其所附加到的游戏对象，还可以访问其他游戏对象和游戏组件，且方法很多。例如，可以通过属性查看器指定参数来获取游戏对象，也可以通过 Find 方法来获取游戏对象。下面分别进行详细介绍。

1. 通过属性查看器指定参数

在脚本代码中声明 public 类型的游戏对象引用，属性查看器中就会显示这个游戏对象的参数，将想要获取的游戏对象拖曳到属性查看器的相关参数位置即可。下面通过一个案例具体说明。创建两个 Cube 对象，分别命名为 Cube1 和 Cube2，然后通过 Cube1 上的脚本来访问 Cube2 上的脚本，具体开发流程如下：

（1）创建 Cube 对象

单击 GameObject → 3D Object → Cube，创建两个 Cube 对象，并且将一个命名为 Cube1，另一个命名为 Cube2。

（2）编写脚本

单击 Assets → Create → C# Script，创建一个 C# 脚本，并将其命名为 BNUOthobj.cs，然后编写脚本，具体代码如下：

```
1  using UnityEngine;
2  using System.Collections;                                    //引入系统包
3  public class BNUOthobj : MonoBehaviour {                     //声明类
4     public Gameobject otherObject;                            //引用游戏对象
5     void Update(){                                            //重写 Update 方法
6        Test test = otherObject.GetComponent<Test>()           //获取 "Test" 脚本组件
7       test.doSomething();                                     //执行 doSomething 方法
8     }
9  }
```

说明：本段代码通过获取指定游戏对象的脚本属性、执行脚本中方法的方式来对其他游戏对象进行访问。

再创建一个 C# 脚本，并将其命名为 Test.cs，然后编写脚本，具体代码如下：

```
1  using UnityEngine;
2  using System.Collections;                                    //引入系统包
3  public class Test : MonoBehaviour {                          //声明类
4     public void doSomething(){                                //定义 doSomething 方法
5        this.transform.Rotate(1,0,0);                          //使游戏对象沿 X 轴旋转
```

```
6       }
7   }
```

说明： 本段代码定义了 doSomething 方法，仅实现了使游戏对象沿 x 轴旋转的功能。

（3）挂载脚本

脚本开发完成后，将 BNUOthobj.cs 脚本挂载到游戏对象 Cube1 上，然后将 Test.cs 脚本挂载到游戏对象 Cube2 上，再将 Cube2 拖曳到 Cubel 脚本属性中的 Other Object 选项上，在项目运行时即可看到 Cube1 静止不动，Cube2 旋转。

2. 确定对象的层次关系

在游戏组成对象列表中的游戏对象之间必然会存在父子关系，在代码中可以通过获取 Transform 组件来找到子对象或父对象，具体操作时可以使用如下 C# 代码片段来获取游戏对象的子对象或父对象。

```
1  using UnityEngine;
2  using System.Collections;                             //引入系统包
3   public class BNUpractice : MonoBehaviour {         //声明类
4      void Update(){                                    //重写 Update 方法
5        transform.Find("hand").Translate(0,0,1);
                                               //找到子对象 "hand"，使其沿 Z 轴移动
6        transform.parent.Translate(0,0,1);            //找到父对象，使其沿 Z 轴移动
7      }
8  }
```

一旦成功获取子对象，就可以通过 GetComponent 方法获取子对象的其他组件。下面通过一个案例具体讲解。创建三个具有父子关系的游戏对象 Capsule、Sphere 和 Cube，然后通过 Sphere 上的脚本来访问其子对象 Cube 和父对象 Capsule，使它们旋转，具体开发流程如下：

（1）创建游戏对象

单击 GameObject → 3D Object → Capsule，创建一个 Capsule 对象。单击 GameObject → 3D Object → Sphere，创建一个 Sphere 对象。单击 GameObject → 3D Object → Cube，创建一个 Cube 对象，然后将 Cube 拖到 Sphere 上作为其子对象，再将 Sphere 拖到 Capsule 上作为其子对象。

（2）编写脚本

单击 Assets → Create → C# Script，创建一个 C# 脚本，并将其命名为 BNUParchild.cs，然后编写脚本。

（3）挂载脚本

脚本开发完成后，将 BNUparchild.cs 脚本挂载到游戏对象 Sphere 上，在项目运行时即可看到 Sphere 对象静止不动，子对象 Cube 和父对象 Capsule 旋转。

```
1  using UnityEngine;
2  using System.Collections;                          //引入系统包
3  public class BNUParchild : MonoBehaviour {       //声明类
4    void Update(){                                  //重写 Update 方法
5      this.transform.Find("Cubel").Rotate(1,0,0);
```

```
                                               //找到子对象"Cube1"，使其绕 X 轴旋转
6       this.transform.parent.Translate(1,0,0);      //找到父对象，使其绕 X 轴旋转
7     }
8   }
```

说明：本段代码通过获取指定游戏对象的子对象、执行脚本中方法的方式来对其子对象进行访问。这种父子关系就是利用对象的层次关系来实现的。

3. 通过名字或标签获取游戏对象

Unity 脚本中可以使用 FindWithTag 方法和 Find 方法来获取游戏对象。FindWithTag 方法获取指定标签的游戏对象，Find 方法获取指定名称的游戏对象，并且通过 GetComponent 方法就能得到挂载在指定游戏对象上的任意脚本或组件。

下面通过一个案例具体讲解。创建游戏对象 Capsule、Sphere 和 Cube，然后通过 Sphere 上的脚本来访问 Cube 和 Capsule，使它们旋转，具体开发流程如下：

（1）创建游戏对象

单击 GameObject → 3D Object → Capsule，创建一个 Capsule 对象。单击 GameObject → 3D Object → Sphere，创建一个 Sphere 对象。单击 GameObject → 3D Object → Cube，创建一个 Cube 对象。

（2）添加标签

单击 Capsule，然后在右侧属性查看器里单击 Tag 选项，添加名为 Cap 的标签，最后返回 Capsule 属性查看器，为其选择刚刚添加的 Cap 标签。

（3）编写脚本

单击 Assets→Create→C# Script，创建一个 C# 脚本，并将其命名为 BNUFind.cs，然后编写脚本，具体代码如下：

```
1  using UnityEngine;
2  using System.Collections;                               //引入系统包
3  public class BNUFind : MonoBehaviour {                  //声明类
4    void Update(){                                        //重写 Update 方法
5      GameObject obj1=GameObject.Find("Cube");            //获取名为 Cube 的对象
6      obj1.transform.Rotate(1,0,0);                       //使物体旋转
7      GameObject obj2=GameObject.FindWithTag("Cap");  //获取标签为 Cap 的对象
8      obj2.transform.Rotate(1,0,0);                       //使物体旋转
9    }
10 }
```

说明：实际上这两种访问其他游戏对象的方法是相同的，但是 FindWithTag 方法需要为游戏对象添加标签，这样可以通过选择同一个标签批量控制多个对象。开发人员可以随意选择方法。

4. 通过组件名称获取游戏对象

Unity 脚本中还有一种访问其他游戏对象的方法：通过 FindObjectsOfType 方法和 FindObjectOfType 方法来找到挂载了特定类型组件的游戏对象。FindObjectOfType 方法可以获取所有挂载了指定类型组件的游戏对象，而 FindObjectOfType 方法仅获取挂载了指定类型组件的第一个游戏对象。

下面通过一个案例进行说明。创建游戏对象 Cylinder、Sphere 和 Cube，然后在其中两个对象上挂载 Test.cs 脚本，接着通过刚刚介绍的方法来获取这两个对象的名称，具体开发流程如下：

（1）创建游戏对象

单击 GameObject → 3D Object → Capsule，创建一个 Capsule 对象。单击 GameObject → 3D Object → Sphere，创建一个 Sphere 对象。单击 GameObject → 3D Object → Cube，创建一个 Cube 对象。

（2）编写脚本

单击 Assets → Create → C# Script，创建两个 C# 脚本，并将它们分别命名为 Test.cs 和 BNU-Findtype.cs。对 Test.cs 脚本不用进行任何编写，只是用它来充当一个组件，然后编写 BNUFind-type.cs 脚本。

（3）挂载脚本

脚本开发完成后，将 Test.cs 脚本挂载到刚刚创建的任意两个对象上，然后将 BNUFindtype.cs 脚本挂载到主摄像机上，在项目运行时即可看到控制台输出了刚刚挂载了 Test.cs 脚本的对象名称，具体代码如下：

```
1 using UnityEngine;
2 using System.Collections;                          //引入系统包
3 public class BNUFindtype : MonoBehaviour {         //声明类
4 void Start(){                                      //重写 Start 方法
5 Test test = FindObjectOfType <Test>();             //获取找到的第一个 Test 组件
6 Debug.Log(test.gameObject.name);          //输出挂载 Test 组件的第一个游戏对象的名称
7 Test[] tests=FindObjectsOfType<Test>();            //获取所有的 Test 组件
8 foreach(Test te in tests){
9 Debug.Log(te.gameObject.name);            //输出挂载 Test 组件的所有游戏对象的名称
10 }}}
```

说明：FindObjectsOfType 方法多用于对 UI 的处理，但是请注意这个方法是非常慢的，不推荐在每帧使用，大多数情况下可以使用单例模式来代替。

3.3.4 向量

1. 基础知识

3D 游戏开发中经常需要用到向量和向量运算，Unity 中提供了完整的用来表示二维向量的 Vector2 类和表示三维向量的 Vector3 类。因为二维向量和三维向量的使用方法相同，下面将以三维向量为例详细介绍 Unity 中向量的使用方法。

Vector3 类可以在实例化时实现赋值，也可以在实例化后给 x、y、z 分别赋值，具体代码如下：

```
1 using UnityEngine;
2 using System.Collections;                         //引入系统包
3 public class BNUVector3 : MonoBehaviour {         //声明类
4 public Vector3 position1=new Vector3();
5 public Vector3 position2=new Vector3(1,2,2);
6 void Start(){                                     //重写 Start 方法
```

```
7 {
8 position1.x=1;
9 position1.y=2;
10 position1.z=2;
11 }}
```

Vector3 类中常量对应的值见表 3-11。Vector3 类中方法的作用见表 3-12。

表 3-11　Vector3 类中常量对应的值

常　量	值	常　量	值
Vector3.zero	Vector(0,0,0)	Vector3.one	Vector(1,1,1)
Vector3.forward	Vector(0,0,1)	Vector3.up	Vector(0,1,0)
Vector3.right	Vector(1,0,0)		

表 3-12　Vector3 类中方法的作用

方　法	作　用	方　法	作　用
Lerp	两个向量之间的线性插值	Slerp	在两个向量之间进行球形插值
OrthoNormalize	使向量规范化并且彼此相互垂直	MoveTowards	从当前的位置移向目标
RotateTowards	当前的向量转向目标	Scale	两个矢量组件对应相乘
Cross	两个向量的交叉乘	Dot	两个向量的点乘积
Reflect	沿着法线反射向量	Distance	返回两点之间的距离
Project	投影一个向量到另一个向量	Angle	返回两个向量的夹角
Min	返回两个向量中长度较小的向量	Max	返回两个向量中长度较大的向量
operator +	两个向量相加	operator -	两个向量相减
operator *	两个向量相乘	operator /	两个向量相除
operator ==	两个向量是否相等	operator !=	两个向量是否不相等
ClampMagnitude	返回向量的长度，最大不超过 maxLength 所指示的长度	SmoothDamp	随着时间的推移，逐渐改变一个向量朝向预期的目标

2. 开发流程

本案例实现了使物体朝着向量方向位移的效果，改变向量的值，物体位移方向会随之改变，具体开发流程如下：

（1）创建 Cube 对象

单击 GameObject→3D Object→Cube，创建一个 Cube 对象作为本案例游戏对象，可以在左侧面板中单击 Cube 查看其相关属性。

（2）编写脚本

单击 Assets→Create→C# Script，创建一个 C# 脚本，并将它命名为 BNUvec.cs，然后编写脚本。

（3）挂载脚本

脚本开发完成后，将脚本挂载到 Cube 对象上，在项目运行时物体会朝着向量方向位移，具体代码如下：

```
1 using UnityEngine;
2 using System.Collections;                    //引入系统包
```

```
3 public class BNUVec : MonoBehaviour {                    //声明类
4 public Vector3 position = new Vector3();                 //实例化 Vector3
5 void Start(){                                            //重写 Start 方法
6 position=Vector3.right;                                  //为 position 赋值
7 }
8 void Update(){                                           //重写 Update 方法
9 this.transform.Translate(position);                      //朝向量方向平移物体
10 }}
```

说明：本段代码通过使用 Vector3 类中给定的常量来进行物体的位移，较为简单。但其实 Vector 3 类的一些方法使用起来较为复杂，如 Vector3.Lerp() 等方法，使用巧妙可以实现类似复制的功能。

3.3.5 私有变量和公有变量

1. 基础知识

脚本开发中需要用到许多变量，在一般情况下，定义在方法体外的变量是成员变量，通过 public 修饰的变量是公有变量，如果这个变量为全局类型的，就可以在属性查看器中看到，可以随时在属性查看器中修改它的值。通过 private 创建的变量是私有变量，在属性查看器中就不会显示该变量，避免错误地修改。

2. 开发流程

组件类型的变量（类似 GameObject、Transform、Rigidbody 等），需要在属性查看器中拖曳游戏对象到变量外并确定它的值。

C# 脚本中可以通过 static 关键字来修饰公有变量，这样就可以在不同脚本间调用这个变量。如果想从另外一个脚本中调用变量 Test，可以通过“脚本名 . 变量名”的方法来调用，这里不做详细演示。本案例的具体开发流程如下：

（1）创建 Cube 对象

单击 GameObject → 3D Object → Cube，创建两个 Cube 对象，并且将一个命名为 Cube1，另一个命名为 Cube2。

（2）编写脚本

单击 Assets → Create → C# Script，创建一个 C# 脚本，并将它命名为 BNUPubvar.cs，然后编写脚本。

（3）挂载脚本

脚本开发完成后，将脚本挂载到 Cube1 对象上，在项目运行时系统会不断输出 Cube1 的位置，具体代码如下：

私有变量和公有变量的基础语法如下：

```
1  using UnityEngine;
2  using System.Collections;                               //引入系统包
3  public class BNUPubvar: MonoBehaviour{                  //声明类
```

```
4  public Transform pubTrans;          //声明一个公有 Transform 组件
5  private Transform priTrans;         //声明一个私有 Transform 组件
6  void Start(){                       //重写 Start 方法
7  priTrans = this.transform;          //为 priTrans 赋值
8  }
9  void Update(){                      //重写 Update 方法
10  if (Vector3.Distance(pubTrans.position,priTrans.position) < 10){
                                       //如果 pubTrans 和 priTrans 的距离小于 10
11  Debug.Log(pubTrans.position);      //输出 pubTrans 的位置
12  }}}
```

说明：此案例为演示案例，在日常的开发中一般将组件类型的变量定义为公有变量，这样通过简单的拖曳就可以控制和操作对象。有些特殊的对象需定义为私有变量。

3.3.6　实例化游戏对象

1. 基础知识

在 Unity 中，可以通过 GameObject 菜单在场景中创建游戏对象（这些游戏对象在场景加载的时候被创建出来），也可以在脚本中动态地创建游戏对象。在游戏运行的过程中，根据需要在脚本中实例化游戏对象的方法更加灵活。

如果想在 Unity 中创建很多相同的物体（如射击出去的子弹，保龄球瓶等）时，可以通过实例化（Instantiate）快速实现。而且实例化得到的游戏对象包含了原对象所有的属性，这样就能保证快速地创建相同的对象。实例化在 Unity 中有很多用途，充分利用它非常必要。

2. 开发流程

一般实例化多用于创建多个相同的物体，这样就省去了逐个手动创建的麻烦。本案例的具体开发流程如下：

（1）创建 Sphere 对象

单击 GameObject → 3D Object → Cube，创建一个 Sphere 对象作为本案例的游戏对象，可以在左侧面板中单击 Sphere 查看其相关属性。

（2）编写脚本

单击 Assets → Create → C# Script，创建一个 C# 脚本，并将它命名为 BNUIns.cs，然后编写脚本。

（3）挂载脚本

脚本开发完成后，将脚本挂载到摄像机上，然后将创建好的 Sphere 对象拖曳到摄像机脚本文件的 Prefab 选项上，在项目运行时会实例化五个 Sphere 对象，具体代码如下：

```
1 using UnityEngine;
2 using System.Collections;                       //引入系统包
3 public class BNUIns : MonoBehaviour{            //声明类
4 public Transform prefab;                        //定义公有的对象
5 public void Awake(){                            //重写 Awake 方法
6 int i = 0;                                      //定义计数标志位
7 while (i < 5){                                  //重复 5 次
```

```
8 lnstantiate(prefab, new Vector3(i * 2.0F,0, 0),Quaternion.identity);
                                                    //实例化对象
9 i++;                                              //标志位自加
10 }}}
```

说明： 通过实例化创建出来的对象与原对象完全一致，这与通过按快捷键【Ctrl+D】复制对象一样。实例化一个游戏对象，会复制该对象的整个层次关系，在项目运行时会实例化五个Sphere对象。

3.3.7 协同程序和中断

1. 基础知识

协同程序，即在主程序运行时同时开启另一段逻辑处理，来协同当前程序的执行。但它与多线程程序不同，所有的协同程序都是在主线程中运行的，它还是一个单线程程序。在 Unity 中可以通过 StartCoroutine 方法来启动一个协同程序。

StartCoroutine 方法为 MonoBehaviour 类中的一个方法，也就是说该方法必须在 MonoBehaviour 类继承自 MonoBehaviour 的类中调用。StartCoroutine 方法可以使用返回值作为 IEnumberator 类型方法的参数。

终止一个协同程序可以使用 StopCoroutine(string methodName), 而使用 StopAIICoroutines() 是用来终止所有可以终止的协同程序，但这两个方法都只能终止该 MonoBehaviour 中的协同程序。

2. 开发流程

在协同程序中可以使用 yield 关键字来中断协同程序，也可以使用 WaitForSeconds 类的实例化对象让协同程序休眠，本案例具体开发流程如下：

（1）编写脚本

单击 Assets → Create → C# Script，创建一个 C# 脚本，并将它命名为 BNUCoroutine.cs，然后编写脚本。

（2）挂载脚本

脚本开发完成后，将脚本挂载到摄像机上，在项目运行后会在控制台中输出 doSomething，2 秒后停止输出，具体代码如下：

```
1 using UnityEngine;
2 using System.Collections;                         //引入系统包
3 public class BNUCoroutine : MonoBehaviour{        //声明类
4 IEnumerator Start(){                              //重写 Start 方法
5 StartCoroutine("DoSomething", 2.0F);              //开启协同程序
6 yield return new WaitForSeconds(1);               //等待 1s
7 StopCoroutinef"DoSomething");                     //中断协同程序
8 }
9 IEnumerator DoSomething(float someParameter){     //声明 DoSomething 方法
10 while (true){                                    //开始循环
11 print("DoSomething Loop");                       //打印提示信息
12 yield return null;
13 }}}
```

3.3.8　一些重要的类

1. MonoBehaviour 类

MonoBehaviour 类是 C# 脚本的基类，其继承自 Behaviour 类。在 C# 脚本中，必须直接或间接地继承 MonoBehaviour 类，MonoBehaviour 类中的一些方法可以重写，这些方法会在固定的时间被系统回调，重写这些方法可实现各种各样的功能。

2. Transform 类

场景中的每一个物体都有一个 Transform 组件，它就是 Transform 类实例化的对象。用于储存并操控物体的位置、旋转和缩放。每一个 Transform 可以有一个父级，允许分层次应用位置、旋转和缩放。Transform 类中包含了很多的成员变量。

3. Rigidbody 类

Rigidbody 组件可以模拟物体在物理效果下的状态，它就是 Rigidbody 类实例化的对象。它可以让物体接受力和扭矩，让物体相对真实地移动。如果一个物体想被重力所约束，其必须含有 Rigidbody 组件。Rigidbody 类中包含了很多的成员变量。

4. CharacterController 类

角色控制器是 CharacterController 类的实例化对象，用于第三人称或第一人称游戏角色控制。它可以根据碰撞检测判断是否能够移动，而不必添加刚体和碰撞器。而且角色控制器不会受到力的影响。CharacterController 类包含了很多的成员变量。

3.3.9　性能优化

为保证程序的顺利运行， Unity 本身针对各个平台在功能上进行了大量的优化。但在使用 Unity 开发软件的过程中，培养良好的开发习惯及积累编程技巧，对开发人员来说也是至关重要的。下面将介绍一些针对 Unity 开发的优化措施。

1. 缓存组件查询

当通过 GetComponent 获取一个组件时，Unity 必须从游戏物体里查找目标组件，如果是在 Update 方法中进行查找，就会影响运行速度。此时可以设置一个私有变量去储存这个组件。下面通过一个小案例进行说明，案例具体开发流程如下：

（1）创建 Cube 对象

单击 GameObject → 3D Object → Cube，创建一个 Cube 对象作为本案例的游戏对象，可以在左侧面板中单击 Cube 查看其相关属性。

（2）编写脚本

单击 Assets → Create → C# Script，创建一个 C# 脚本，并将它命名为 BNUIns.cs，然后编写脚本。

（3）挂载脚本

脚本开发完成后，将脚本挂载到 Cube 上，具体代码如下：

```
1 using UnityEngine;
2 using System.Collections;                              //引入系统包
3 public class BNUyhl : MonoBehaviour {                  //声明类
4 private Transform m_transform;                         //声明静态变量
5 void Start () {                                        //重写 Start 方法
6 m_transform = this.transform;                          //为静态变量赋值
7 }
8 void Update () {                                       //重写 Update 方法
9 m_transform.Translate(new Vector3(1,0,0));             //沿 X 轴每帧移动 1m
10 }}
```

说明： 开发人员在编程过程中通过私有变量存储组件，使得程序不会在每一帧都查找所需组件，这样就大大节省了时间和资源，从而达到了优化性能的效果。

2. 使用内建数组

在开发的过程中不可避免会使用到数组，虽然 ArrayList 和 Array 使用起来容易并且方便，但是相比较内建数组而言，前者和后者的速度还是有很大的差异。内建数组直接嵌入 struct 数据类型存入第一缓冲区里，不需要其他类型信息或者其他资源，因此用作缓存遍历更加快捷。所以在开发的过程中应该尽量使用内建数组。

3. 尽量少调用函数

干最少的工作实现最大的效益也是性能优化中非常重要的一点。上文中也提到了，Unity 中 Update 函数每一帧都在运行，所以减少 Update 函数里面的工作量，可以简单有效地提高运行效率。这就需要开发者编程开发的技巧达成，比如通过协调程序或者加入标志位实现。

注意： 在实际开发中，一般把标志位检查放在函数外面，这样就无须每一帧都检查标志位，减少了设备性能的消耗。

3.3.10 脚本编译

想要成为一名优秀的 Unity 开发人员，熟悉 Unity 脚本的编译步骤是相当重要的，这样可以更加高效地编写自己的代码，如果代码出了问题，也能有效地改正错误。由于脚本的编译顺序会涉及特殊文件夹，因此脚本的放置位置就非常重要了。

脚本的具体编译需要以下四步：

① 所有在 Standard Assets、Pro Standard Assets、Plugins 中的脚本被首先编译。在这些文件夹之内的脚本不能直接访问这些文件夹以外的脚本。不能直接引用类或它的变量，但是可以使用 GameObject.SendMessage 与他们通信。

② 所有在 Standard Assets/Editor、Pro Standard Assets/Editor、Plugins/Editor 中的脚本接着被编译。如果想要使用 UnityEditor 命名空间，必须放置脚本到这些文件夹。

③ 所有在 Assets/Editor 外面的，并且不在①②中的脚本文件被编译。

④ 所有在 Assets/Editor 中的脚本，最后被编译。

案例实现

3.4 Roll A Ball 小游戏

3.4.1　初始化游戏环境

1. 创建工程

创建工程界面如图 3-7 所示。选择 New Project → 3D，设置 Project name 为 Roll A Ball。

■ 图 3-7　创建工程界面

注意： 工程的名字不要和其他的工程名字重复，如果重复的话就会出现错误。

2. 保存场景

在 Assets → Scenes 文件夹下，看到已经将当前场景保存下了，但因这个游戏只会用到一个场景，所以将场景文件夹重命名为 main，如图 3-8 所示。

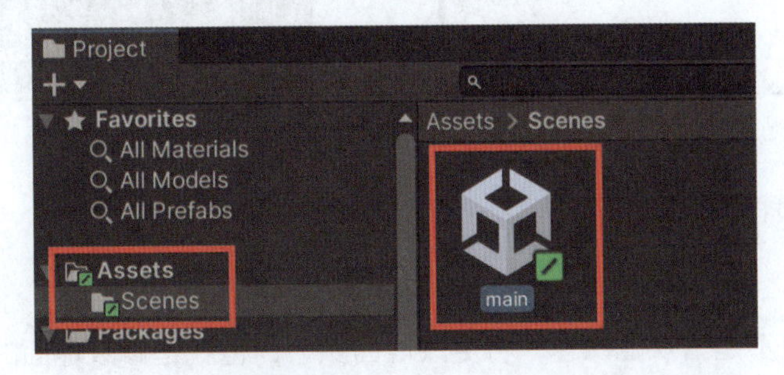

■ 图 3-8　创建 main 场景

3. 创建地面和小球

要进行游戏开发，首先要开发游戏的环境，在该游戏环境中先包括一个地面，一个小球，这个小球就是主角。

在 Hierarchy 视图下，右击弹出快捷菜单，选择 3D Object → Plane，如图 3-9 所示，来创建这个地面。这个 Plane 是内置的一个模型，在 Inspector 视图下，地面放在（0, 0, 0）的位置，如图 3-10 所示。这个 Plane 默认的大小为 10 × 10，因为创建的是地面，所以将 Plane 物体名字重命名为 Ground。

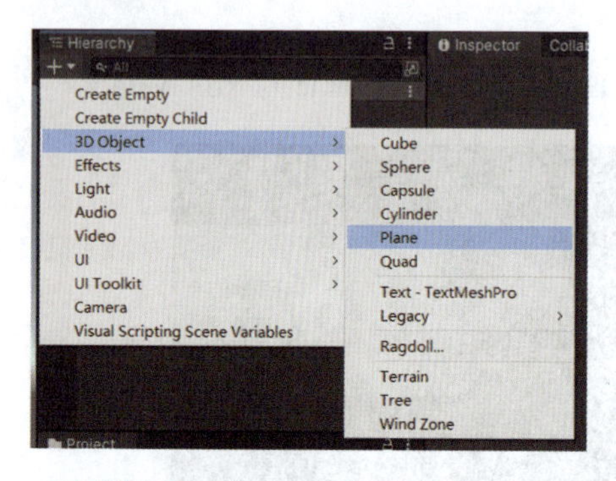

■ 图 3-9　Hierarchy 视图下创建地面

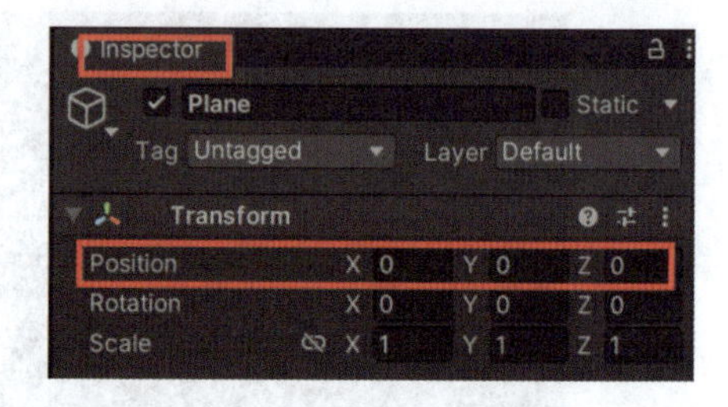

■ 图 3-10　Inspector 视图下的地面位置

接下来创建小球，同样在 Hierarchy 视图下，右击弹出快捷菜单选择 3D Object → Sphere，如图 3-11 所示。因为创建的小球是游戏的主角，所以将 Sphere 物体名字重命名为 Player。

此时会发现小球和地面相比显得稍微小了一点，那么，就可以把地面 Ground 的 Scale 属性更改为（2, 1, 2），放大之后的 Ground 大小为 20 × 20，如图 3-12 所示。

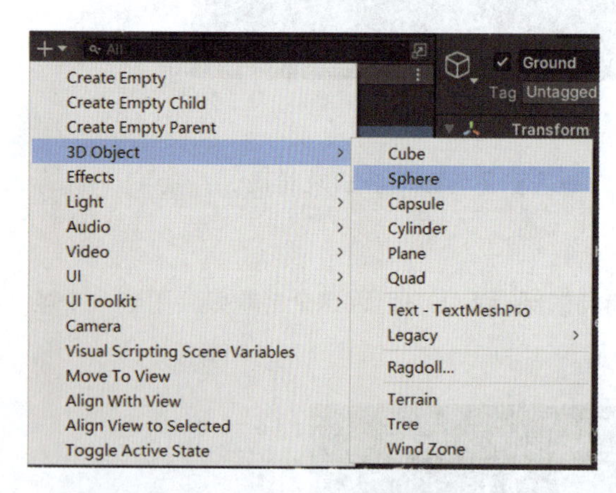

■ 图 3-11　Hierarchy 视图下创建小球

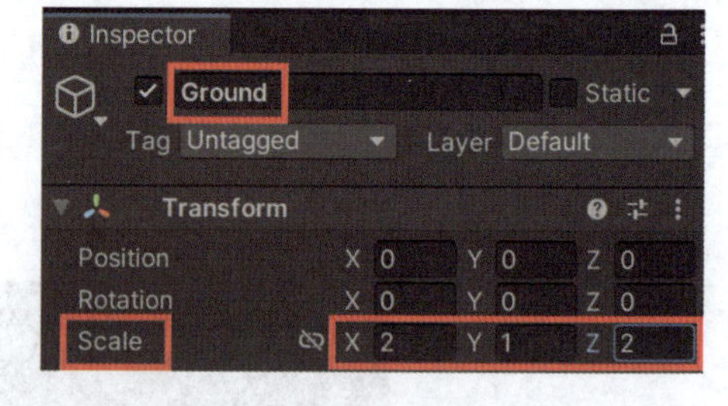

■ 图 3-12　更改地面属性

至此，地面和小球均已建成。

4. 设置地面属性

如果地面的颜色不是喜欢的颜色，将更改地面颜色，也就是修改地面的外观，这时就用到了 Unity 中的另外一个概念——材质，通过材质去修改模型的外观，在 Project 视图下，选择

Assets→Create→Floder，在这个文件夹下，将放置这个项目中，不同的材质给不同的模型来服务，重命名为 Materials，在 Materials 文件下右击，在弹出的快捷菜单中选择 Create→Material，因为这个材质是为地面服务的，所以重命名为 Ground，如图 3-13 所示。

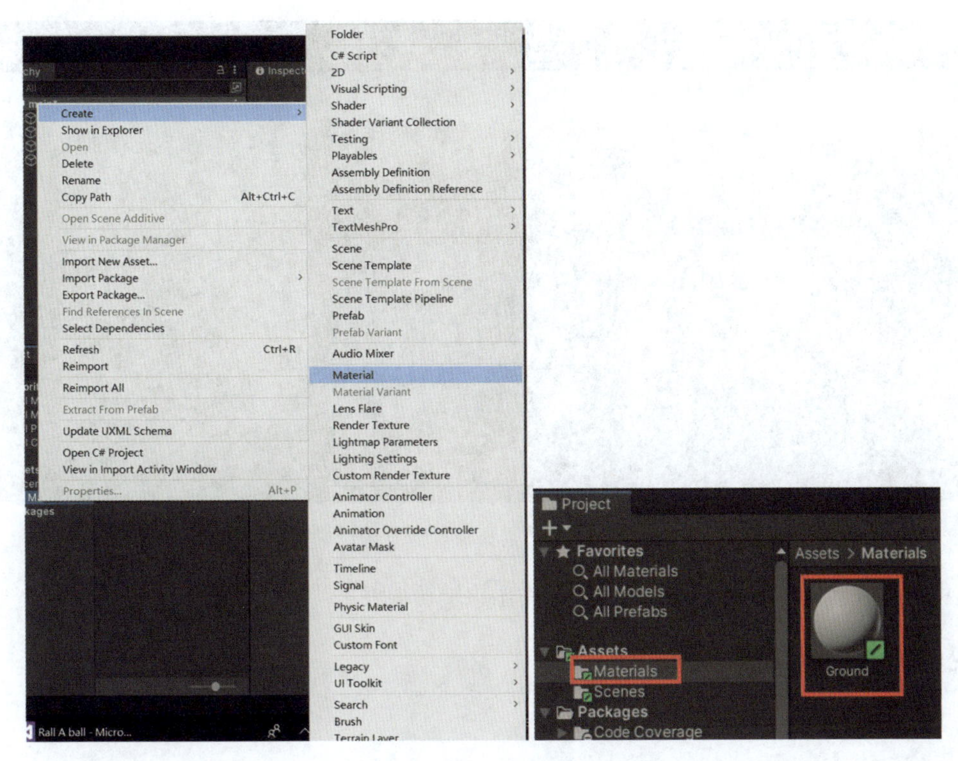

■图 3-13　地面材质

在 Inspector 视图下找到 Albedo 属性来更改地面颜色，如图 3-14 所示。

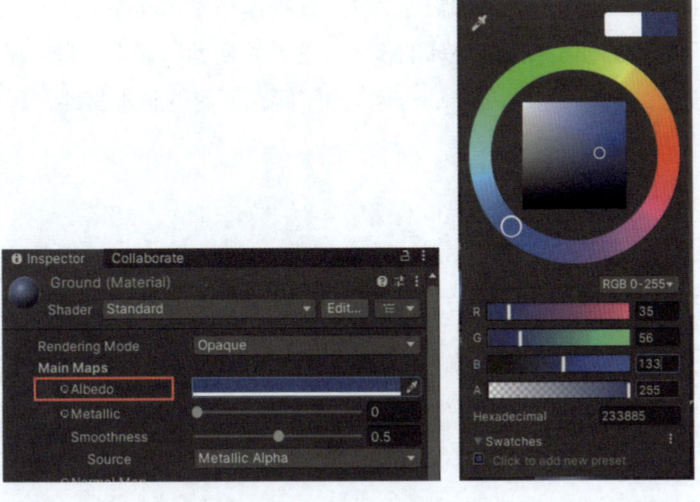

■图 3-14　更改地面颜色

进行了以上设置后会发现地面颜色还没有改变，那么，就可以采用应用材质的方式：第一种方式是将设置好的材质拖动到模型上，第二种方式就是将材质拖动到 Hierarchy 视图下的游戏物体上，如图 3-15 所示。

图 3-15 应用地面材质后的效果图

这样就完成了环境的初始化，可以通过右击来旋转视野。

3.4.2 刚体介绍和脚本的创建

1. 添加刚体组件

对物体环境初始化后，接下来学习如何控制小球在地面上的移动。首先要给小球使用一个新的组件，即刚体组件，想要给一个物体添加刚体组件的方法是选中这个物体，然后在 Inspector 视图下选择 Add Component 搜索 Rigidbody，如图 3-16 所示。

添加刚体组件的目的是给物体添加物理属性，让物体产生物理模拟效果。这样让小球有了物理属性以后，就可以通过刚体来控制小球的移动，这就需要添加脚本语言。在 Project 视图的 Assets 文件夹下新建一个文件夹，命名为 Scripts，为了保存所有的脚本文件，利用脚本来控制小球的移动。

2. 创建脚本组件

创建脚本组件的方法有两种。

第一种：在 Project 视图的 Assets 文件夹下的 Scripts 文件夹下右击，在弹出的快捷菜单中选择 Create → C# Script，然后将新建的脚本文件按【F2】键重命名为 Player 并拖动到创建的物体上，如图 3-17 所示。

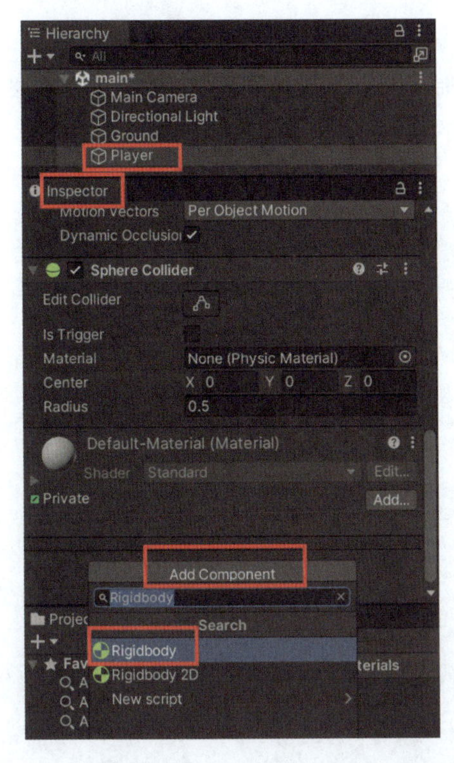

■ 图 3-16　添加刚体组件

■ 图 3-17　创建脚本组件方法一

第二种：在 Hierachy 视图下先选择要创建脚本组件的物体 Player，然后在 Inspector 视图下通过 Add Component →搜索 Player → New Script，如图 3-18 所示。

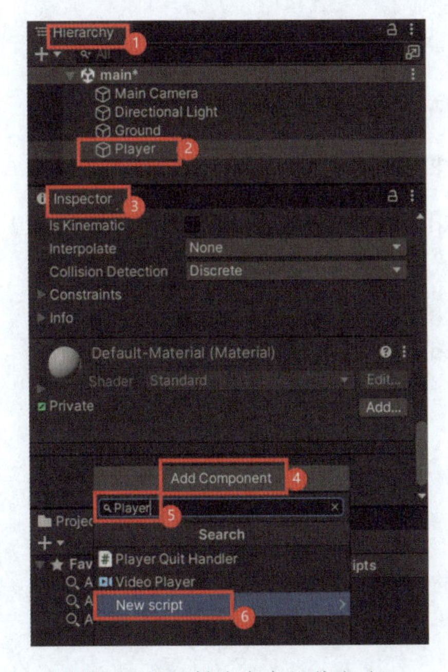

■ 图 3-18　创建脚本组件方法二

3. 编写脚本

脚本创建成功以后，就要写代码，通过代码来控制刚体，通过控制刚体来控制小球的移动。创建代码的话就要打开外部编辑器，方法是双击添加的脚本，打开外部编辑器以后进行编辑。

代码如下：

```
using System.Collections;
using System.Collections.Generic;
using UnityEngine;

public class Player : MonoBehaviour {
    private Rigidbody rd;
    // Use this for initialization 用于初始化
    void Start() {
        rd = GetComponent<Rigidbody>();
        // 得到当前游戏物体身上刚体组件，把这个组件赋值给 rd
    }

    // Update is called once per frame 游戏画面动作每帧更新一次
    void Update() {
       // 调用刚体身上的指令，通过向量给刚体施加力量，向右运动
       rd.AddForce(new Vector3(1,0,0));
       // 调用刚体身上的指令，通过向量给刚体施加力量，向左运动
       rd.AddForce(new Vector3(-1,0,0));
       // 调用刚体身上的指令，通过向量给刚体施加力量，向前运动
       rd.AddForce(new Vector3(0,0,1));
       // 调用刚体身上的指令，通过向量给刚体施加力量，向后运动
       rd.AddForce(new Vector3(0,0,-1));
    }
}
```

通过代码就实现了小球的左右前后的移动。

4. 通过键盘按键控制小球的移动

上面的代码是实现了小球的固定值左右前后的移动，接下来想通过键盘来实现控制小球的移动，代码如下：

```
using System.Collections;
using System.Collections.Generic;
using UnityEngine;

public class Player : MonoBehaviour {
    private Rigidbody rd;
    //Use this for initialization 用于初始化
    void Start() {
        // 得到当前游戏物体身上刚体组件，把这个组件赋值给 rd
        rd = GetComponent<Rigidbody>();
    }

    //Update is called once per frame 游戏画面动作每帧更新一次
```

```
    void Update() {
        //得到水平方向上的一个值
        float h = Input.GetAxis("Horizontal");
        //得到垂直方向上的一个值
        float v = Input.GetAxis("Vertical");
        //将向量的值速度放大 5 倍
        rd.AddForce(new Vector3(h,0,v) * 5);
    }
}
```

如果想要自定义，可以在 Player 组件上直接输入小球运动的速度大小，这个时候就可以定义一个固定值，代码如下：

```
public int force = 5;
rd.AddForce(new Vector3(h,0,v) * force);
```

以上代码可以实现设置小球运动的任意速度。

3.4.3　控制相机跟随

1. 控制相机角度

通过键盘实现小球的左右上下运动以后，相机的角度可能并不是最好的，可以再通过给相机添加脚本代码来实现控制相机的跟随运动。给相机添加脚本的方法跟给小球添加脚本的方法一样。新建一个命名为 FlowTarget 的脚本进行代码编辑，代码如下：

```
using System.Collections;
using System.Collections.Generic;
using UnityEngine;

public class FlowTarget : MonoBehaviour {
    //通过 Player 的 Transform 组件来得到目标的位置
    public Transform PlayerTransform;
    //Use this for initialization 用于初始化
    private Vector3 offset;

    void Start() {
        //通过当前位置减去主角的位置得到位置的偏移
        offset = transform.position - PlayerTransform.position;
    }

    //Update is called once per frame 游戏画面动作每帧更新一次
    void Update() {
        //获取主角的位置加上偏移得到新的位置赋值给相机
        transform.position = PlayerTransform.position + offset;
    }
}
```

至此，就完成了相机跟随小球的运动而运动。

2. 控制小球的移动范围

目前让小球进行移动时会跳出地面的范围，为了阻止小球跳出地面，可以给地面添加墙体。在 Hierarchy 视图下新建四个 Cube：Cube1、Cube2、Cube3、Cube4，它们的参数值设置分别如图 3-19 ~ 图 3-22 所示。

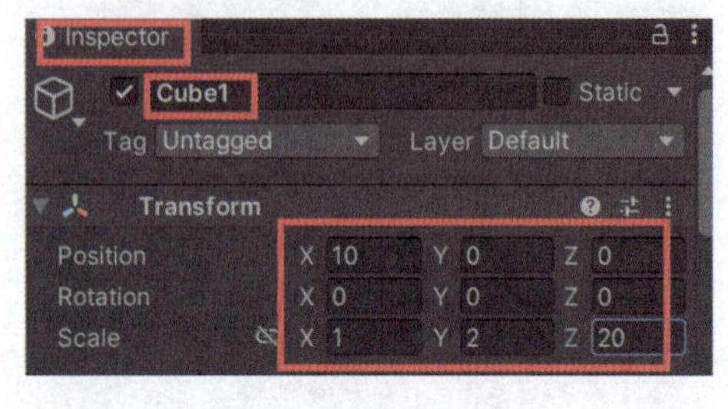

■ 图 3-19　Cube1

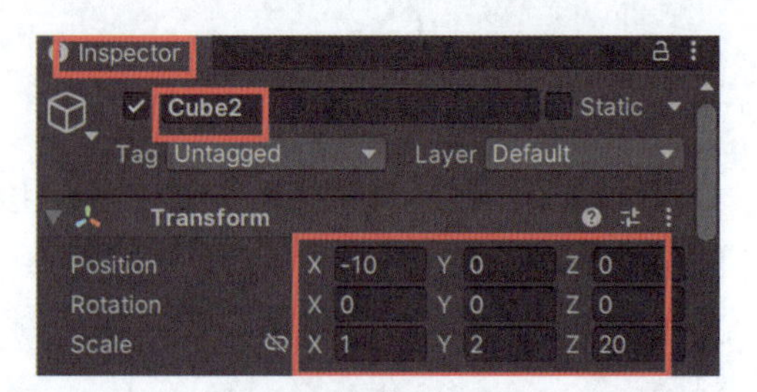

■ 图 3-20　Cube2

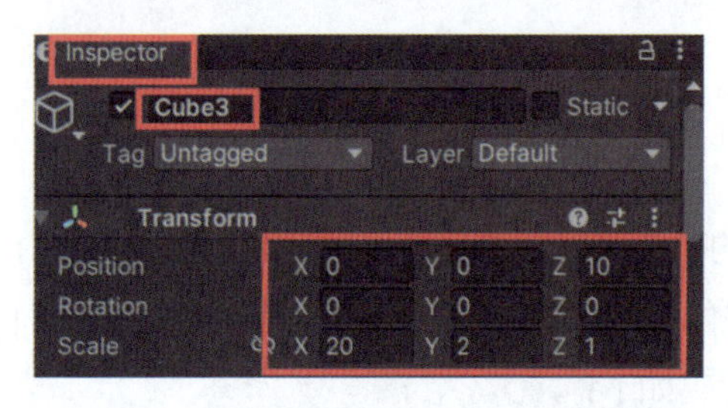

■ 图 3-21　Cube3

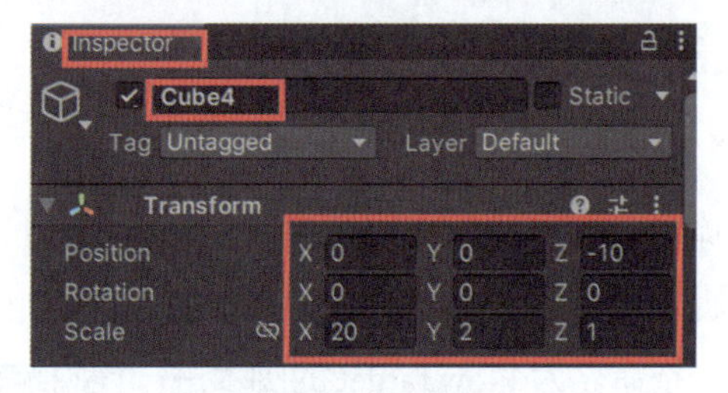

■ 图 3-22　Cube4

添加墙体以后的效果如图 3-23 所示。

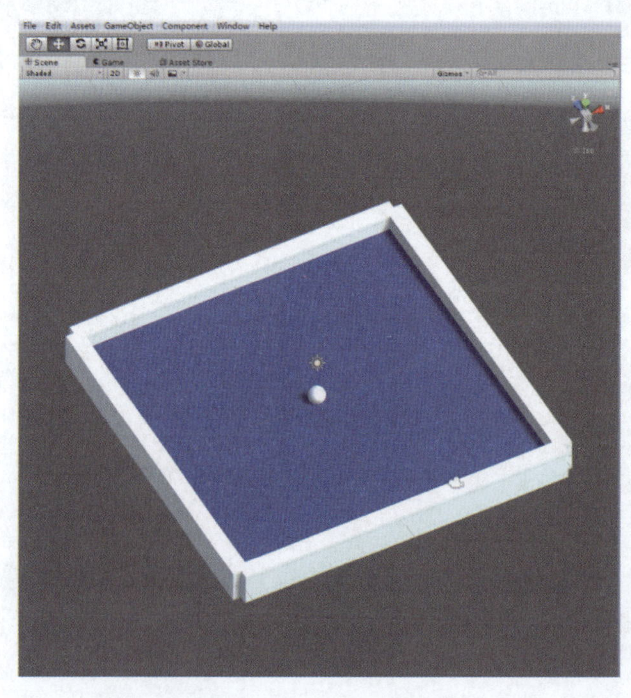

■ 图 3-23　墙体效果图

3. 创建可收集的食物

墙体创建完成以后，可以有效阻止小球跳出地面，接下来就是如何创建可收集的食物，即小球可以收集的小正方体。首先在 Hierarchy 视图下右击，在弹出的快捷菜单中选择相应命令创建一个 Cube，因为要创建可收集的食物，所以重命名为 PickUp，这个食物的大小可以相对小一点，就在 Inspector 视图下的 Scale 属性设置为（0.5, 0.5, 0.5），现在想让食物立在地面上，直接将 Inspector 视图下的 Rotation 属性设置为（45, 45, 45），这样就能够正好将食物直立在地面上了，效果如图 3-24 所示。

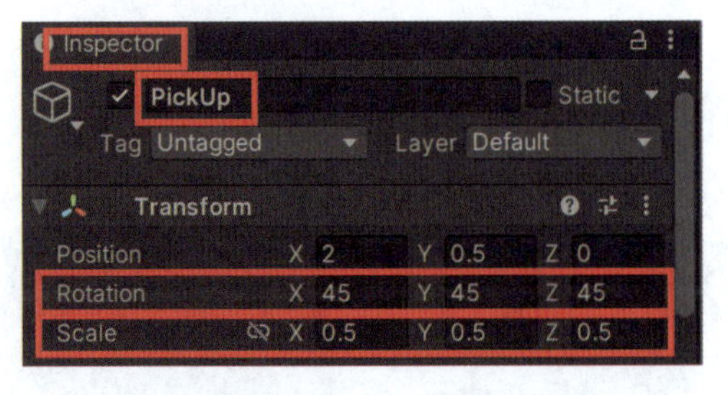

■ 图 3-24　创建食物效果图

4. 设置食物属性

把食物设置好后，就可以修改食物的颜色，修改食物的材质跟设置地面材质的操作方法是一样，在这里可以直接打开 Project 视图下的 Materials 文件夹，将之前的 Ground 材质通过快捷键【Ctrl+D】进行复制，并且重命名为 PickUp，将其对应的材质颜色更改为黄色，如图 3-25、图 3-26 所示。

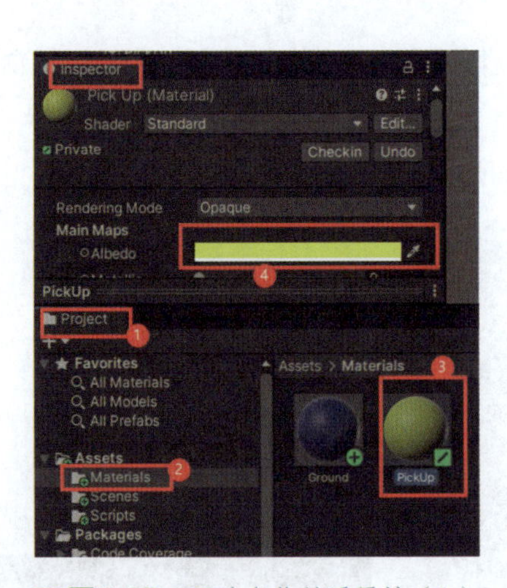

■ 图 3-25　更改食物材质属性（1）

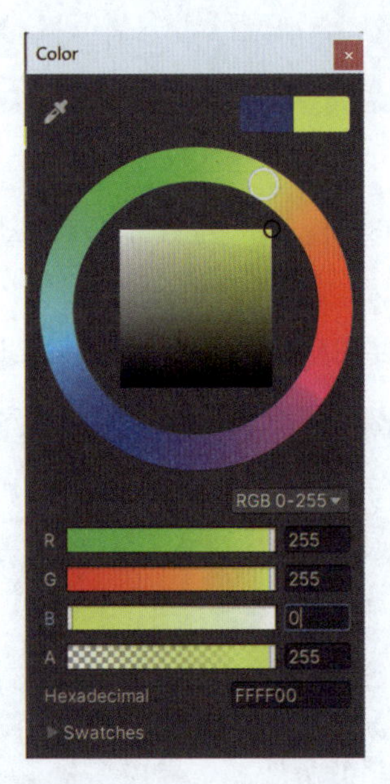

■ 图 3-26　更改食物材质属性（2）

然后将其设置好的黄色材质拖动到食物 Pickup 上，如图 3-27 所示。

这样其中的一个食物就做好了，接下来利用这个已经建好的其中一个食物去创建更多一样的食物，最好把这个已经做好的食物做成 Prefab，也就是做成一个模型，通过这个模型可以很快地孵化出很多跟它一模一样的食物。现在在 Project 视图下新建一个以 Prefabs 命名的文件夹，这里可以存放很多其他的模型，把创建好的 PickUp 食物拖动到 Prefabs 文件夹下，会发现在 Prefabs 文件下就会多出一个 PickUp，这里的 PickUp 属性和 Inspector 视图下的 PickUp 食物属性是一样的，如图 3-28 所示。

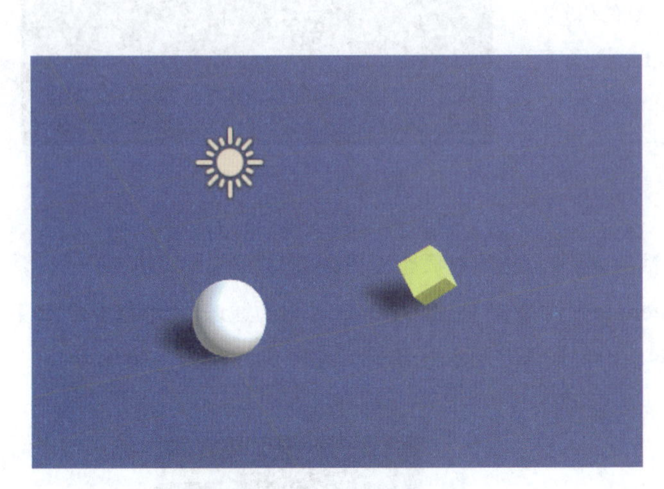

■ 图 3-27　食物材质效果图

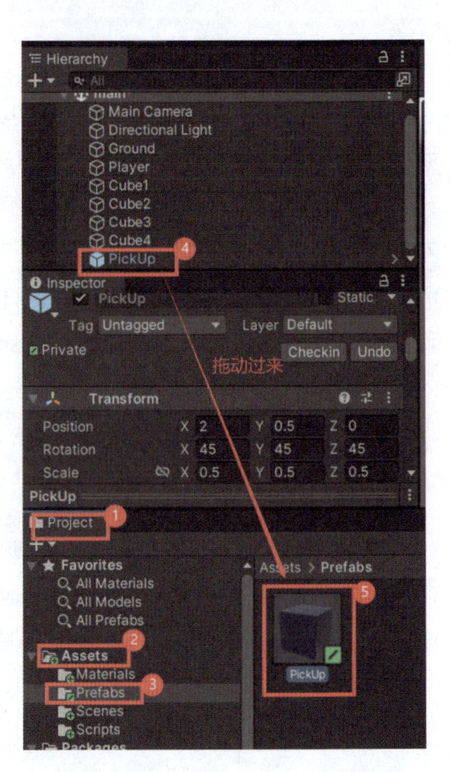

■ 图 3-28　更改食物材质属性（3）

然后将创建好的 PickUp 模型拖动到场景中去，这样就可以很方便地复制一个一样的食物，如图 3-29 所示。

这里要注意，物体坐标设置为 Global，如图 3-30 所示。

■ 图 3-29　创建多个食物

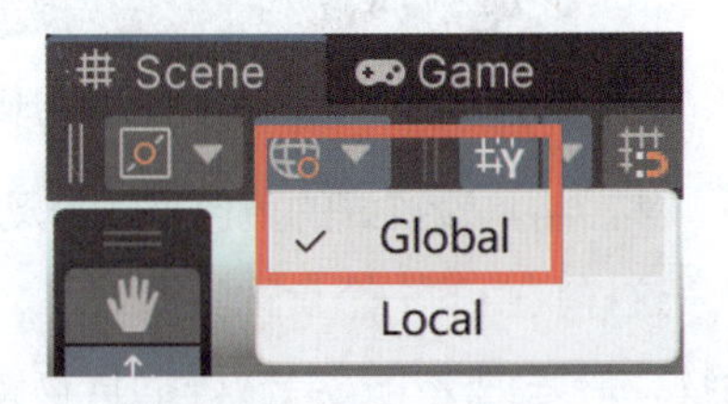

■ 图 3-30　更改物体坐标

这时会发现物体坐标轴和地面是平行的，这样更方便操作。

第二个食物设置好以后，就可以通过模型创建多个食物，效果如图 3-31 所示。

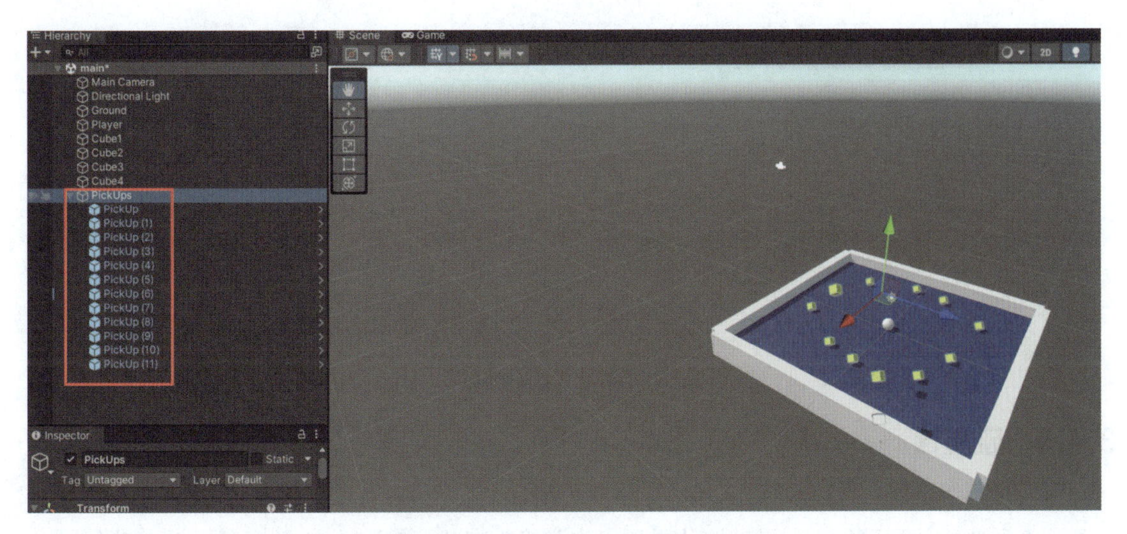

■ 图 3-31　创建多个食物效果图

在 Hierarchy 视图下新建一个空的游戏物体文件夹，并重命名为 PickUps，然后将刚复制的多个食物放在这个文件夹下，这样的目的是使目录看起来分类结构清晰。

3.4.4　旋转对象

所有的食物物体创建好以后，食物是静止的，若想让所有食物旋转起来，只需要给 Prefab 添加脚本命令就可以了，不需要对每个食物一一修改，接下来给 Prefab 添加脚本，然后将添加的 PickUp 脚本放到 Scripts 文件夹下，如图 3-32 所示。

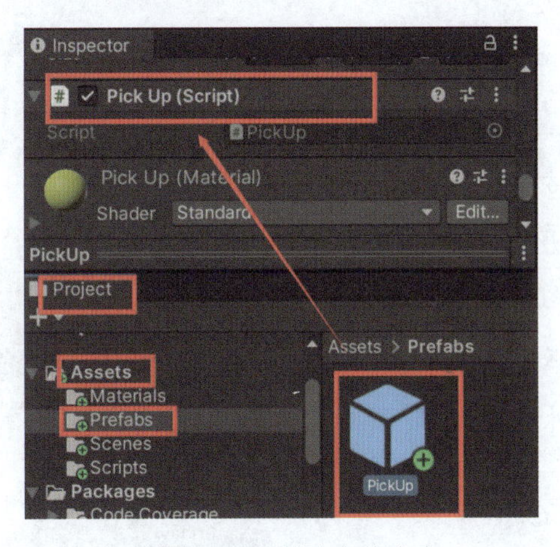

■ 图 3-32　创建食物脚本

代码如下：

```
using System.Collections;
using System.Collections.Generic;
using UnityEngine;

public class PickUp : MonoBehaviour {
```

```
    //Use this for initialization用于初始化
    void Start() {
    }

    //Update is called once per frame游戏画面动作每帧更新一次
    void Update() {    //1s调用60次
        transform.Rotate (new Vector3(0,1,0));
        //食物围绕Y轴进行旋转，1s旋转60°
    }
}
```

通过以上操作，所有的食物便都会围绕自身 1s 旋转 60°。

3.4.5 碰撞检测

下面来制作小球吃食物功能。Unity 中非常重要的一项内容就是碰撞检测。碰撞检测简单来说就是一个游戏物体和另外一个游戏物体是否发生碰撞，在此案例中，主角小球和地面、墙面及食物均会发生碰撞，通过碰撞来检测碰撞到的物体将会发生什么动作。当小球碰撞食物的过程分为三个阶段，第一个阶段是小球和食物接触的那一刻；第二个阶段是小球和食物接触的时候；第三个阶段是小球和食物分开的时候；这时需要给 Player 添加脚本命令来检测到底小球碰到的物体是什么，代码如下：

```
//触发检测
void OnCollisionEnter(Collision collision){
    //collision.collider获取碰撞到游戏物体上的collider组件
    string name = collision.collider.name;
    //获取碰撞到游戏物体的名字
    print (name);    //print可以把一个字符串的输出显示在控制台上
    }
}
```

运行以后，控制台中显示的信息如图 3-33 所示。

在这里，最好用标签来区分小球碰撞到的物体是食物，在 Project 视图下选择 PickUp，找到 Inspector 视图下的 Tag 属性，找到 Add Tag，在 Tags 中添加 PickUp 标签，然后选择 Tag 中刚刚添加的 PickUp 标签，如图 3-34 所示。

这时可以发现主角小球的标签和其他物体的标签已经区分开来，便可以在脚本代码中用标签来区分小球碰撞到的物体是食物，并且将碰撞到的食物吃掉，代码如下：

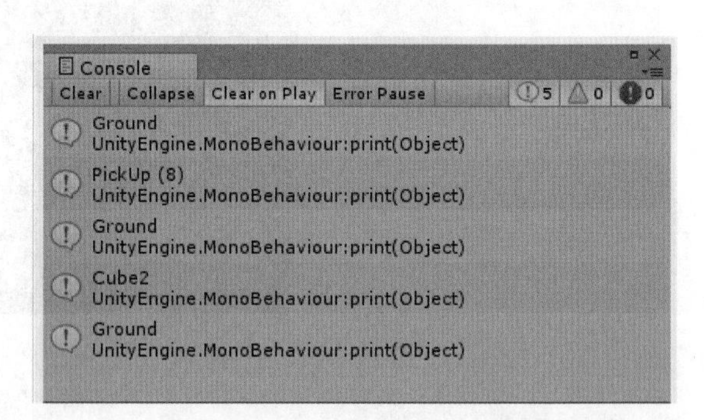

图 3-33 控制台信息

```
if (collision.collider.tag == "PickUp") {
    Destroy (collision.collider.gameObject);
//将碰撞到的物体进行销毁
}
```

至此，就完成了小球吃食物的功能。

虽然完成了主角小球吃食物的功能，但在运行过程中还存在一定的问题，就是主角小球碰撞到食物的时候会产生短暂的停顿，理想的效果应该是食物不应该阻拦小球的运动，也就是不应该发生这种物理的碰撞，要解决这个问题，就应用到另一种检测方式——触发检测。使用触发检测需要把 Project 视图下的 PickUp 选中以后，再选中 Inspector 视图下 Box Collider 中的 Is Trigger 后面的复选框，如图 3-35 所示。

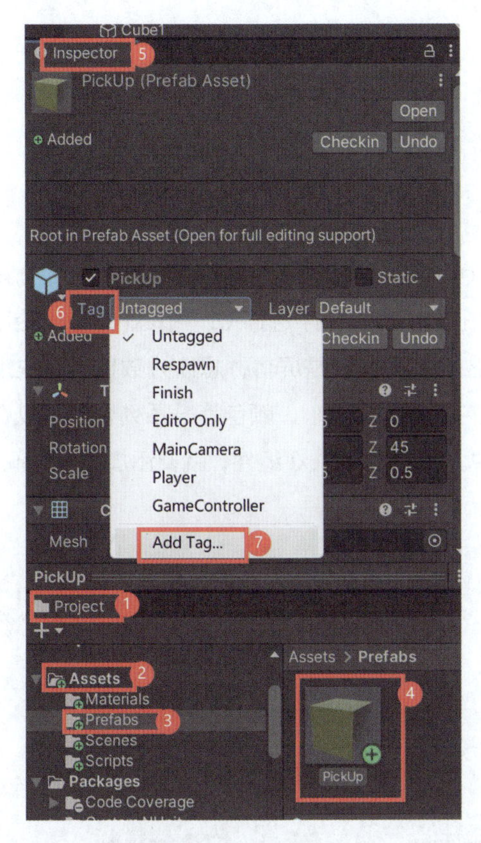

■ 图 3-34　创建标签

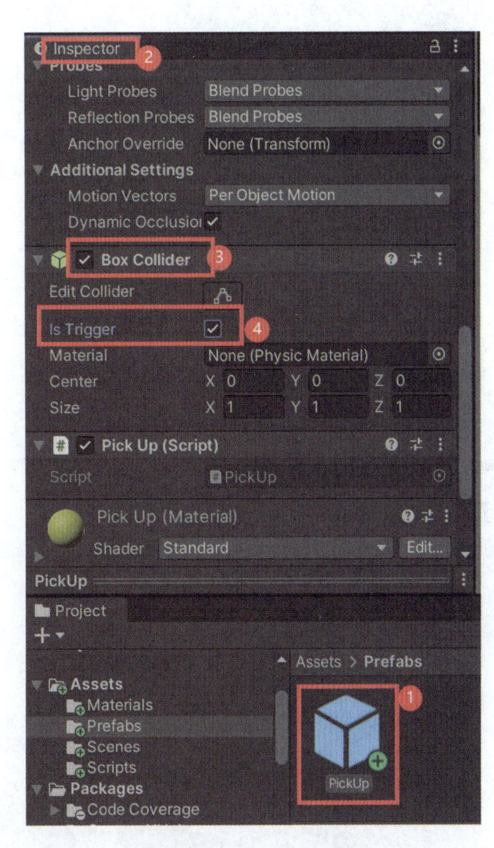

■ 图 3-35　触发检测

这时可以发现在运行的过程中，小球可以穿过食物而运动，但食物并没有消除，这是因为现在这个事物它是触发器，主角小球现在使用的是碰撞检测，它检测不到食物。要想小球检测到食物，这里就需要触发检测。触发检测就是当主角进入到某一个区域内门自动打开，在 Player 脚本代码中进行修改，脚本代码如下：

```
//触发检测
    void OnTriggerEnter(Collider collider){
        if (collider.tag == "PickUp"){
            Destroy (collider.gameObject);
            //当小球触发到食物区域就将小球吃掉
        }
}
```

通过以上操作就可以实现主角小球吃掉食物的时候不被阻挡。

3.4.6　显示分数和胜利检测

已经完成吃食物的功能后，接下来完成计数显示分数的功能，以及当小球把所有食物吃完的时候会给出一个提示性的信息。

Player 的脚本代码如下：

```
private int score = 0;                    //定义一个分数
void OnTriggerEnter(Collider collider){
        if (collider.tag == "PickUp"){
            score++;                      //吃掉一个小球，分数自动加 1
             //当小球触发到食物区域就将小球吃掉
             Destroy (collider.gameObject);
    }
}
```

若想把得到的分数在屏幕的左上角显示出来，就要使用到 UGUI，这里只是用到一部分知识，后期会深入学习。在 Hierarchy 视图下右击，在弹出的快捷菜单中选择 UI → Text 命令，使用一个文本来显示分数。切换到 2D 模式下，可以看到这个白线框就是屏幕，想让分数显示在左上角的话可以自定义拖动文本框，移动到合适的位置。关于文本的大小、颜色等一系列属性可以在 Inspector 视图下进行修改，然后回到 Player 脚本代码中。若要添加 Text 组件，就要添加命名空间，代码如下：

```
using UnityEngine.UI;
public Text text;                         //引入 Text 组件
text.text = score.ToString();             //把分数赋值给 text 属性
```

将 Text 物体拖动到 Player 脚本中，如图 3-36 所示。

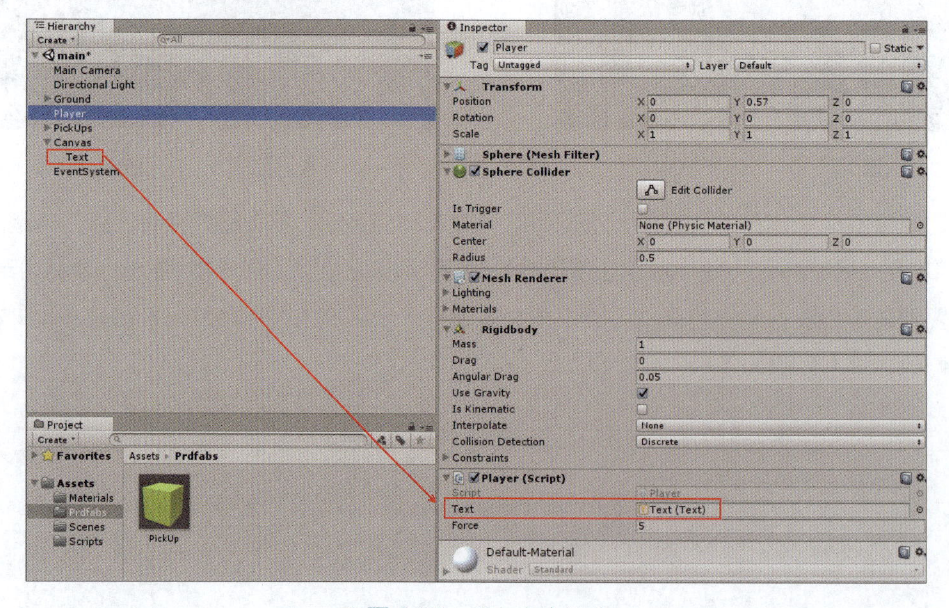

图 3-36　添加文本组件

显示分数效果如图 3-37 所示。

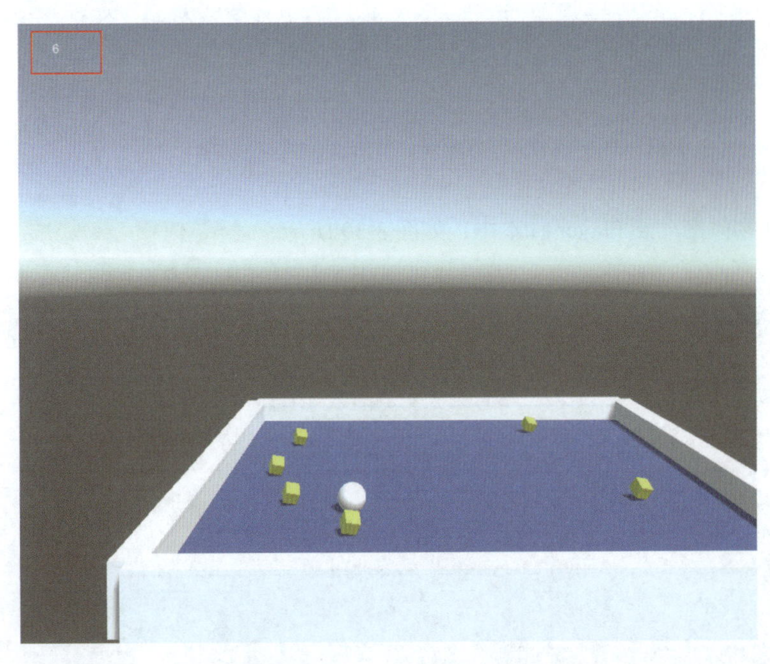

■ 图 3-37　显示分数效果图

小球吃完所有食物之后，还会得到一个游戏胜利的提示信息。在 Hierarchy 视图下右击，在弹出的快捷菜单中选择 UI → Text 命令，重命名为 WinText，并且设置 Text 的属性，若要求在运行的时候这个胜利的提示信息先不显示出来，就需要把 WinText 的物体属性禁用，如图 3-38 所示。

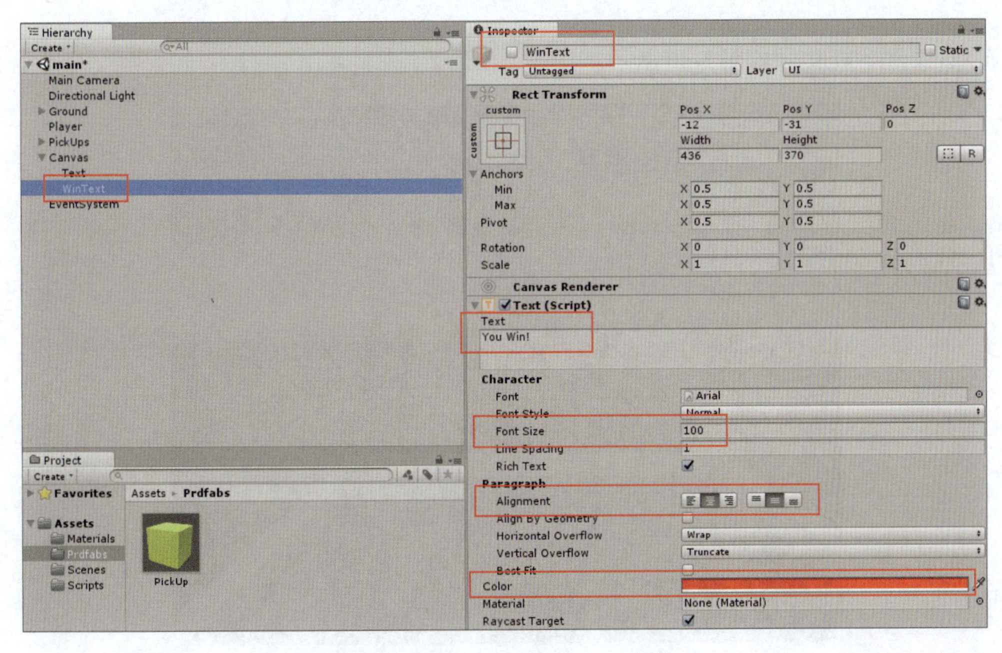

■ 图 3-38　设置提示信息文本

代码如下：

```
public GameObject WinText;      // 定义游戏物体属性

if (score == 12) {
    WinText.SetActive (true);
    // 共有 12 个小球，当分数为 12 的时候，激活 WinText 物体
}
```

将 WinText 物体拖动到 Player 脚本中，如图 3-39 所示。

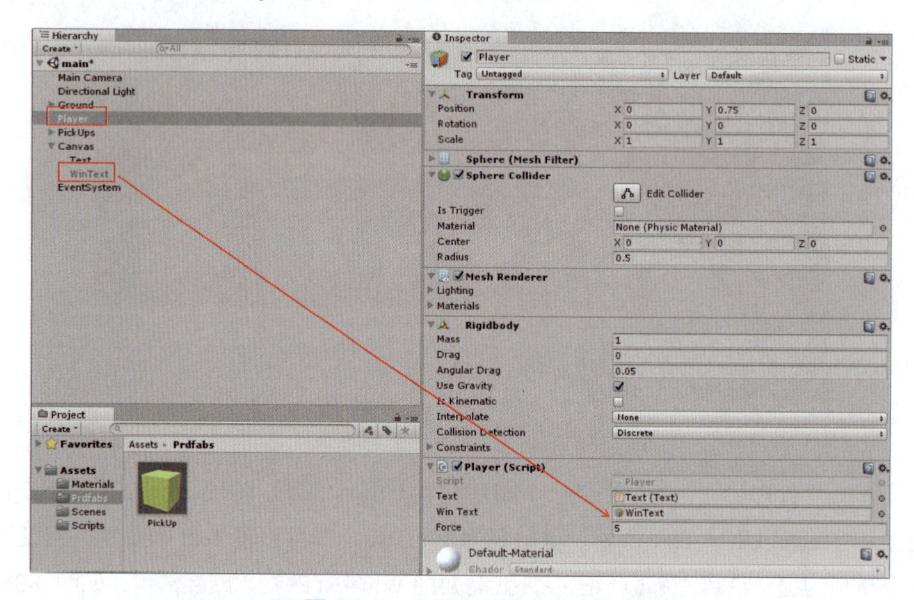

■ 图 3-39　设置胜利消息文本脚本

游戏运行胜利的效果如图 3-40 所示。

■ 图 3-40　游戏运行胜利效果图

3.4.7　游戏发布和运行

整个 Roll A Ball 游戏制作成功后，还要将游戏发布和运行。通过 File → Build Settings，将本游戏案例中涉及到的场景拖动进来，选择发布的平台，以及电脑操作系统和系统类型，以发布到 PC 端为例，其他发布平台后续可以慢慢学习，如图 3-41 所示。

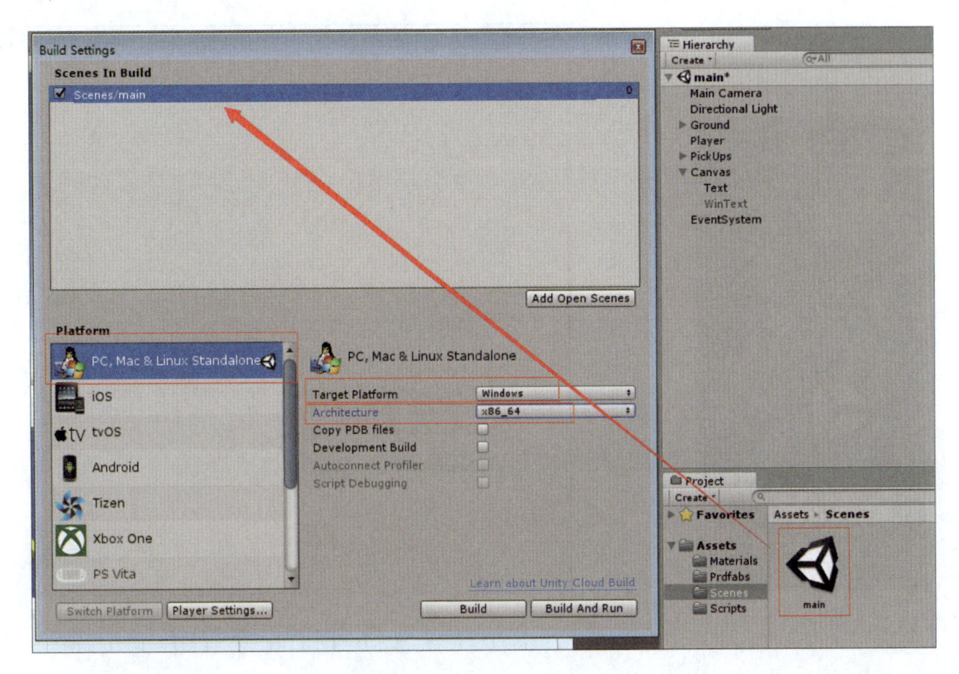

■ 图 3-41　游戏发布到 PC 端

选择 Build 以后，就会弹出游戏发布的位置，将发布的游戏放到桌面上，并且重命名为 Roll A Ball，如图 3-42 所示。

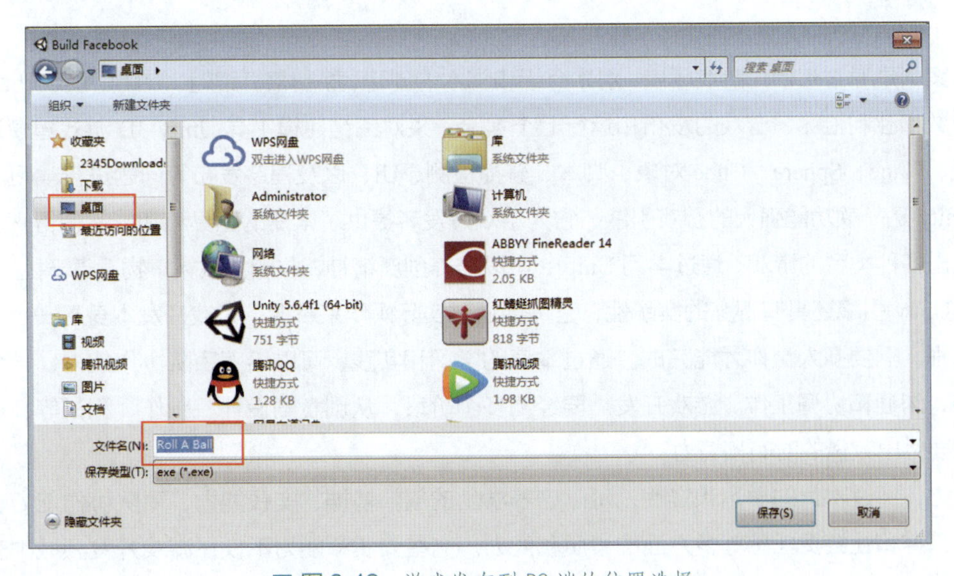

■ 图 3-42　游戏发布到 PC 端的位置选择

发布完成以后返回桌面，这时在桌面上会发现有两个文件，如图 3-43 所示。一个是存放游戏相关数据文件的文件夹，还有一个是 Windows 上的可执行文件 .exe，这两个文件一定要同时放在同一个位置，并且这两个文件缺一不可。接下来运行 .exe 文件，会弹出一个配置界面，如图 3-44 所示。

■ 图 3-43　发布成功后产生两个文件

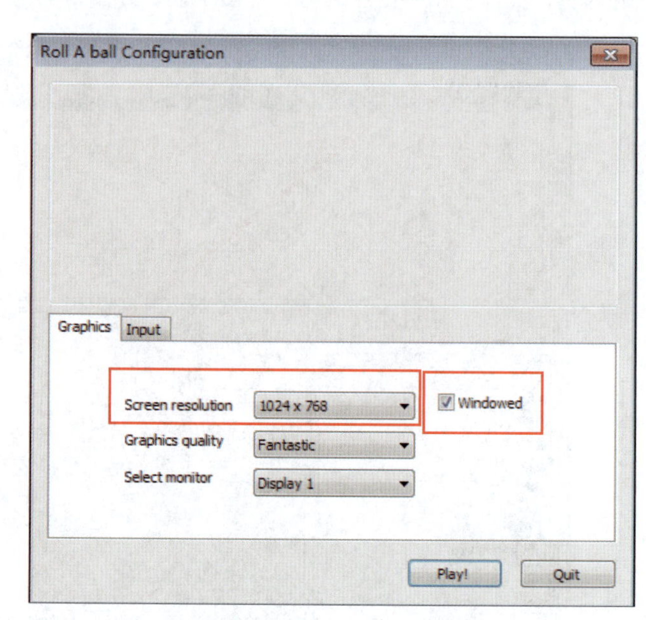

■ 图 3-44　配置界面

因为这个游戏运行后没有退出功能，所以就选择窗口模式展示，界面的分辨率选择了"1 024 × 768"，这样就完成了该游戏的所有过程。

案例小结

本案例是通过初始化游戏环境、刚体介绍和脚本的创建、控制相机跟随、旋转对象、碰撞检测、显示分数和胜利检测、游戏的发布和运行七个实验，来对三维建模工具 Unity 3D 游戏建模过程中的场景、Plane、Sphere、Cube 对象、脚本、碰撞检测、UI，以及程序发布等问题进行学习。

Unity 是一款功能强大的游戏引擎，它为游戏开发者提供了丰富的工具和功能，使得开发者能够创造出各种类型的游戏。通过学习 Unity，可以培养创新精神，敢于尝试新事物，勇于挑战自我。此外，Unity 引擎还具有很强的实践性，它需要通过实际操作来掌握。游戏开发本身是一个集体协作的过程，需要多人合作才能完成。通过本章的学习和实践，可以培养团队协作能力，学会与他人合作、沟通和协调工作。游戏开发需要经历多个阶段，从创意到设计、制作、测试等，每个阶段都需要付出大量的时间和精力。

总之，通过本章的学习和实践，可以培养学生的创新精神、实践能力、团队协作能力、坚持不懈的精神和社会责任感等多方面的素质和能力。这些素质和能力不仅在游戏开发领域中有着重要的意义，也是个人成长和发展中所必需的。

案例拓展

走 迷 宫

游戏介绍：一个小球跳进了用墙壁堆砌的迷宫里，想办法让小球走出迷宫。

操作方法：键盘方向键控制移动，走出迷宫。

第4章 Unity游戏开发基础案例

4.1 案例1：冒险之旅

案例目标

知识目标：

① 学会在Unity中显示2D图形。

② 了解如何控制主角的基本移动及动画。

③ 掌握如何让背景滚动及在场景中设置碰撞体。

能力目标：

① 能够使用UI文本管理。

② 熟练进行显示状态切换的操作。

③ 熟悉游戏的开始和结束逻辑。

案例导入

冒险之旅小游戏

冒险之旅小游戏是一个2D的平台跳跃游戏，已经系统学习了Unity的基础知识和基本操作后，编者认为将这个平台跳跃小游戏作为首次在Unity开发的完整游戏案例最合适不过了。在这个冒险之旅的小游戏中，玩家可以通过键盘的左右键控制游戏角色的前后移动，通过空格键使角色向上跳跃。最终通过在高低不同的平台上跳跃，向终点前进，获得游戏的胜利。

通过这个 2D 平台跳跃小游戏的制作，能够掌握如何搭建完整的游戏场景、如何用键盘控制并切换角色的移动状态、如何巧妙运用碰撞体触发游戏的胜利或失败。

案例实现

在 Unity 中比较熟悉的是 3D 图形，然而也可以在 Unity 上使用 2D 图形，因此本小节将学习如何构建 2D 游戏。下面将开发一款经典的 2D 平台跳跃小游戏，游戏中包含角色的奔跑状态动画及站立状态动画。

尽管 Unity 作为 3D 游戏工具而生，但它也可以用于 2D 游戏。近期 Unity 的版本（从 4.3 版本开始，该版本在 2013 年末发布）已经增加了显示 2D 图形的能力，但之前已经有使用 Unity 开发的 2D 游戏（特别是移动游戏，它受益于 Unity 跨平台的本质）。在之前的 Unity 版本中，游戏开发者需要第三方框架（如 Unikron Software 的 2D Toolkit），使得可以在 Unity 的 3D 场景中模拟 2D。最终，核心编辑器和游戏引擎已修改为包含 2D 图形，而本小节将会讲解这些新功能。

Unity 中的 2D 工作流或多或少和开发 3D 游戏的工作流一样：导入美术资源，将它们拖动到场景中，编写脚本附加到对象上。2D 图形中主要的美术资源类型称为精灵（sprite）。精灵是显示在屏幕上的 2D 图像，和显示在 3D 模型表面的图像（贴图）不同。

可以采用与导入图像作为贴图一样的方式将 2D 图像导入到 Unity 中作为精灵。从技术上讲，这些精灵是 3D 空间的对象，但它们是平面对象且面向 Z 轴。因为它们面对同一个方向，因此可以让摄像机直接面对精灵，而玩家只能沿着 X 轴和 Y 轴移动（这就是二维）。

4.1.1　创建项目并导入资源

下面将创建一个 2D 平台跳跃游戏，在游戏中需要用到 Tilemap 来创建 2D 游戏中的场景；需要用到 Animation 来控制游戏角色在饰演不同动作时的动画；需要用到 Cinemachine 来控制最底层的背景不移动，而镜头画面跟随着玩家。玩家只需要使用键盘上的【←】【→】键来控制玩家的移动方向，并通过空格键来控制玩家跳跃，跨越不同的平台，最终达到终点。

图 4-1 展示了游戏的开始界面，包括一个带有上下移动动画的标题和一个开始游戏的按键。图 4-2 展示了玩家单击 PLAY 按钮后进入的游戏界面。

■图 4-1　冒险之旅的游戏开始界面

■ 图 4-2　冒险之旅的游戏界面

1. 收集游戏所需的美术资源

第一步是为游戏收集和显示图形。与构建 3D 演示的方式大同小异，需要在开发新游戏之前准备好游戏操作所需要的最小图形集合，在这些工作完成后就可以开始编写游戏功能。

回看图 4-2 中显示的冒险之旅游戏界面，需要一个游戏主角、一个静止不动的背景和一些可以随意构建出地形的场景地图资源。在此，编者给大家推荐一个 2D 游戏美术资源网站——Game Art 2D 官网。

图 4-3 是制作“冒险之旅”所需要用到的游戏资源。

■ 图 4-3　冒险之旅所需要的美术资源

■ 图 4-3　冒险之旅所需要的美术资（续）

当收集好本次项目所需的美术资源后，就可以打开 Unity 开始创建游戏项目了。在出现的 New Project 窗口中，需要注意界面中的一些属性的选择，如图 4-4 所示，包括选择创建 2D 项目还是 3D 项目；项目的名称及项目的保存位置。本次做的冒险之旅是一个 2D 的平台跳跃小游戏，因此在出现的 New project 窗口中选择 2D 项目，将项目名称命名为 platformer，再选择需要保存的路径。

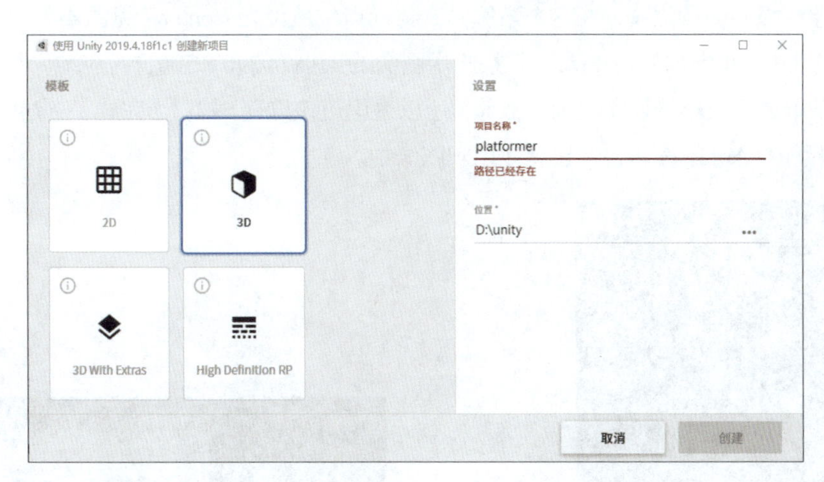

■ 图 4-4　使用这些按钮决定是以 2D 还是 3D 模式创建新项目

2. 处理精灵图像资源

进入 Unity 的游戏界面后，先在 Game 的 Free Aspect 一栏中将分辨率设为 1 920×1 080，此步骤的目的是方便后续进行的横轴的跳跃游戏开发。最后回到 Scene，Scene 中的白框范围即为最后游戏呈现的可显示范围，并会随着设置的屏幕分辨率变化而变化。

随后就要将准备好的美术素材导入项目中。在 Assess 中创建一个空文件夹，命名为 Art，并在 Art 文件夹中也做好美术资源的分类管理，在 Art 中再创建一个空文件夹，命名为 Ninja，并将角色资源 Idle_000 至 Idle_009 共十张图片（见图 4-5）导入刚刚创建的 Ninja 文件夹当中。由于游戏中的角色包含了静止状态、奔跑状态与跳跃状态这三个状态，所以需要对 Ninja 文件夹做进一步的整理。需要在 Ninja 文件夹中再创建 Idle 文件夹，随后将刚刚导入的十张 Idle 状态的美术资源整理到这个文件夹中。

图 4-5 将角色中的 Idle 状态导入到 Unity 中

导入的 Idle 资源也要作相对应的调整（见图 4-6）。首先需保证，这张图片必须是 Sprite（2D and UI）资源；然后在 Sprite Mode 一栏中选择 Single 模式；Single 模式与 Multiple 模式的主要区别在于导入的单张图像资源中有一个图像还是有多个图像，若只有一个图像，选择 single 模式，反之则选择 Multiple 模式，在这里的每一张图像中都只有一个图像，所以选择 single 模式；Pixels Per Unit 控制的是这张图像在屏幕中显示的大小，由于 Unity 最开始为 3D 引擎，而 2D 图形后来才加入，因此 Unity 中的一个单位不一定是图像中的一个像素，这里将它设定为 250；Pivot 控制这张图像的锚点位置，当选择 Center 时，锚点就会在图像的中心，当回到场景中将这个 idle 的 Scale 中的 X 改为 -1 时，就会发现这个图像围绕中心做了一次翻转，Pivot 中还有很多选项，可以随意调整图像资源的锚点位置，在这个案例中，将锚点位置设为 Center（见图 4-7）。还需调整的选项是在下方 Default 中的 Max Size，观察原本图像的大小为 290 × 500，对应地，在 Max Size 中选择一个最贴近图像大小的且比较大的数值，所以这里应该选择 512。当完成了上述所有调整后，记得单击右下方的 Apply 按钮，将设定应用到图像中。

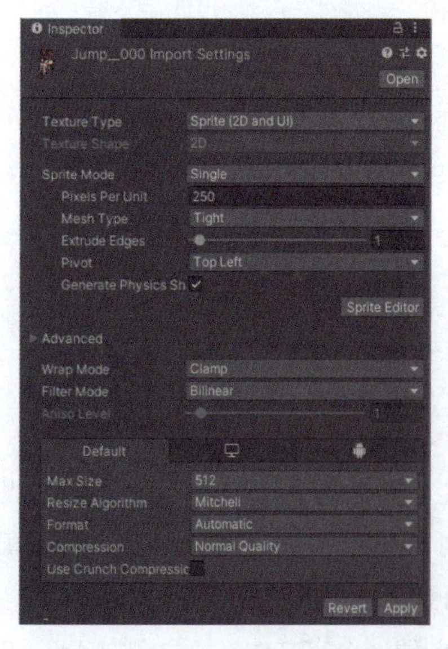

图 4-6 inspector 中的设定

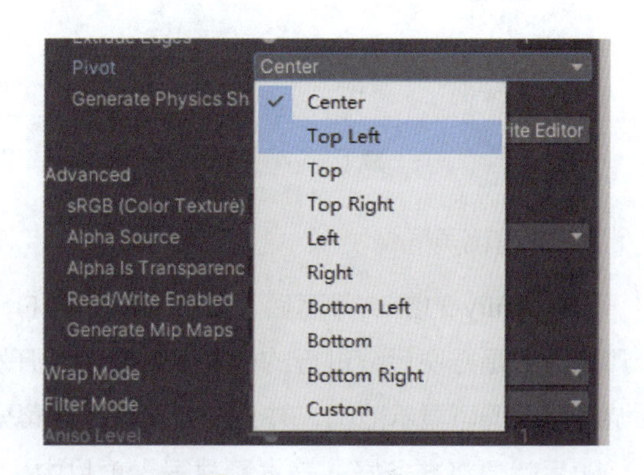

图 4-7 Pivot 中的选项

接下来要将背景资源导入到项目中。回到 Art 文件夹中，创建一个新的文件夹，命名为 BG，随后将刚刚收集的资源中名字为 BG 的 PNG 格式文件导入到此文件夹中。随后将图像拖拽到 Unity 中的 Hierarchy 窗口中，可以看到背景刚好超出场景中的白色线框一些，如图 4-8 所示，这是最理想的效果，能够保证游戏场景在不同分辨率的屏幕下都能覆盖完全。

■ 图 4-8 BG 完全覆盖场景

3. 摄像机 MainCamera 基本设定

现在调整场景中的主摄像机，你可能会认为，因为 Scene 视图设置为 2D，所以在 Unity 中看到的效果将和游戏中看到的一样，会有点不直观，然而事实并非如此。

事实是不管 Scene 视图是否设置为 2D 模式，对正在运行的游戏中的摄像机视图都没有影响，游戏中摄像机的设置是独立的。可以将 Scene 视图切换为 3D 来处理场景中的一些效果，这种场景视图和游戏摄像机视图的拆分意味着在 Unity 中看到的效果不一定与在游戏中看到的一样，而初学者很容易忘记这一点。接下来要调整的摄像机设置中最重要的是 Projection（投影）。摄像机的投影可能已经是正确的，因为是以 2D 模式创建的新项目，但了解并再次检查该项目依然很重要。在 Hierarchy 中选择摄像机并观察它在 Inspector 中的设置，接着查找 Projection 设置。对于 3D 图形，这个设置应该是 Perspective；但对于 2D 图形，摄像机的投影应该是 Orthographic。Orthographic 是一个用于表示平的且没有透视的摄像机视图的术语，它与 Perspective 摄像机相反，Perspective 摄像机越近的物体越大，而直线间距离在摄像机远方将减小。

尽管 Projection 模式是 2D 图形中最重要的摄像机设置，但还有其他一些设置也需要调整。接下来再进行 Size 的设置，该设置在 Projection 的下方。摄像机的 Orthographic 大小决定了摄像机视图从屏幕中心到屏幕顶部的大小。换言之，将 Size 设置为想要的屏幕像素的一半。如果将发布游戏的分辨率和像素的大小设置为相同，将得到像素完美的图形，如图 4-9 所示。像素完美

（pixel-perfect）意味着屏幕上的一个像素对应图像中的一个像素（否则，视频卡将会让图像在缩放到适应屏幕时变得模糊）。

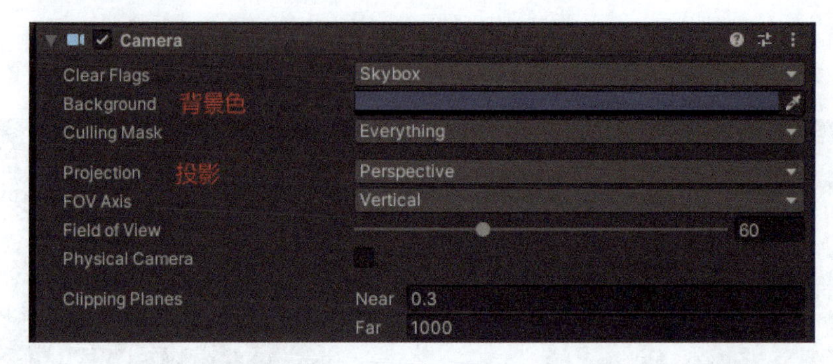

■ 图 4-9　摄像机设置调整为 2D 图形

例如，若想要在 1 024 × 768 屏幕上实现完美像素，就意味着摄像机的高度应该是 384 像素，再除以 100（像素对应单位的缩放）得到摄像机大小为 3.84。再一次声明，数学上是 SCREEN_SIZE /2 /100f（f 表明是浮点数，而不是整型值）。给出的背景图像大小是 1 024 × 768，那么可以清楚地知道需要的摄像机大小是 3.84。

在 Inspector 中，剩余两处需要调整的是摄像机背景颜色和 z 轴位置。如之前对精灵的描述所示，更高的 z 轴位置意味着离场景越远，因此摄像机应该有更低的 z 坐标；设置摄像机的位置为（0, 0），-100 摄像机的背景颜色应该为黑色。单击 Background 旁边的颜色板，并通过颜色拾取器设置为黑色。

现在保存场景为 Scene 并单击 PLAY 按钮，将看到桌面精灵填充了 Game 视图。这一步并不是显而易见的（再声明一次，由于 Unity 是 3D 游戏引擎，而 2D 图形是最近才加入的），但桌面还完全是空的，因此接下来将背景图片放置在桌面上。

4.1.2 角色动画制作

做好了前面的准备工作后，现在进入角色的动画制作部分。

在前一章节提到角色动画一共有三个状态，现在先来制作它在游戏中的静止状态。

首先，在 Project 中找到 Art → Ninja → Idle，将 Idle_000 拖入场景中，将它在 Hierarchy 中的命名改为 Player，如图 4-10 所示。

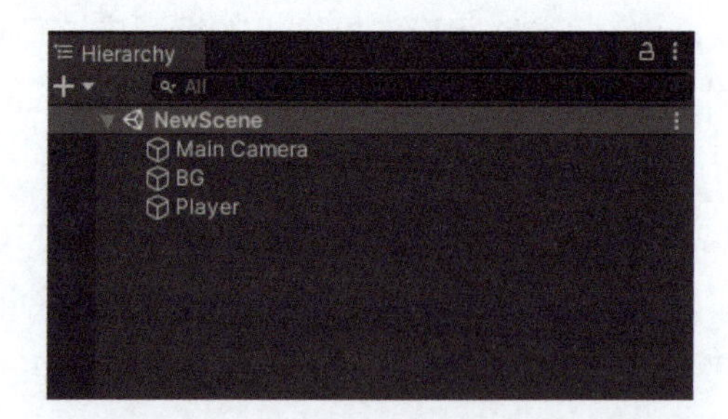

■ 图 4-10　Hierarchy 中的游戏物体

随后在选中的状态下，单击 Unity 上方导航栏中的 Window，找到 Animation 选项，再在 Animation 中选中 Animation。这时屏幕就会出现 Animation 的窗口，这是用于制作游戏当中的动画的一个面板，如图 4-11 所示。

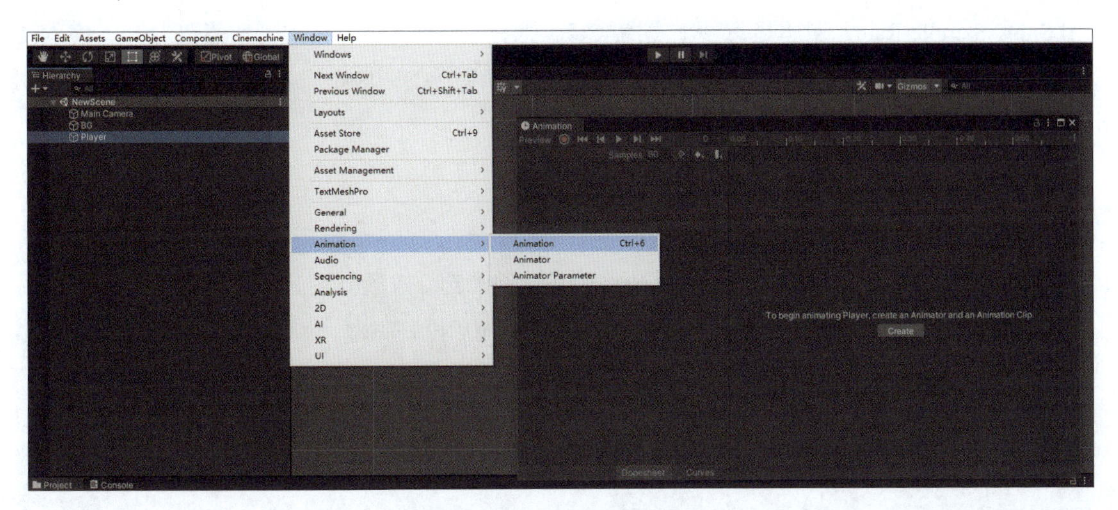

■ 图 4-11　Animation 面板

在 Animation 中单击 Create 开始创建角色动画。单击 Create 后打开新对话框，选择动画的存放路径，将动画放在 Assets 中，创建一个新的文件夹，命名为 Animation，并将文件名称改为 Idle，然后单击“保存”按钮，如图 4-12 所示。

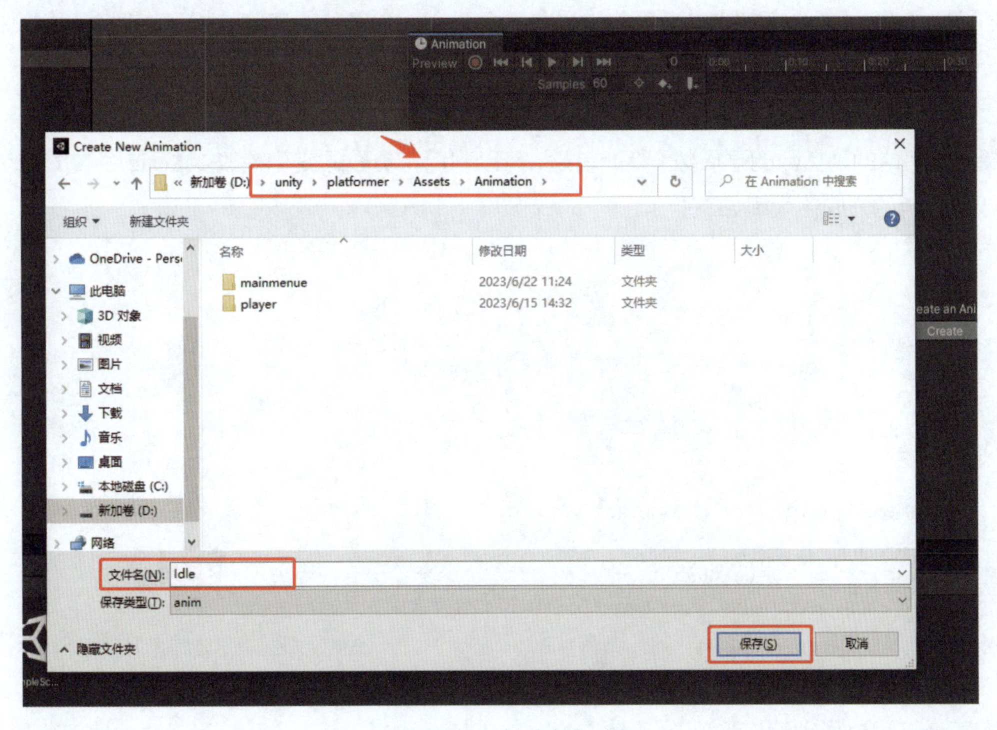

■ 图 4-12　创建角色动画

接着，选中 Idle_000 到 Idle_009 这十张图片，并拖入 Animation 右边的窗口中，这样，一个十分简单的动画就制作完成了。这时，可以单击播放按钮观察画面中的角色动画，但是其运动的速度稍稍快了些，需要再做进一步的调整。回到 Animation 的窗口中，在右边的三个点中切换模式为 Show Sample Rate，意思是每秒重复播放多少张。这里将 Samples 中的数值改为 15，每秒钟重复播放 15 次。更改完后，可以看到现在角色静止动画播放的速度是较为合适的，当然，同学们也可以根据自己的喜好调整动画运动的速度。

1. 控制动画的移动

在 Unity 中，角色动画的移动是依靠程序先获取角色在 Transform 的 Position，然后修改了角色的位置后，程序再反馈给 Unity，让 Unity 中的角色移动到修改的位置上。接下来讲解具体操作。

新建一个脚本，命名为 Player，挂在游戏物体上，随后打开脚本。

首先控制角色能随着键盘上的左右按键左右移动，代码如下：

```
void Update()
{
    float a = Input.GetAxis("Horizontal");
    transform.position = new Vector3(transform.position.x + a * Time.del
itaTime, transform.position.y, transform.position.2;
}
```

设置了一个新的浮点数 a 作为角色移动的速度，transform.position 是角色原本的位置，按下键盘中的按键后将会得到新的位置 new Vector3；现在已经可以用左右键来控制角色的移动了，但目前还存在两个问题：①按左键时，角色的方向不会改变；②移动的速度太慢了。现在要根据上述两个问题做出改变。

要解决第一个问题的关键是需要诚实响应当按下右键的时候，回传的是正数的浮点数，当按下左键时，回传的是负数的浮点数，换而言之，可以利用正负数的变化来改变 Scale 中 X 的正负值，从而改变角色的方向。代码如下：

```
void Update()
{
    float a = Input.GetAxis("Horizontal");
    if (a > )
    {
        transform.localScale = new Vector3(1f,1f,1f);
    }else if (a<e)
    {
    transform.localScale = new Vector3(-1f,1f,1f);
    }
    transform.position = new Vector3(transform.position.x + a * Time.delta-
Time, transform.position.y, transform.position.2;
}
```

这时，角色已经可以通过按键左右移动并改变方向。

接下来将解决移动速度的问题，在 Time.deltatime 后加上 *5，然后保存运行，速度明显变快了很多。

接下来，需要整理一下程式码。先要补充宣告一个浮点数 myspeed，myspeed=5f 来控制速度，紧接着需要整理一下“transform.position.x + a * Time.deltaTime”这一语句，设一个新的浮点 float temp，更改的代码如下：

```
    float myspeed;
    void Start()
    {
        myspeed=5f;
    }
        void Update()
    {
        float a = Input.GetAxis("Horizontal");
        if (a > )
        {
            transform.localScale = new Vector3(1f,1f,1f);
        }else if (a<e)
        {
            transform.localScale = new Vector3(-1f,1f,1f);
        }
        float temp= transform.position.x + a * Time.deltaTime*myspeed;
        transform.position = new Vector3(temp, transform.position.y, transform.
position.2;
    }
```

但是这样设置速度在开发上其实并不方便，所以将 mySpeed 设成公开的变量，如图 4-13 所示。

```
6   public class player : MonoBehaviour
7   {
8       public float myspeed;
9       public float jumpForce;
10
11      Animator myAnim;
12      Rigidbody2D myRigi;
13
14      bool isJumpPressed, canJump;
15      // Start is called before the first frame update
16      private void Awake()
17      {
18          myAnim = GetComponent<Animator>();
19          myRigi = GetComponent<Rigidbody2D>();
20
21          isJumpPressed = false;
22          canJump = true;
23      }
24
25      private void Update()
26      {
27          if (Input.GetKeyDown(KeyCode.Space) && canJump == true)
28          {
```

■ 图 4-13　将 mySpeed 设为公开浮点数

2. 角色动画切换

Player 的静止动态完成后，在 Player 中的 Inspector 窗口中可以看到多了一个 Animator 的属性设定，其中 Controller 就是用于控制角色动画的切换，角色身上的动画越多，Controller 也会越多。

接下来给 player 新增跑步的动画，方法和步骤跟前面提到的基本一致。在 Ninja 文件夹中再创建 Run 文件夹，然后将收集的角色资源中的 run_000 至 run_009 的十张 Run 状态的美术资源导入这个文件夹中，并整理导入的图片。选中刚刚导入的十张图片，在 Inspector 窗口中，将 Pixels Per Unit 的数值改为 250；将 Max Size 的数值改为 512，单击 Apply 应用。再重复刚刚的步骤，选中 Player，调出 Animation 窗口，在左上方的 Idle 处单击 Create New Clip 创建新的动画，如图 4-14 所示。下面一样，将这个动画存放到 Assets-Animation 中，命名为 Run；再把刚刚导入的十张 Run 动画的图像资源拖入 Animation 的窗口中，调整 Samples 数值为 20，以达到合适的动画速率。

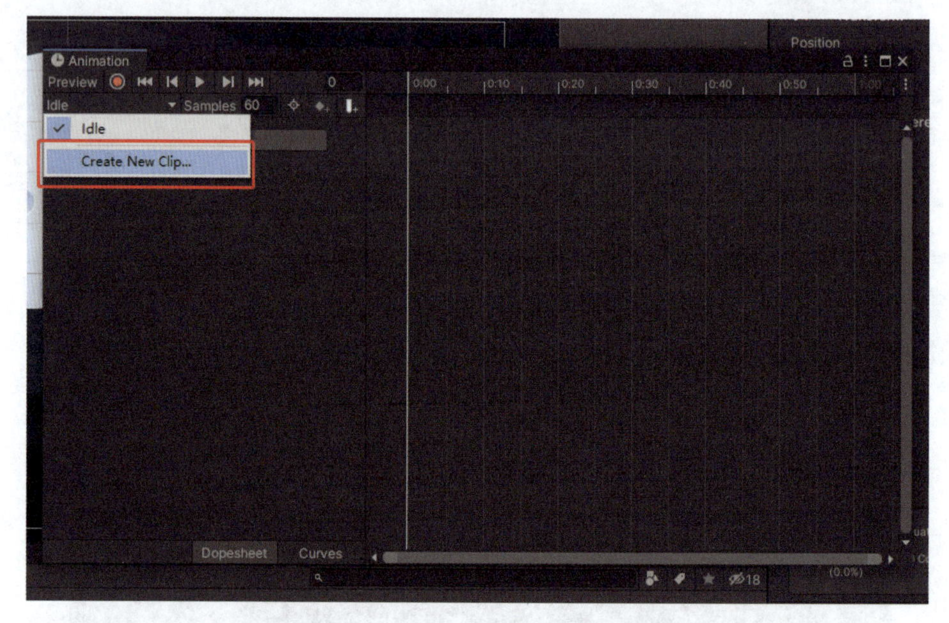

图 4-14　单击 Create New Clip 创建新动画

导入了 Run 动画后，如何使这两个动画连接在一起呢？接下来单击 Window → Animation → Animator，调出 Animator 窗口，如图 4-15 所示。可以看到窗口中有 Idle 和 Run 两个已经完成的动画，绿色框的 Entry 连接的 Idle 就代表程序运行时播放 Idle 的动画。现在选中 Idle 的橙色框，右击弹出快捷菜单，选择 Make Transition 连接到 Run 的方框中，这时就会出现一个箭头连接 Idle 和 Run。

单击连接 Idle 和 Run 的箭头，在 Inspector 的窗口中做相关属性的调整，如图 4-16 所示。Has Exit Time 的意思是可以自行决定第一个动画播放多久之后进入下一个动画，可以通过更改 Has Exit Time 的 Settings 中的数值来进行控制，先把 Exit Time 中的数值改为 0.9，然后将 Hash Exit Time 取消选择。在 Animator 的 Parameter 窗口新增一个 Float，并命名为 Run，此步骤主要是为了给播放 Run 动画设定一个参数条件。新增了浮点数 Run 后，在 Conditons 处点一下加号，Run 就会自动出现，再给 Conditons 的参数改为 0.1，意思是只要是数值大于 0.1 时，Player 就会自动播放 Run 的动画。之所以用浮点数作为触发的条件，原因是当按下键盘上的左右键时，系统就会回传一个浮点数给程序，就可以利用这一共通点作为触发的条件。

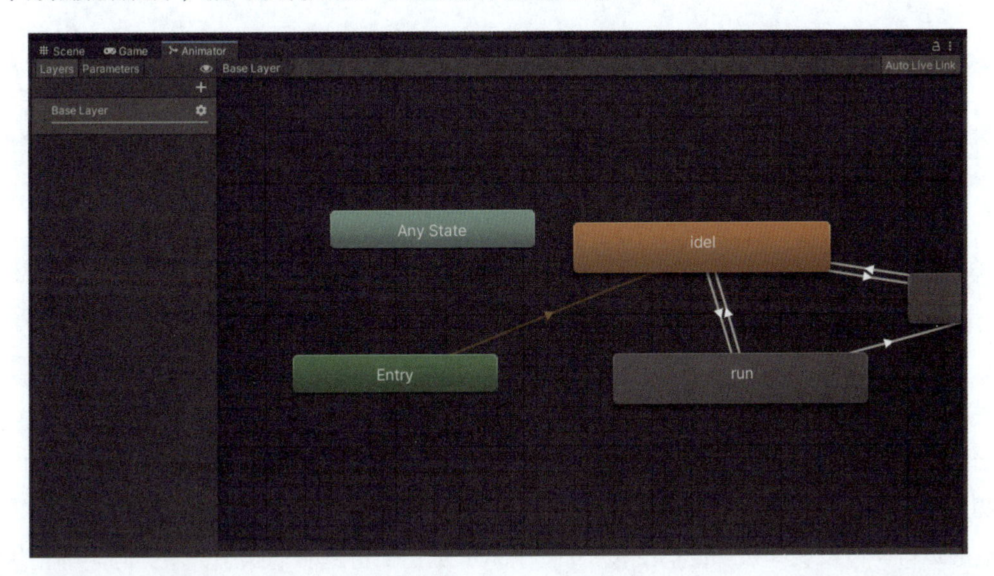

■ 图 4-15　Animator 窗口

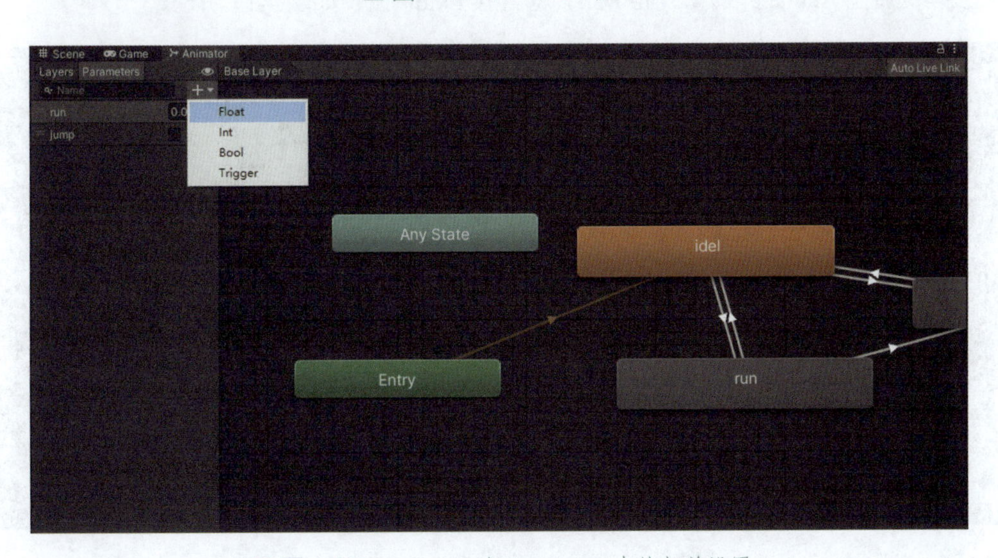

■ 图 4-16　Animator 与 Inspector 中的相关设置

现在打开上一节写的 Player 的脚本，首先要获取 Animator 的组件，然后进行相关浮点数的设置，代码如下：

```
public float myspeed;
Animator myAnim;
void start()
{
    myAnim=GetComponent<Animator>();
}
void Update()
{
```

```
        float a=Input.GetAxisRaw("Horizontal");
        if (a > e)
        {
            transform.localScale=newVector3(1f1f, 1f);
        } else if (a < e)
        {
            transform.localScale=new Vector3(-1f, f,1f);
        }
        myAnim.SetFloat("Run", Mathf.Abs(a));
        float temp=transform.position.x+aTimedeltaTime*mySpeed;
        transform.position=newVector3(temptransform.position.y,transform.posi-
tion.z);
    }
```

其中，Mathf.Abs(a) 代表的是获取键盘输入浮点数的正负值，刚在 Inspector 中设定的 0.1 是正值，但是当按下【←】键时，输入的是负值；所以只有取正负值，才能保证 Player 在左右移动时都能顺利切换跑步状态。

这时运行可以发现，松开键盘的按键时，Player 仍然保持跑步的状态，不会回到静止状态。所以需要再次调出 Animator 窗口，将 Run 状态连接到 Idle 上，如图 4-17 所示。

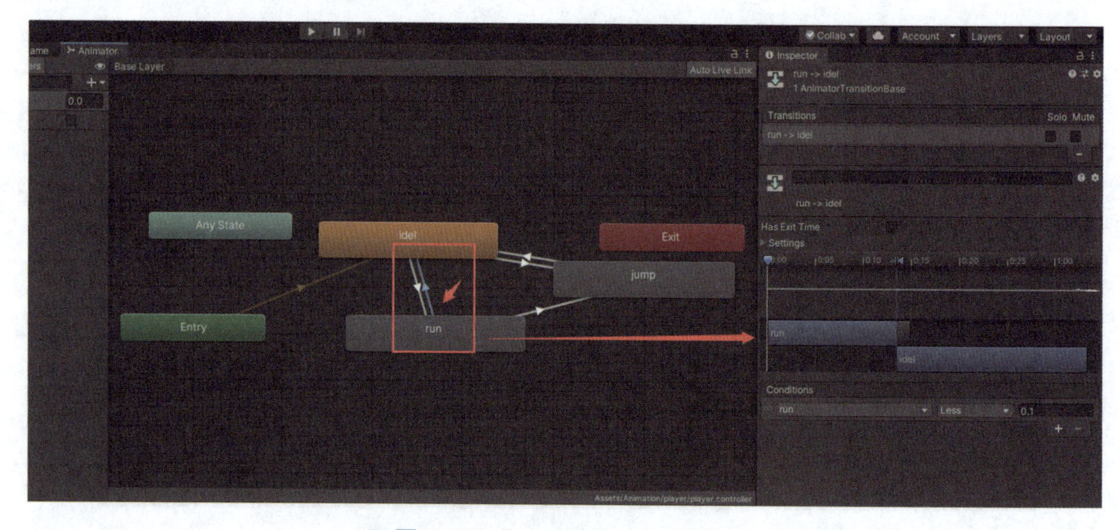

■ 图 4-17　将 Run 状态连接到 Idle 上

3. 给角色添加碰撞体和跳跃动画

在冒险之旅的 2D 平台跳跃游戏中，Player 需要通过跳跃来移动躲避碰撞体到达终点，所以在制作完成跑步的动画后，先来给 Player 制作一个碰撞体。

选中 Player，在 Inspector 中单击 Add Component 搜索 collider，选择 Box Collider 2D（由于开发的是 2D 游戏，所以对应的碰撞体都选择带有 2D 结尾的）；给 Player 添加 collider 后可以看到 Player 上多了一个绿色的边框，这个绿色边框代表的就是碰撞体的范围，可以单击编辑按钮编辑碰撞体大小，如图 4-18 所示，并给 Player 添加刚体 Rigidbody 2D。

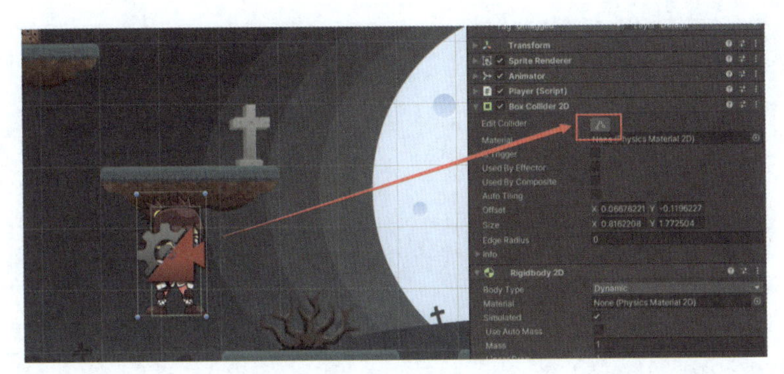

■ 图 4-18　编辑碰撞体大小

现在还需要完成 Player 的跳跃状态。重复同样的步骤，在 Assets-Animation 中新建 Jump 文件夹，将 Jump_000 到 Jump_009 导入；整理 Jump 的图像资源将 Pixels Per Unit 的数值改为 250；将 Max Size 的数值改为 512，单击 Apply 应用。打开 Animation 窗口，将十张图像资源导入到窗口中；将 Samples 的数值设为 20。由于跳跃动作只需要 Player 做一次，所以在 Jump 动画的 Inspector 中取消 Loop time。

完成了动画的制作后，需要将跳跃动画与之前的奔跑动画连接起来。首先调出 Animator 窗口增加一个 Float，并命名为 Jump。将 Jump 方框与 Run 动画方块连接起来，进行相关设置，如图 4-19 所示。

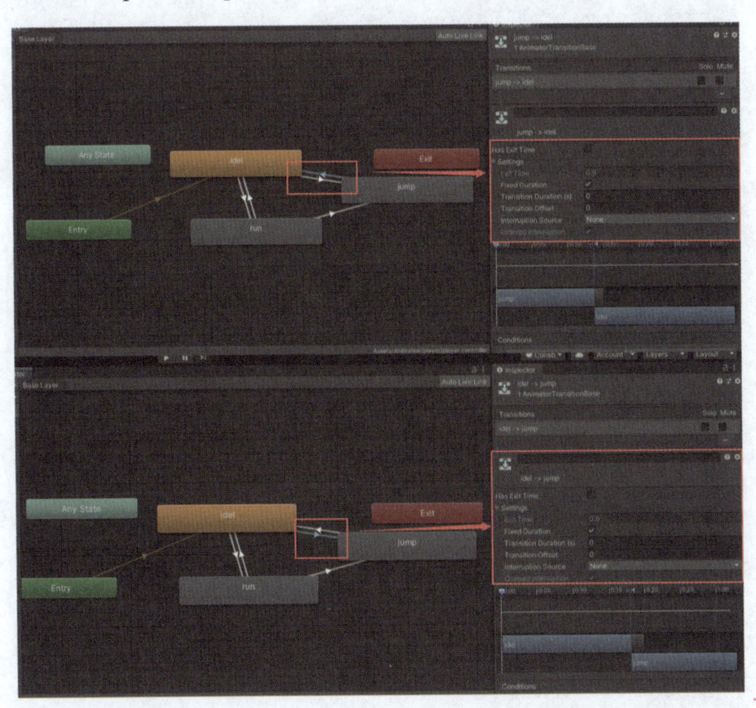

■ 图 4-19　设置将 Jump 方框与 Run 动画方块连接起来

下面来整理脚本，并设定按下空格键时角色往上跳。

```
public class player : MonoBehaviour
{
    public float myspeed;
```

```
    public float jumpForce;
    Animator myAnim;
    Rigidbody2D myRigi;
    bool isJumpPressed, canJump;
    private void Awake()
    {
        myAnim = GetComponent<Animator>();
        myRigi = GetComponent<Rigidbody2D>();
        isJumpPressed = false;
        canJump = true;
    }
    private void Update()
    {
        if (Input.GetKeyDown(KeyCode.Space) && canJump == true)
        {
            isJumpPressed = true;
            canJump = false;
        }
    }
    private void FixedUpdate()
    {
        float a = Input.GetAxisRaw("Horizontal");
        if (a > 0)
        {
            transform.localScale = new Vector3(1f, 1f, 1f);
        }
        else if (a < 0)
        {
            transform.localScale = new Vector3(-1f, 1f, 1f);
        }
        myAnim.SetFloat("Run", Mathf.Abs(a));
        if (isJumpPressed)
        {
            myRigi.AddForce(Vector2.up * jumpForce, ForceMode2D.Impulse);
            isJumpPressed = false;
            myAnim.SetBool("Jump", true);
        }
        if (Input.GetKeyDown(KeyCode.Space))
        {
            myRigi.AddForce(Vector2.up*jumpForce,ForceMode2D.Impulse);
        }
        myRigi.velocity = new Vector2(a * myspeed, myRigi.velocity.y);
    }
    private void OnCollisionEnter2D(Collision2D collision)
    {
        if (collision .collider.tag =="ground")
        {
            canJump = true;
            myAnim.SetBool("Jump",false);
        }
    }
}
```

做到这里，Player 的相关动画及脚本已经基本完成。下面，要完成游戏相关场景的制作及设置。

4.1.3 游戏场景的构建

在冒险之旅的平台跳跃游戏中，需要制作大小、高低不一的跳跃平台让 Player 跳跃通关，本章节将会运用 TileMap 来构建该平台，运用 Cinemachine 让摄像机跟随 Player 在场景中移动。

1. TileMap 图像资源的导入及设定

现在 Project 窗口的 Art 文件夹中新建一个文件夹，命名为 TileMap，然后将收集的美术资源中名为 Tile 的图像拖入到 TileMap 文件夹中。

单击 Window-2D-TilePalette，调出 TilePalette 窗口，单击左上方 Create New Palette 将 name 改为 Yard，单击 Create 创建，并将刚刚导入 Unity 的 Tile 图像拖入 TilePalette 的窗口中。Tile Palette 的使用方法也不算复杂，可以通过鼠标滚轮放大或缩小图像，按住滚轮可以拖动图像显示框，单击 Edit 按键，就可以编辑 TilePalette 窗口内的图像。具体每个按键的使用方法如图 4-20 所示。可以通过选择移动和复制形成不同的组合方式制作 Tile。

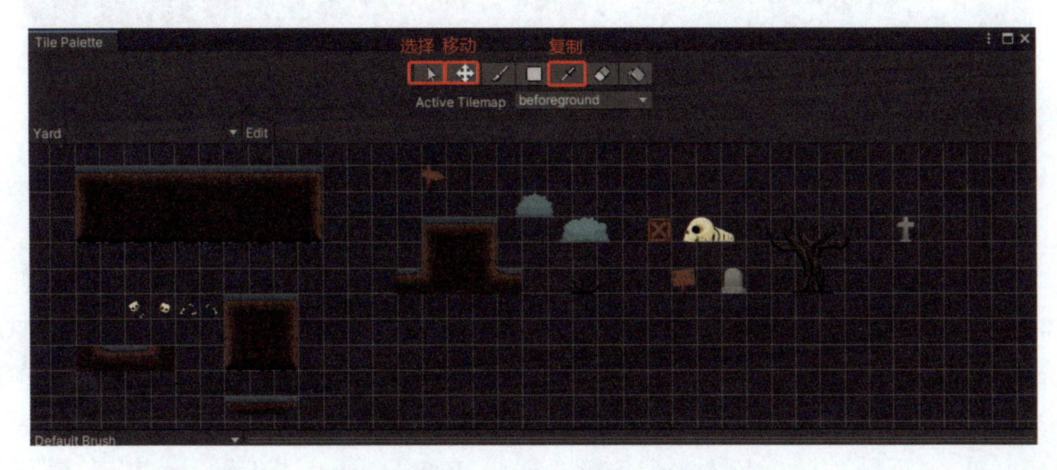

■ 图 4-20 导入 TilePalette 并整理

整理好 TileMap 的资源后将它应用在游戏场景中。先在 Hierarchy 中选中 2D object-TileMap，然后 Hierarchy 中就会出现一个 Gird 带有子级 TileMap，将子级的 TileMap 重命名为 Ground，在 Ground 的 Inspector 中将 Tag 改成 Ground（用于检测 Player 与地面产生碰撞）；将 Order in Layer 的参数改为 10（目的是让 TileMap 的图层置于 BG 上方）。

做好上述准备后，在 TilePalette 窗口按住左键拖拽选中要运用的地图，然后在 Scene 中单击放置在想要的位置。重复上述操作，制作想要的地图。下面的平台制作得长一些，再上下错落摆放一些可供 Player 跳跃的平台，但现在这些平台是无法接住 Player 的，要给这个 ground 增加一个 TileMap Collider 2D，增加之后每个 Tile 上都会有一个 collider，这样电脑运算耗能会太高，所以需要再添加一个组件。单击 Add component 搜索 Composite Collider 2D，这时 Unity 会自动添加 Rigidbody 2D，打开 Rigidbody 2D，将 Body Type 类型改为 Static；随后在 Tilemap Collider 2D 中将 Used By Composite 选上，此时设置就完成了，Player 已经可以站在这些平台上了。

有了这些基本的设置后，就可以在 Grid 中不断新增 TileMap 来丰富游戏地图。如图 4-21 所示，可以对应设置一层 before Ground 与一层 before Player；对应的 Order in Layer 可以分别改为 11 与 51；可以选择对应的图层构建自己游戏的地图关卡，并给地图加上枯树、草丛等装饰，这样地形场景就会更生动。

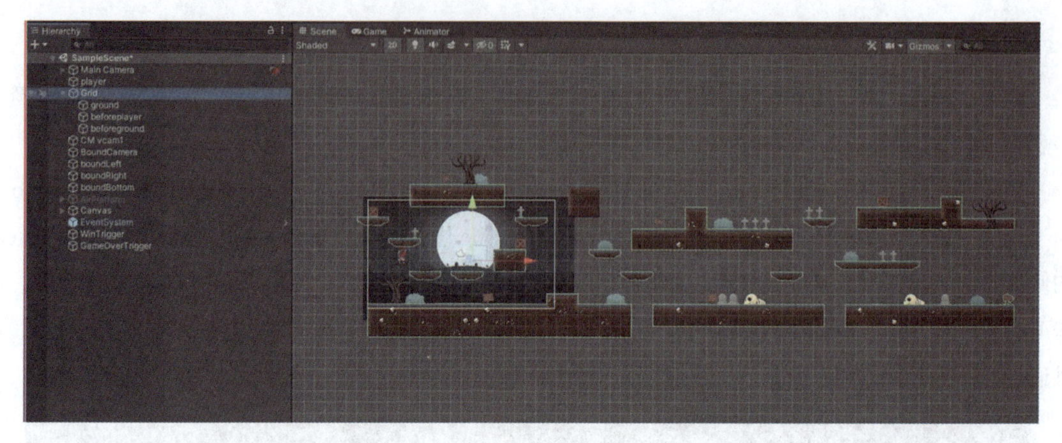

图 4-21　设置一层 before Ground

2. Cinemachine 的设置

使用 Unity 中自带的 Cinemachine，可以设置一个能跟随着 Player 移动的摄像机。（如没有安装 Cinemachine 插件，请在 Unity 中打开 package manager 下载 Cinemachine 插件）

单击 Cinemachine 选择 Create 2D Camera。当选择完成后场景的大小会产生一些变化，此时就需要做一些相应的设定：找到 Hierarchy 中的 CM vcam1，在它的 Inspector 中将 Lens 的 Orthographic Size 改为 5；Follow 选项可以让镜头跟随 Player，所以直接将 Player 拖拽进 Follow 的选项中即可。但是单单跟随 Player 可能会出现显示游戏场景以外的空白场景的状况，这是不希望出现的。针对上述问题，可以通过新建一个空物件，命名为 Bound Camera，将 Transform 中的位置归零；然后给空物体增加一个 Polygon Collider 2D 的组件；将这个空物件调整为整张地图大小的长方形，如图 4-22 所示。

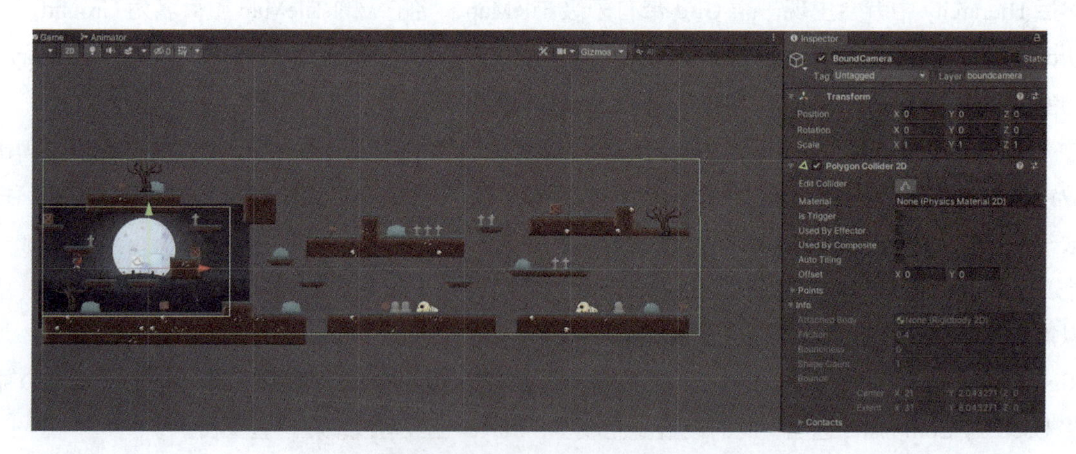

图 4-22　新建一个空物件

完成空物体的设置后回到 CM vcam1 中，给 CM 增加一个活动范围的限制（Cinemachine Confiner），再将刚刚设定好地图范围的空物体拖拽到 Bounding Shape 2D 的选项中。这时已经可以观察到活动摄像机已经在指定范围中。

完成上述操作后尝试运行游戏，会发现背景不会跟随摄像机移动。这个问题的解决方式也很简单，只需要将背景拖拽为 Main Camera 的子物体便可解决。

4.1.4 构建游戏场景中的 UI

已经完成了游戏角色与游戏场景的构建，下一步将导入一些游戏场景中需要用到的 UI，并让它们在游戏中响应。在冒险之旅的游戏中，需要的是游戏开始按钮、玩家胜利与失败触发的 UI。可以先在 Project 中新建文件夹，命名为 UI。由于这一张大的图像中包含许多不同的 UI Button，所以需要切割出想要的 UI。在 Inspector 中选择图像模式为 Multiple，单击 Apply 后再单击 Sprite 进行切割，如图 4-23 所示。

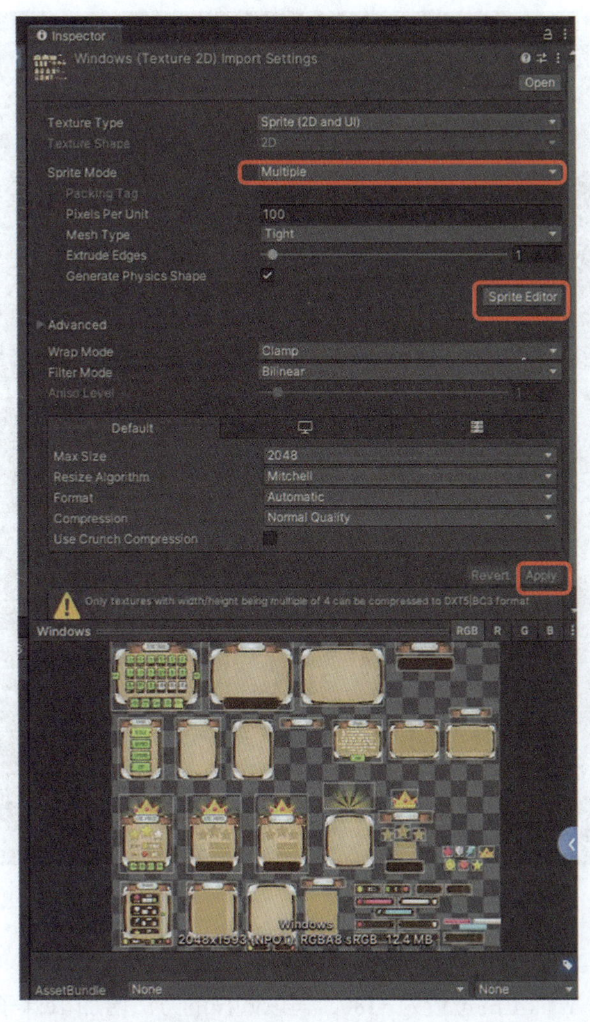

■ 图 4-23 Inspector 界面

直接用 Sprite Editor 进行自动切割，切割好的精灵图会自动储存在大的那张 UI 图像中，只要单击图像上的小箭头，就会出现刚刚切割完成的精灵图。

在 Hierarchy 窗口中右击，在弹出的快捷菜单中选择 UI-Image，随后可以看到在 Hierarchy 模块中自动出现了一个 Canvas 文件夹，创建的 Image 被自动放进了这个文件夹中。Canvas 在这里就相当于一张白纸，在 Canvas 上可以放置想要放置的图片和文字对象。

1. 从 Canvas 构建 Image 对象

先给游戏创建一个胜利的 UI 面板。这个面板由两个图像以及一组文字组成。

单击选中 Canvas，右击弹出快捷菜单，新建 Image，并将此 Image 命名为 Win，然后在刚刚切割的 UI 中将命名为 Windows_16 的图像资源移入 Source Image 中。此外，还需要做一些中心轴和位置的调整，首先需要在 Rect Transform 中更改图像的中心为居中，X 轴的位置为 36，Y 轴的位置设置为 194，还可以修改图像的尺寸为 680 × 350，如图 4-24 所示。

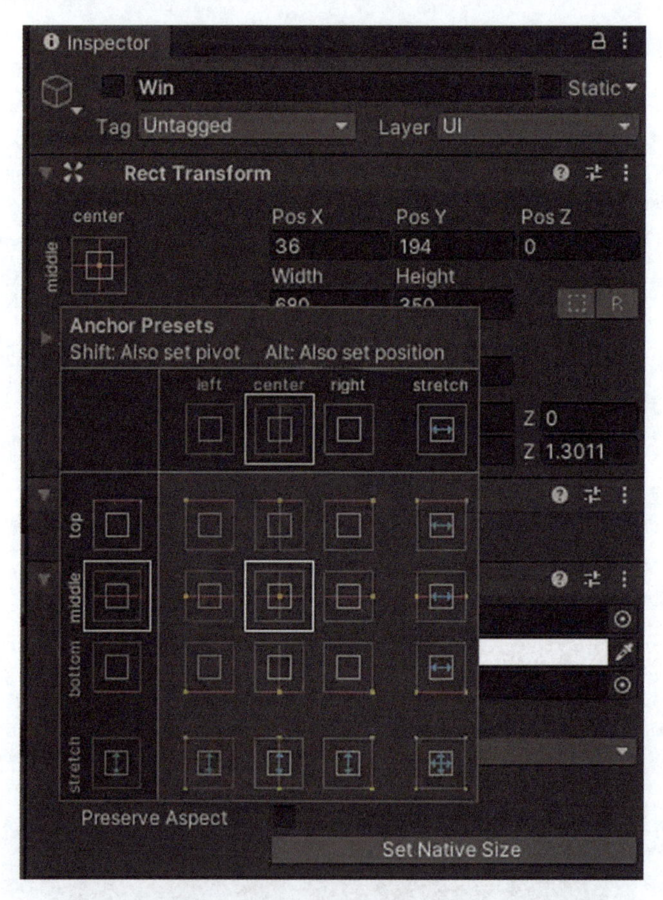

图 4-24　Win-Image 相关设定

接下来在这个 Image 中继续新增 Image 子集，拖拽 Windows_19 到 Source Image 中，调整图像轴中心居中后，修改 Y 轴上的位置为 -180，再以同样的方法增加 Text 子集。在 Text 的 Inspector 窗口中，找到 Text 修改文本的窗口，输入文字“WIN！！！”修改文字大小为 300，相关的设定如图 4-25 所示，可以根据自己的喜好调整显示的文本大小与颜色。

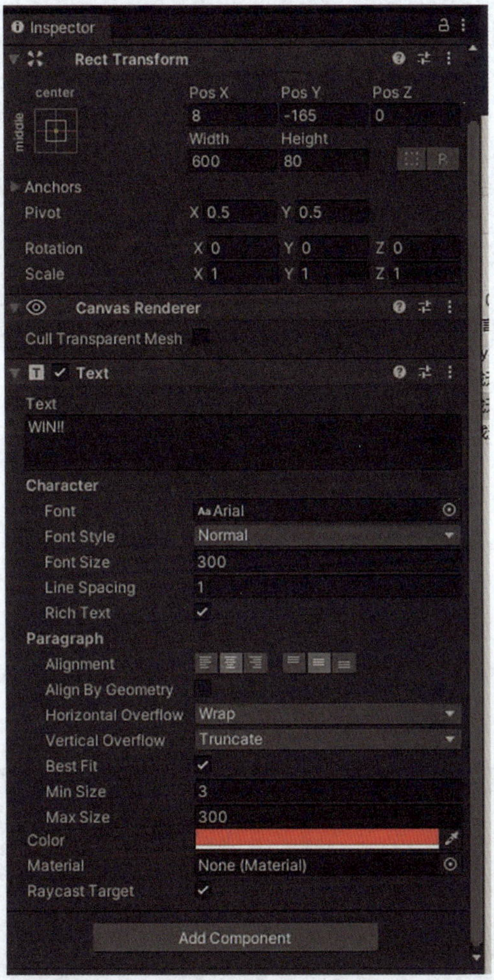

■ 图 4-25 胜利面板中 Text 的相关设定

用同样的方式创建一个能显示 GameOver 的 UI 面板。在 Canvas 中新建 Image，并命名为 GameOver，随后将 Windows_19 拖拽到 Source Image 中，调整图像轴中心居中后，修改 Y 轴上的位置为 -180；然后新建 Text 图层，将文字内容改为 Game Over 并调整文字颜色为灰色。

2. 构建游戏开始场景的 UI

游戏运行场景的 UI 完成后，还需要设定一个游戏开始场景，玩家从游戏开始场景中单击 PLAY 按钮后才能进入游戏场景开始游戏。

首先新建一个场景。在 Project 的 Scene 文件夹中通过右击快捷菜单新建场景，并命名为 MainMenue。先快速搭建一个游戏开始时的场景，搭建的方式在前面的章节已有提及。先把三张背景拖拽到场景中作为 MainCamera 的子集；再在 Tile Palette 中拖拽合适的 Tile 制作地图，开始的场景如图 4-26 所示。

■ 图 4-26　快速搭建的游戏开始场景

做好场景的搭建工作后，设定当玩家进入游戏后，游戏名字和 PLAY 按键会分别从屏幕上下方以动画的形式移入到屏幕中。

再来制作游戏名字的 UI。在 Hierarchy 窗口右击，在弹出的快捷菜单中选择 UI-Image，新建后将其命名为 Title，添加 Windows_4 作为 Image 的资源，调整轴中心为以“中上方”为轴中心，调整图片长宽比为 1 200×200，Y 轴的初始位置为 150；随后在 Image 上建立 Text 子集，输入文字“冒险之旅”，调整合适的大小，让文字正好在图片内。完成 UI 版面的制作后，调出 Animation 窗口，以关键帧的方式在 180 帧的位置改变标题的位置为 -150，如图 4-27 所示。

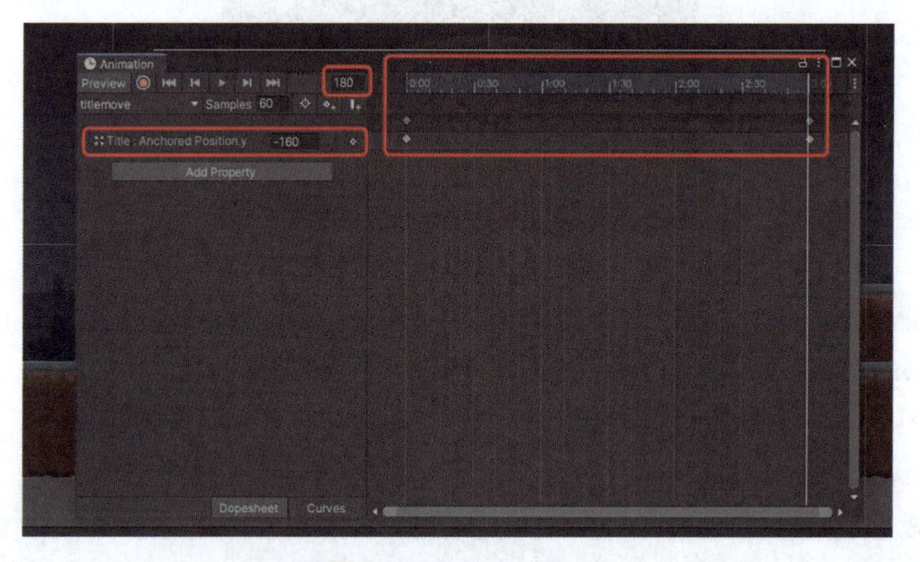

■ 图 4-27　Title 的动画设定

接下来制作 PLAY 按钮。在 Hierarchy 窗口右击，在弹出的快捷菜单中添加 UI-Button，命名为 PlayButton，导入图像 Button_5；调整中心为以“底部中间”为轴中心；调整 Y 轴上的位置为 -200。完成 UI 面板的制作后，同样调出 Animation 窗口制作按钮动画；Y 轴上的初始位置为 -200，以关键帧的方式在 180 帧的位置改变标题的位置为 200，如图 4-28 所示

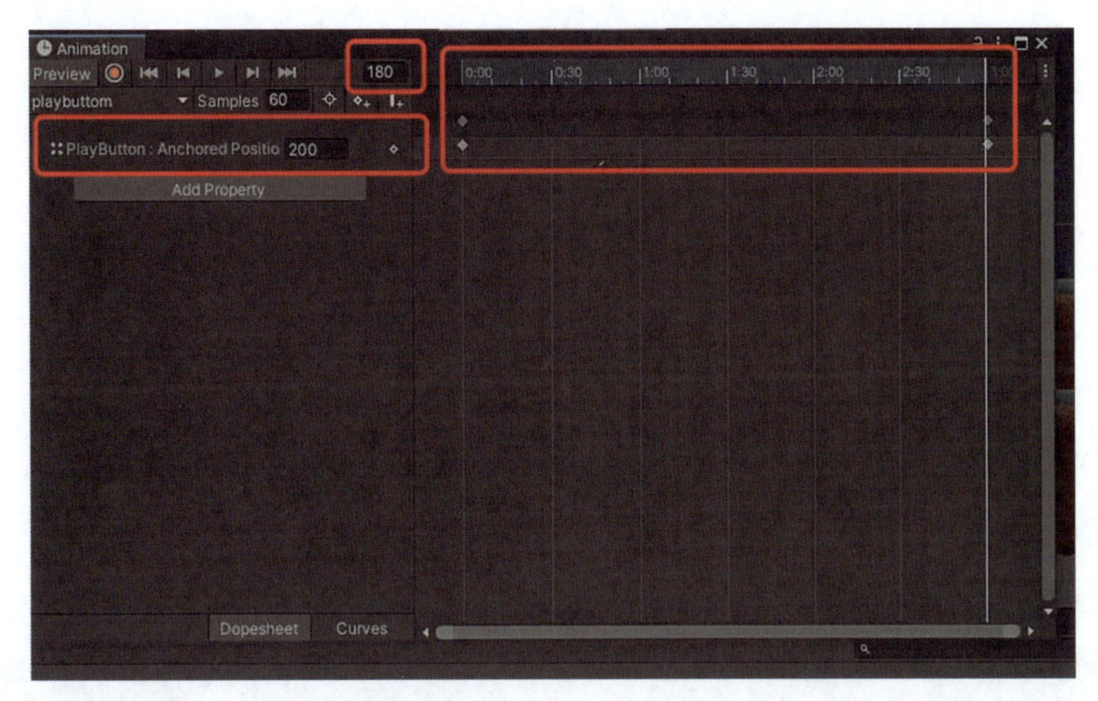

■ 图 4-28　Play Button 的动画设定

4.1.5　游戏的开始结束逻辑

在这个游戏中，要单击 PLAY 按钮后才能切换到游戏场景的脚本，以及判定玩家胜利与结束游戏的脚本。在本章节中将会新建三个脚本来完成上述三步。

1. 开始场景的切换

开始版面的 UI 制作完成后，还需要编写脚本让 PlayButton 产生作用。在 Asset 文件夹新建脚本并命名为 PanelButtonScript，代码如下：

```
public void MainMenuePlayButton()
    {
        GameObject playButton = GameObject.Find("Canvas/PlayButton");
        playButton.SetActive(false);

        SceneManager.LoadScene("SampleScene");
    }
```

编写好脚本就可以将这个脚本应用于 PlayButton 上。回到 Scene 界面，选中 PlayButton，在 Inspector 窗口中的 OnClick() 中单击加号，再将刚刚写的脚本拖拽到空白处，如图 4-28 所示，完成相关设定后，PlayButton 就生效啦。但是要注意，要使游戏成功从开始场景切换到游戏场景，需要将两股场景都添加到 Scene in Build 中，并在脚本上调用 SceneManagement，如图 4-29 所示。

■图 4-29　将游戏项目的两个场景添加到 Scenes In Build 中

2. 游戏胜利与游戏失败逻辑控制

如何判定玩家获取游戏胜利或是游戏失败呢？这里可以简单建立空物体，用 Trrigger 来进行逻辑触发。

（1）游戏胜利逻辑控制

新建一个空物体，命名为 WinTrigger，给这个空物体添加 Box Collider 2D，选择 is Trigger。将 WinTrigger 这个空物体放置在游戏地图的结束位置，以图 4-30 为例，判定 Player 能走到这里触发 Trigger 就算游戏胜利。

■图 4-30　将 Win Trigger 放置在游戏地图最末尾的位置

放置好 Trigger 以后，需要写一个脚本控制 Player 碰到 Trigger 后能触发在屏幕显示制作好的“Win！！！”UI 面板。在 Assest 中新建一个脚本，命名为 WinTrigger，定义一个游戏物体

Win，触发后显示，代码如下：

```
public GameObject Win;
    private void OnTriggerEnter2D(Collider2D collision)
  {
     if (collision .name=="player")
        {
            Win.SetActive(true);
            Time.timeScale = 0f;
        }

  }
```

完成脚本后，回到 Hierarchy 中的 WinTrigger，将刚刚写的脚本拖拽到 Inspector 中的 Win-Trigger（Script）中。此时运行，只要玩家走到地图最末尾，就可以触发胜利的面板。

（2）游戏失败逻辑控制

在冒险之旅中，设定当 Player 在最底部的平台掉落到游戏以外的位置时为游戏失败，所以可以将触发游戏失败的 Trigger 放在游戏场景底部，如图 4-31 所示，新建空物体并命名为 GameOverTrigger。

■ 图 4-31　将 GameOverTrigger 放置在游戏场景底部

同样需要编写脚本，让 GameOverTrigger 生效触发游戏失败的 UI 面板。先来新建一个脚本并命名为 GameOverTrigger，代码如下：

```
public GameObject GameOver;
private void OnTriggerEnter2D(Collider2D collision)
{
    if (collision.name == "player")
    {
        GameOver.SetActive(true);
        Time.timeScale = 0f;
    }
}
```

完成脚本后，回到 Hierarchy 中的 GameOverTrigger，将刚刚写的脚本拖拽到 Inspector 的

GameOverTrigger（Script）中。此时运行，只要玩家不慎掉落到地图以外的底部位置，就可以触发制作好的游戏失败的面板。

至此，整个游戏就已经设计完成。

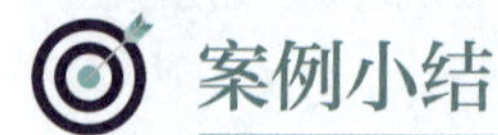

案例小结

本案例使学生掌握在Unity里运用C#脚本语言来制作2D游戏，并用键盘控制物体移动的技能。学会2D游戏如何制作动画，通过本案例旨在进一步加深、巩固前面所学Unity 3D的基本理论知识，理论联系实际，进一步培养学生的综合分析问题和解决问题的能力，提高学生的实践操作能力。

4.2 案例2：第一人称射击游戏

学习目标

知识目标：

① 了解3D游戏物体基础组件。

② 了解如何使用枪支射击并对角色造成伤害。

③ 掌握控制3D角色的基本移动。

能力目标：

① 能够使用UI滑动条与进行键盘操控。

② 熟悉第一人称摄影机搭建与敌人孵化器。

③ 能够使用Unity的导航功能并实现敌人追踪效果。

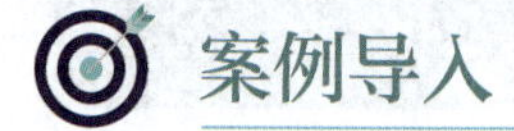

案例导入

第一人称射击游戏

第一人称射击游戏是一个基于Unity 3D平台开发的游戏，基于对2D游戏案例的开发学习后，本游戏将帮助读者系统学习3D场景游戏的学习。在本项目作品中，首先对敌人和玩家进行简单设置，玩家可以使用鼠标控制视角，同时使用键盘控制自身的移动。敌人以一定的速度和频率出现在场景中，对玩家展开追击，而玩家则需要躲避敌人的攻击，并以第一人称视角对敌人进行射击，对敌人造成伤害并消灭敌人。

通过实现本案例，读者将学习如何编写脚本来实现游戏中玩家的运动控制，以及如何综合运用碰撞检测、触发器等来实现射击功能、敌人孵化功能和自动追踪功能。

在第一人称射击游戏中，玩家通过躲避敌人攻击并对敌人发起攻击的方式进行游戏，在课程中可以通过敌人的追逐让学生了解到风险无处不在，学生必须树立安全观念，提升自我保护的能力，同时将学生的安全意识升华至国家的安全层面，建立“个人 + 家庭 + 国家”的安全意识体系。

在本案例中，玩家将通过按【W】和【S】键（或者【↑】【↓】键）控制玩家前进和后退，通过【A】和【D】键（或【←】【→】键）控制玩家左右移动；再通过摄影机控制玩家的方向与视线；当单击鼠标左键时，玩家对敌人进行射击。其次，玩家和敌人可以对彼此造成伤害，玩家通过射击可以消灭敌人，而敌人则会对玩家造成一定的扣血伤害，通过血条血量值的变化，玩家可以直观地看到目前的血量。最后，本项目还设置了敌人孵化系统，在场景中特定的位置会随机生成特定数量的敌人，参与巡逻并且对敌人造成攻击。

4.2.1　创建项目并导入资源

一般的第一人称射击游戏按地图分类可分为沙盒型与封闭型，在沙盒型游戏中，玩家可以自由地在地图中游戏，地图较大，没有固定的路线，且更富有战术的空间与观赏性；而封闭型的游戏地图较为简单，地图四周一般会有高墙将游戏场景封闭起来，其中往往有几条固定的大路，且地图中的各类物件排列也较为简单，这类地图的主要特征是规模较小，玩家一般在一定范围的区域内竞技，本案例采用较为简单的封闭型地图。在游戏开发的准备环节，需要新建场景并导入角色资源。

1. 创建项目并导入角色

首先创建新 3D 工程并命名为 FPSgame，导入包含枪支和机器人等模型的资源包 Ryunm_FPS_Shooter。接着从 Assets → Animation → Rigs 下将敌人模型 HoverBot 拖拽至 Hierarchy 窗口，并命名为 Enemy。由于模型较小，可以将模型的 Scale 尺寸在 X、Y、Z 轴上的值由 1 改为 2。

2. 创建场景

根据敌人的大小设置相应的地图，在 Hierarchy 窗口空白处右击弹出快捷菜单，在菜单中选择 3D Object → Plane 创建一个平面作为游戏场景地面，并命名为 Ground，在右边 Inspector 窗口中设置 Ground 大小，将 Scale 在 X、Z 轴向的值改为 6。接下来需要将场景设置为封闭的场景，因此需要添加相应的墙壁，在 Hierarchy 窗口空白处右击弹出快捷菜单，选择 3D Object → Cube 创建一个方块模型，将 Cube 命名为 Wall，再将其尺寸在 X 轴上的值调整为 59，Y 轴上的值改为 2，Z 轴上的值保持不变。之后将 Wall 放置在 Ground 的一边作为墙壁，并按下快捷键【Ctrl+D】复制墙壁模型，将复制出来的墙壁模型放置到 Ground 的另一边；放置好后，再次复制并旋转模型，在 Inspector 窗口选择 Rotation，将其在 Y 轴的旋转角度修改为 90°，将其平移到 Ground 的一边，并再次复制墙壁模型，将空间完整封闭起来，如图 4-32 所示。

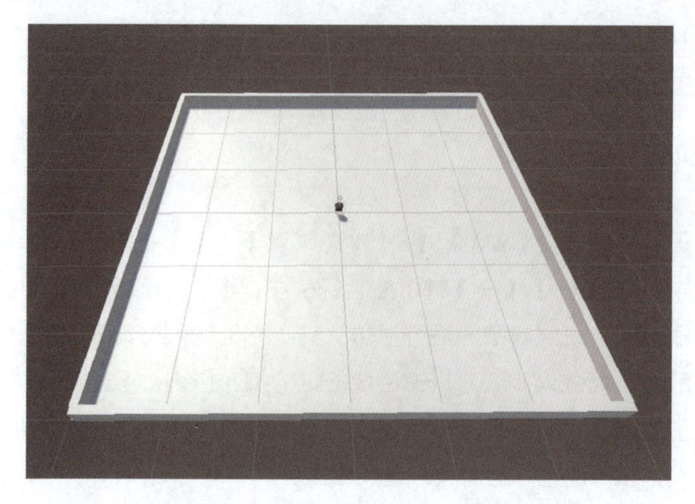

■图 4-32　创建的基本场景

为了使场景的层次结构更加清晰和易于管理，需要将所有墙壁与地面打包成一个群组，在 Hierarchy 窗口空白处右击，在弹出的快捷菜单中选择 Create Empty，新建一个空物体并命名为 mainGround，按【Shift】键将墙壁和地面全选，并拖拽至 mainGround 下方，形成条理清晰的结构。

4.2.2　玩家基本结构构建

1. 创建玩家

由于游戏为第一人称游戏，并不需要看到玩家的模型，因此可以创建一个胶囊（Capsule）来充当玩家。在 Unity 中，胶囊体由圆柱体和两个半球形端部组成，使可以更好地模拟角色的形状和运动。因此在 Hierarchy 窗口空白处右击，在弹出的快捷菜单中选择 3D Object → Capsule，新建一个胶囊，并命名为 Player。

2. 创建武器预制体

接下来进行玩家的武器设置。在 Hierarchy 窗口空白处右击，在弹出的快捷菜单中选择 Create Empty，其命名为 Weapon，其用于存放武器及其相关物件。然后在 Assets → Art → Models 中选择 Mesh_Weapon_Primary 武器，将其拖拽至 Hierarchy → Weapon 下，成为 Weapon 的子物体，使用 Player 作为参照物调整武器大小，将武器的 Scale 在 X、Y、Z 轴上的值改为 0.2，如图 4-33 所示。因为该武器模型的轴向与 Unity 中默认的轴向相符，所以需要将武器 Rotation 属性的 Y 轴改为 180 度。

■图 4-33　武器大小调整

此时模型处于没有贴图的状态，因此需要在 Assets → Art → Materials → Weapons 中找到武器的贴图 WeaponPistol，全选 Mesh_Weapon_Primary 下方的物件，将 WeaponPistol 材质拖至右侧 Inspector → Mesh Renderer → Element 0 中，可以看到模型材质显示，如图 4-34 所示。

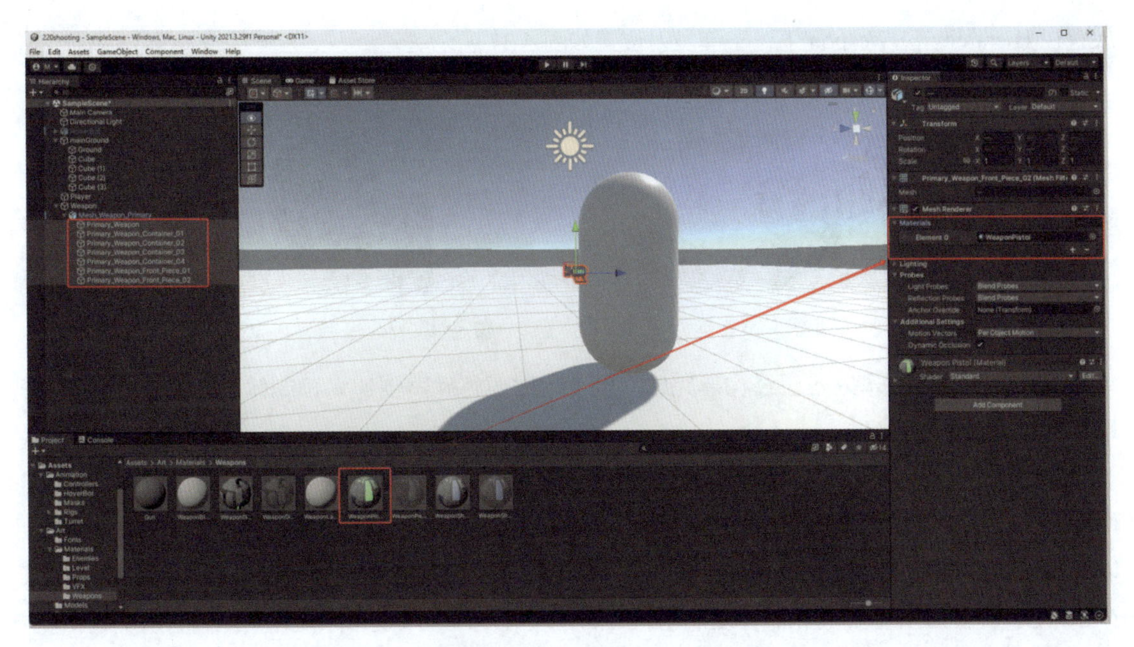

■ 图 4-34　武器材质设置

因为部分物件存在两个材质，因此需要选择两个材质的物件，将文件夹中的 WeaponPistol_Transparent 材质拖到 Inspector → Mesh Renderer → Element 1 中，如图 4-35 所示。

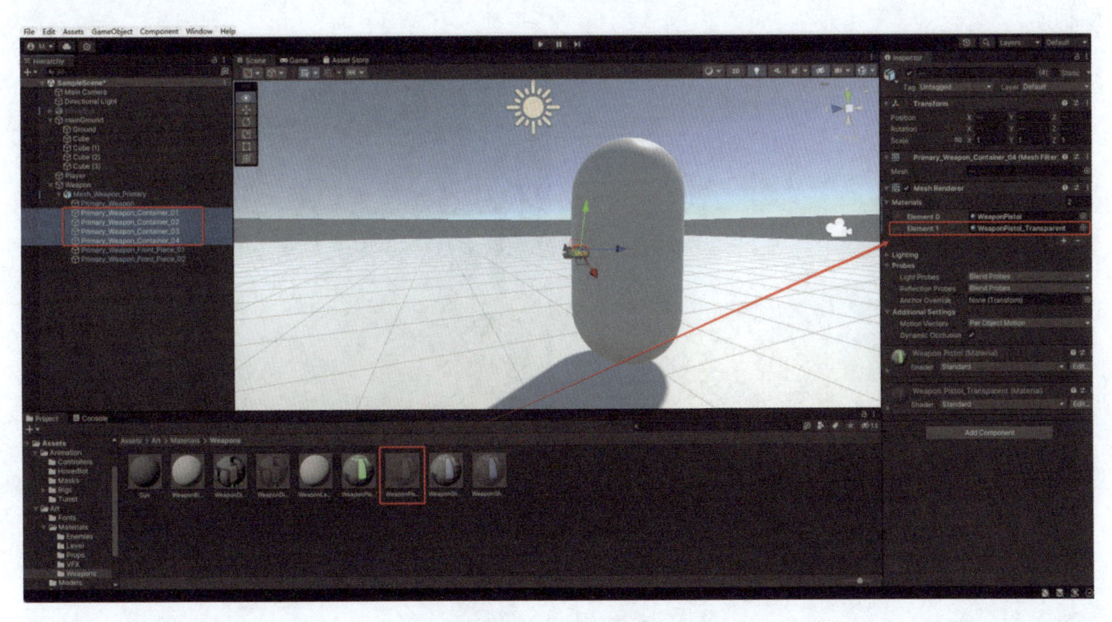

■ 图 4-35　武器材质设置

检验材质是否拖拽成功，可以查看该物件是否已经显示相关的材质，最终效果如图 4-36 所示。

由于后续武器将发射子弹，因此创建一个空物体，用于标记发射位置；由于子弹发射位置需要位于武器的枪口，因此将空物体位置设置在枪口的中心位置，并将其命名为 BulletStartPoint，放置在 Hierarchy → Weapon 下，子弹发射位置如图 4-37 所示。

■ 图 4-36　武器材质显示

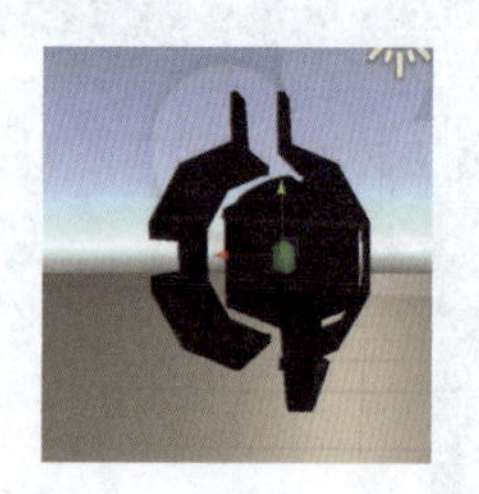

■ 图 4-37　子弹发射位置设置

至此，武器的基本内容已经构建完成，接下来需要将武器创建为预制体（Prefab），可以帮助存储对于武器的设置。

在游戏中，往往存在很多一模一样的物体，只是放置的位置或者一些参数不太一样，但又不可能一个一个重新创建设置，所以就出现了预制体。在 Unity 中将物体转成预制体之后，就可以以此预制体为模板，创建多个和预制体一模一样的物体，方便对游戏物体的重复利用，也大大减少了开发人员的工作量。将预制体复制出来之后，还可以通过改变参数使它们之间有所不同。

要将物件设置为预制体，先在 Assets 窗口空白处右击，在弹出的快捷菜单中选择相应命令新建一个文件夹，命名为 Prefabs，专门用于存放预制体。接下来将 Weapon 拖至 Prefabs 文件夹，就可以看到在 Hierarchy 窗口中的 Weapon 会变成蓝色字体，如图 4-38 所示，表示该物件已经成为预制体。

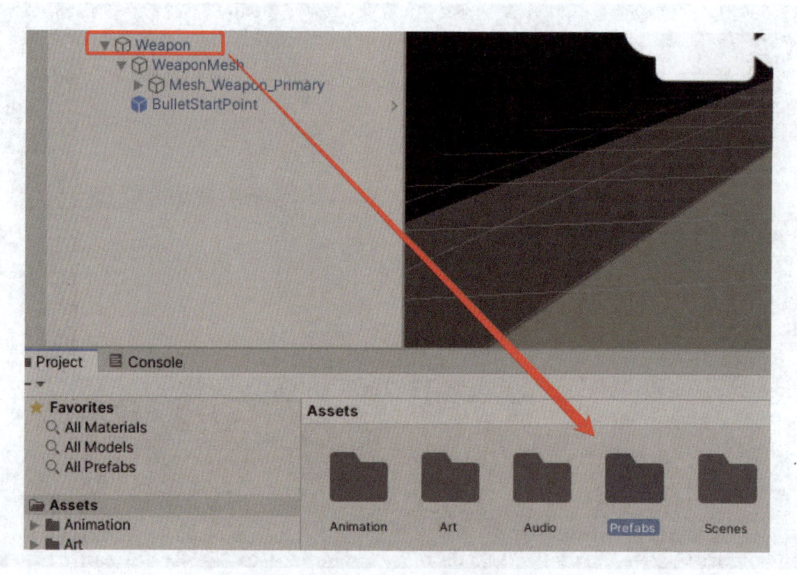

■ 图 4-38　武器的预制体创建

3. 摄影机设置

在第一人称游戏中，游戏的画面即玩家的视角，所以游戏中的摄影机需要随时保持跟随玩家，随着玩家的移动而移动。因此，摄影机将被设置为 Player 的子物体，将 Hierarchy 中的 Camera 拖至 Player 中，形成父子关系。接下来，需要在 Camera 的 Inspector → transform 处右击，在弹出的快捷菜单中选择 Reset，重置摄影机的位置为 0。至此，在 Scene 窗口中移动或旋转 Player，可以看到 Game 窗口的画面也随之改变。

由于武器需要保持在摄影机前方，因此需要将武器放置在 Player → Camera 下，形成父子关系，并调整武器的位置让武器在画面的中间，如图 4-39 所示。

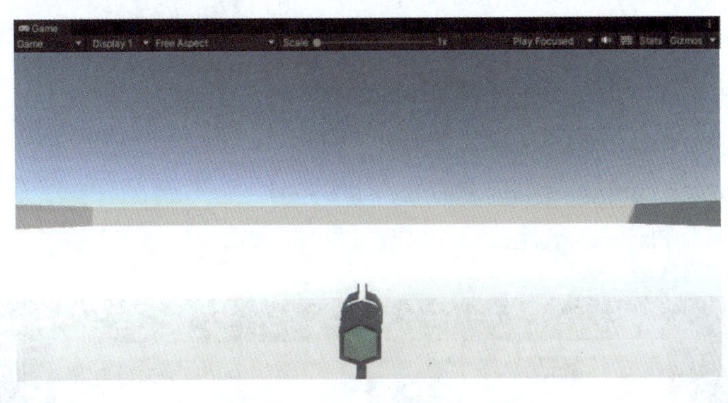

■ 图 4-39　武器位置设置

完成以上对玩家整体结构的设置后，可以将玩家拉至 Prefabs 文件夹中，形成预制体，方便后期使用。

4.2.3　玩家移动和旋转控制功能的实现

在本项目中，玩家通过键盘上的【W】和【S】键（或【↑】【↓】键）分别控制玩家前进和后退，【A】和【D】键（或【←】【→】键）分别控制玩家左转和右转。

1. 添加 Character Controller 组件

为 Player 添加 Character Controller 组件。Character Controller 是一个基于胶囊体（Capsule）的组件，主要用于第三人称玩家控制或者是不使用刚体物理组件的第一人称玩家控制，它可以控制角色的移动、跳跃和下落等操作，并且可以进行简单的碰撞检测。Character Controller 组件属性功能见表 4-1。

表 4-1　Character Controller 组件属性介绍

选　项	作　用
SlopeLimit	坡度度数限制，超过该坡度的地形会阻挡前进
Step Offset	台阶偏移量，以米为单位，高度低于该值的台阶不会阻挡前进
Skin Width	碰撞的皮肤宽度（指定物理引擎将在其中生成接触的角色周围的蒙皮厚度）
Min Move Distance	最小移动距离
Center	碰撞体的中心位置
Radius	碰撞体的半径
Height	碰撞体的高

完成设定后，需要将对模型的修改保存至预制体，选择 Inspector → Overrides → Apply All，

将上述设置应用到 Player 的预制体中，如图 4-40 所示。

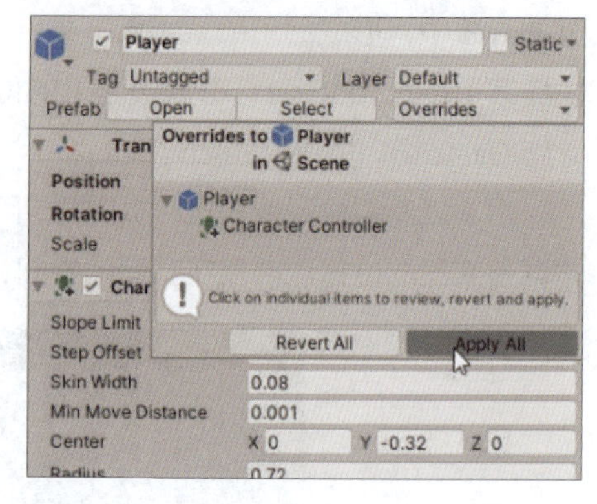

■ 图 4-40　Player 预制体覆盖操作

2. 创建脚本

为了便于管理，需要在 Assets 文件夹中创建一个新文件夹并命名为 Scripts，专门用于存放开发者自己编写的脚本。然后在 Assets → Scripts 下的空白处右击，在弹出的菜单中选择 Create → C# Script，从而创建出新脚本文件，修改脚本名为 PlayerController，即可创建出名为 PlayerController 的 C# 脚本。由于该脚本作用于 Player，因此需要将脚本拖拽至 Player 的 Inspector 窗口空白处，如图 4-41 所示，即可将其添加为 Player 的组件，接下来双击打开该脚本。

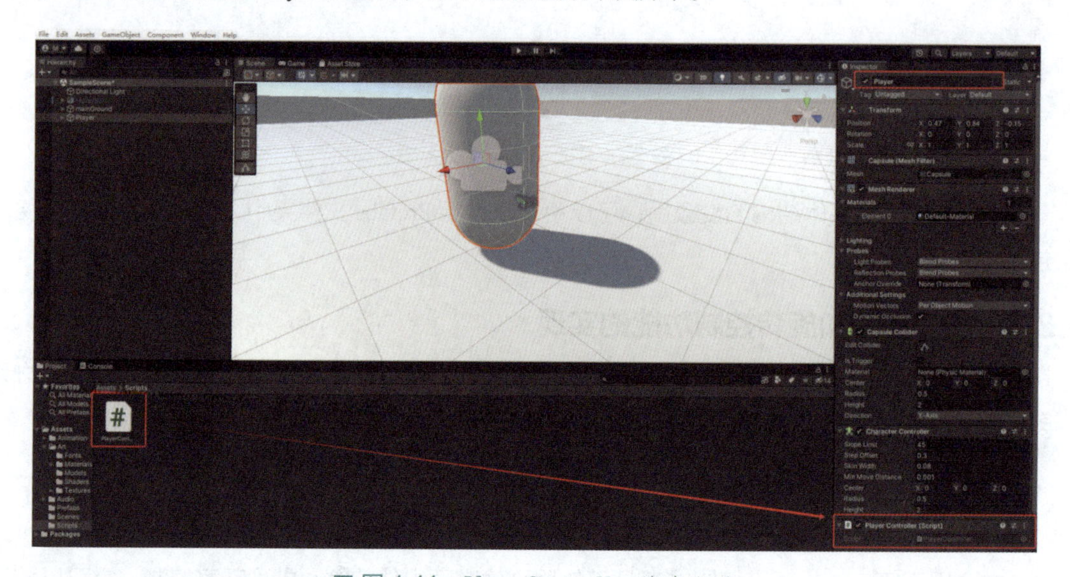

■ 图 4-41　PlayerController 脚本设置

需要注意的是，在 Unity 中，一个脚本定义一个继承自 MonoBehaviour 的类，类名即为脚本的文件名。如果脚本中的类名和文件名不一致，会导致项目无法运行，因此如果要更改脚本文件的名字，必须同时更改文件名和类名。

3. 编写控制玩家前进后退和左右移动的脚本

首先，通过 public CharacterController player 声明一个 CharcterController 的公共对象，在 Start() 方法里通过 GetComponent<CharacterController>() 语句获取该对象。

接着，创建公共 float 型成员变量 moveSpeed，用于调控 Player 前进后退、左右移动的速率。在 Unity 中，public 定义的公共变量能显示在脚本组件里，并能更改的变量，因此，定义变量后即可在 Inspector 窗口的 PlayerController 脚本组件中，并修改 moveSpeed 的属性值，代码如下：

```
public CharacterController player;
public float moveSpeed=10;
```

```
    void Start()
    {
        player = this.GetComponent<CharacterController>();
        //获取 player 自身的 CharacterController 组件
    }
```

再创建 PlayerMovement() 方法，用于控制 Player 前进后退、左右移动。在 Update() 方法中调用 PlayerMovement() 方法，从而实现对 Player 的移动控制，当 PlayerMovement() 方法被 Update() 方法调用时，PlayerMovement() 方法会在每一帧被调用一次，因此 Player 的位置变化量是 Player 在一帧时间间隔中移动的向量，代码如下：

```
     void Update()
        {
            PlayerMovement();
        }
```

再在该方法中添加如下代码：

```
    private void PlayerMovement()
    {
        Vector3 motionValue = Vector3.zero;      //初始化 motionValue 为 zero
        /*获取键盘的输入（WASD），在 Edit 下的 ProjectSetting 下的 InputManager 里可以查看设置。*/
        float h = Input.GetAxis("Horizontal");   //得到水平方向上的一个值
        float v = Input.GetAxis("Vertical");     //得到垂直方向上的一个值
        //通过下面两个语句获取了每帧调用的 motionValue 前后左右移动的值
        motionValue += this.transform.forward * moveSpeed * v* Time.deltaTime;
        //前后方向的位移
        motionValue += this.transform.right * moveSpeed * h * Time.deltaTime;
        //左右方向的位移
        player.Move(motionValue);//调用 Move() 函数，将 motionValue 参数传给 Move
    }
```

首先定义 Vector3D 型变量 motionValue，其中，Vector 表示向量、矢量的意思，含有大小和方向；Vector3 表示三维向量，包含 X、Y、Z 三个分量，Vector3 相当于一个类，一般在使用中 Transform 下的 Position、Scale、Rotation 等属性都可以通过设置 Vector3 的值来改变其相应的位置、大小。这里的变量 motionValue 表示物体运动的值，并通过 Vector3.zero 在每次调用 PlayerMovement() 方法时将其在 X、Y、Z 轴的值初始化为 0。

接着，需要获取玩家在键盘上的输入，在 Unity 中，玩家通过键盘输入的操作可以通过 Input.GetAxis("Vertical") 与 Input.GetAxis("Horizontal") 获取，Vertical 和 Horizontal 分别表示垂直和水平方向，两者的值可以在 Edit → Project → Input Manager 的 Positive Button 和 Nagative Button 得知，如图 4-42 所示。静止时两者的值都为 0，当玩家按下键盘【W】键或【↑】键时在垂直方向获得正值，按下【S】键或【↓】键时获得负值，物体就在 Y 轴方向垂直移动；当玩家按下【A】键或【←】键时在水平方向获得正值，按下【D】键或【→】键时获得负值，物体就在 X 轴方向水平移动。在获取相应的值后，将获取到的值赋值给变量 *h* 和 *v*，用于影响之后玩家的移动。

接下来根据玩家的输入和变量 moveSpeed 的值计算 Player 的位置变化量。transform.forward

是一个变值，表示物体的前方向量，即物体自身坐标系的 Z 轴，根据物体的旋转量自动算出，如果物体时刻在旋转，这个 transform.forward 就会一直变化。transform.right 则表示沿 X 轴移动物体。通过 this.transform.forward 可获得脚本所绑定物体的前方向量。玩家的“前向”乘以键盘，操作值即可获得 Player 的移动方向向量，再乘以速率 moveSpeed 和一帧的时间长度 Time.deltaTime，即可获得 Player 在一帧内的移动向量。

完成位置变化量的计算后，需要使用 PlayerMovement() 方法获取 motionvalue 参数，以获取方向增量值，于是通过 player.Move(motionValue); 为 Player 角色控制器调用方法并获值。

完成代码的编写后，按组合键【Ctrl+S】保存脚本，在 Hierarchy 窗口选择 Player 物件，再在 Inspector 窗口将 PlayerController 组件的 moveSpeed 属性值改为 10。

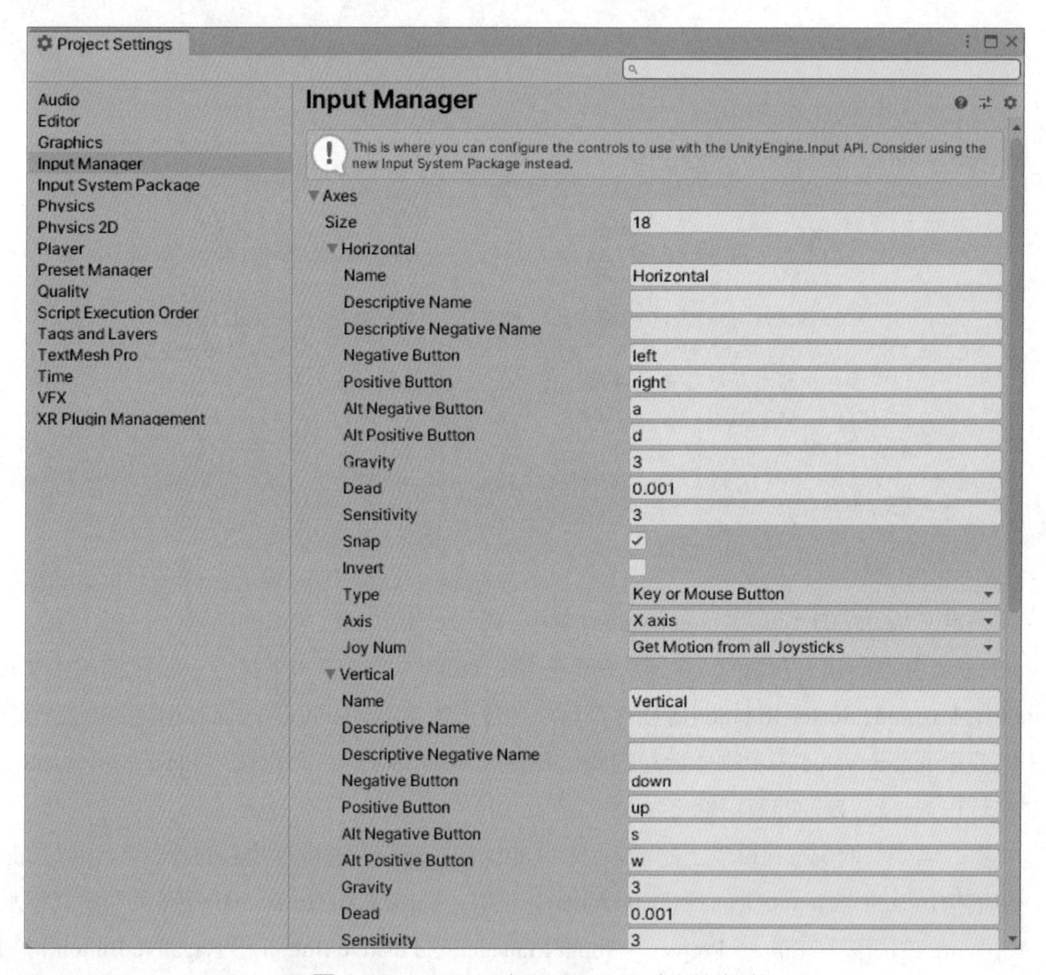

图 4-42 Vertical 和 Horizontal 对应键查看

接下来可试运行游戏，单击 Unity 界面上方的播放图标运行游戏，在 Game 窗口使用键盘【W】【A】【S】【D】键（或【↑】【↓】【←】【→】键）控制玩家移动。在运行过程中，可以透过在 Inspector 窗口修改 moveSpeed 的值，再回到 Game 窗口体验不同速度下的移动效果，反复修改直到获得一个最合适的速度值并将其记录下来。

单击 Unity 界面上方的停止图示，退出游戏运行状态，再次回到 Inspector 窗口会发现 moveSpeed 的值又变回了 10，需要将其修改为刚刚试验获得的最佳值。游戏试运行状态下对任何属性值的修改，在运行结束后都会被恢复成原值，这是 Unity 的保护机制，因此，如果要使用游戏运行时实验出来的属性值，就需要在运行结束后再次设置并保存。

4. 通过鼠标控制摄影机视角

第一人称射击游戏是以玩家的主观视角来进行射击游戏的，因此需要设置玩家可以通过鼠标控制摄像机的视角，实现视角的旋转效果，用于瞄准敌人并调整移动方向。再次双击 PlayerController 脚本进行编辑，添加通过鼠标控制摄影机视角的代码。

首先，定义公共 float 变量 rotateSpeed 表示旋转速度，默认值为 180。然后定义 rotateRatio 变量用于表示旋转的敏捷度，再通过 [Range(1, 2)] 使 rotateRatio 的范围受限于 1 ~ 2 之间，代码如下：

```
public float rotateSpeed = 180;                    //旋转速度
[Range(1, 2)]
public float rotateRatio = 1;
public Transform player_Trans;                     //Player位置
public Transform MainCamera_Trans;                 //相机位置
private float x_RotateOffset;                      //x轴旋转的偏移
```

[Range (float min, float max)] 是用于使脚本中的 float 或 int 变量受限于特定范围的属性，使用此属性时，float 或 int 会在 Inspector 中显示为滑动条而不是默认数字字段，如图 4-43 所示。

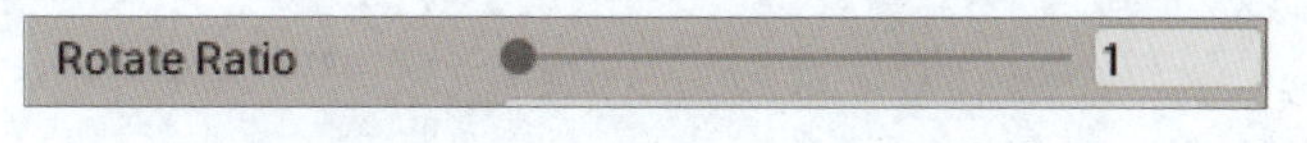

■ 图 4-43　rotateRatio 滑动条显示

接下来创建专门用于控制角色视角转动的 PlayerRotateControl() 方法，并在 Update() 方法中进行调用。

```
void Update()
    {
        ......
        PlayerRotateControl();      //调用PlayerRotateControl()方法
    }
```

在该方法中编写通过鼠标控制摄像机视角的脚本，代码如下：

```
private void PlayerRotateControl()
{
    float mouseX = Input.GetAxis("Mouse X");
    //X的偏移量控制Player水平方向的旋转，以Y轴为旋转轴
    float mouseY = Input.GetAxis("Mouse Y");
    //Y的偏移量控制MainCamera垂直方向的旋转，以X轴为旋转轴

    player_Trans.Rotate(Vector3.up * mouseX * rotateSpeed * rotateRatio *
Time.deltaTime);
    //左右方向旋转
    x_RotateOffset -= mouseY * rotateSpeed * rotateRatio * Time.deltaTime;
```

```
        x_RotateOffset = Mathf.Clamp(x_RotateOffset, -60, 60);//限制角度

        Quaternion currentLocalRotation = Quaternion.Euler(new Vector3(x_RotateOff-
set, MainCamera_Trans.localEulerAngles.y, MainCamera_Trans.localEulerAngles.z));
        MainCamera_Trans.localRotation = currentLocalRotation;
    }
```

首先需要获取玩家通过鼠标输入的操作，可以通过 Input.GetAxis("Mouse X"); 和 Input.GetAxis("Mouse Y"); 获取，两者与轴向的对应关系可以在 Edit → Project → Input → Manager 的 Mouse X 和 Mouse Y 得知，如图 4-44 所示。

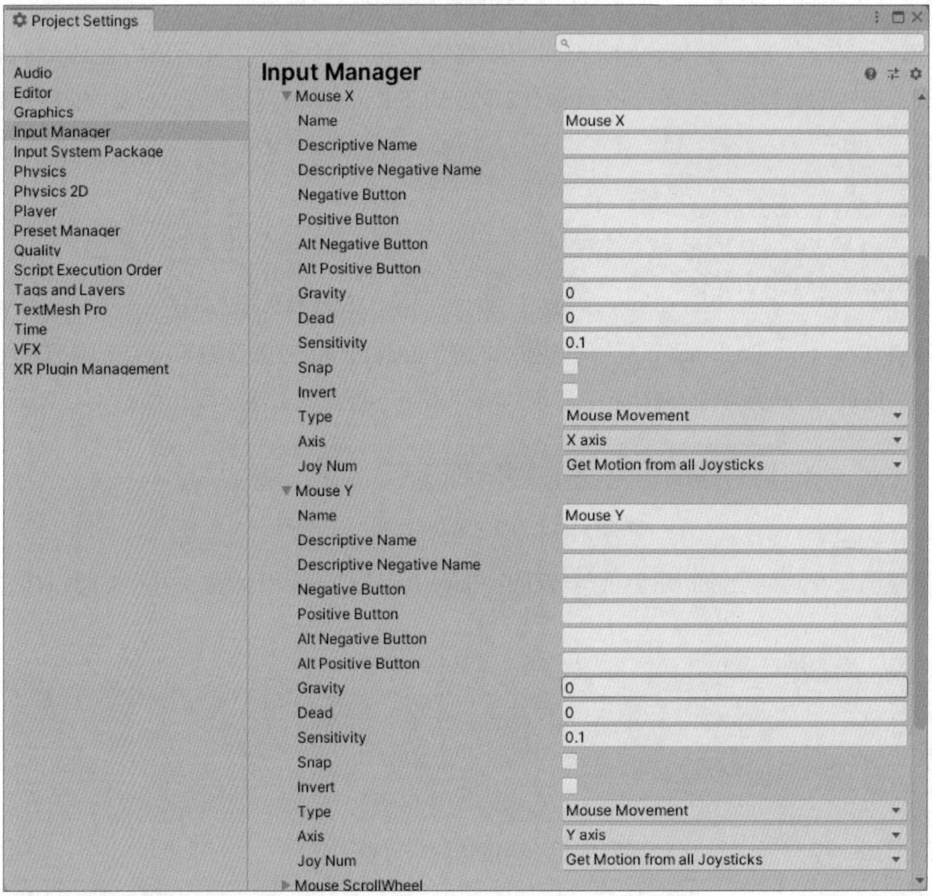

图 4-44　Mouse X 和 Mouse Y 的轴向对应关系

由于在第一视角情况下，左右旋转时角色也会跟着旋转，而上下旋转时角色位置不发生变化，所以处理绕 Y 轴旋转时（鼠标左右移动）使用 Player 来控制整体的旋转，X 轴旋转时（鼠标上下移动）则使用 MainCamera 的局部坐标进行处理。所以其中 Mouse X 控制 Player 水平方向的旋转，在本案例中以 Player 的 Rotate Y 轴为旋转轴；Mouse Y 的偏移量控制 MainCamera 垂直方向的旋转，在本案例中以 MainCamera 的 Rotate X 轴为旋转轴。之后再返回给 mouseX 和 mouseY 变量。

接着，定义 Transform 变量 player_Trans 和 MainCamera_Trans，Transform 类是 Unity 比较常

用的类，用来提供各种方式透过脚本处理游戏对象的位置、旋转和缩放，以及与父和子游戏对象的层级关系。由于使用了 public 定义的变量在组件中将会显示并处于可调整状态，因此编辑完脚本后需要注意将 player_Trans 和 MainCamera_Trans 对应的物件拖拽至 Inspector 窗口相对应的位置，在此脚本中，player_Trans 和 MainCamera_Trans 分别对应的是 Player 和 MainCamera 物体。

再计算 Player 在左右方向的旋转，Transform.Rotate 一般表示以各种方式旋转物件，可以在世界轴或本地轴中指定旋转方向与幅度。因此通过 Vector3.up，即 Y 轴的世界坐标方向向量与鼠标输入，再与旋转速度和敏捷度，以及一帧的时间长度 Time.deltaTime 相乘，即可得到 Player 在左右方向的旋转。

然后定义 float 变量 x_RotateOffset，通过 mouseY * rotateSpeed * rotateRatio * Time.deltaTime 计算摄影机在 X 轴旋转的偏移。定义一个 Quaternion 类 currentLocalRotation，Quaternion（四元数）主要用于存储游戏对象的三维方向，也使用它们来描述从一个方向到另一个方向的相对旋转。通过使用 Quaternion Euler (float x, float y, float z) 函数返回一个旋转，分别围绕 X 轴旋转 X 度、围绕 Y 轴旋转 Y 度、围绕 Z 轴旋转 Z 度（按该顺序应用）。在此分别表示在 X 轴方向、MainCamera 的 Y 轴方向和 MainCamera 的 Z 轴方向旋转的度数，并将其返回至 MainCamera_Trans 的 localRotation。

因为在第一人称游戏中是通过摄影机模拟人们的视觉，然而人们在现实生活中做低头、抬头动作时一般不能超过 90°，因此需要对旋转的角度进行限制。通过 Mathf.Clamp 函数进行角度限制，其中 x_RotateOffset 为要被限制的变量，-60 与 60 为限制的最小值和最大值，之后再将数值返回至 x_RotateOffset 变量。

完成脚本的编写后，按组合键【Ctrl+S】保存文件，在 Hierarchy 窗口选择 Player 物件，再在 Inspector 窗口将找到 Player_Trans 和 Main Camera_Trans 栏目，将 Hierarchy 窗口的 Player 和 Main Camera 分别拖拽至后面的空格处，如图 4-45 所示。

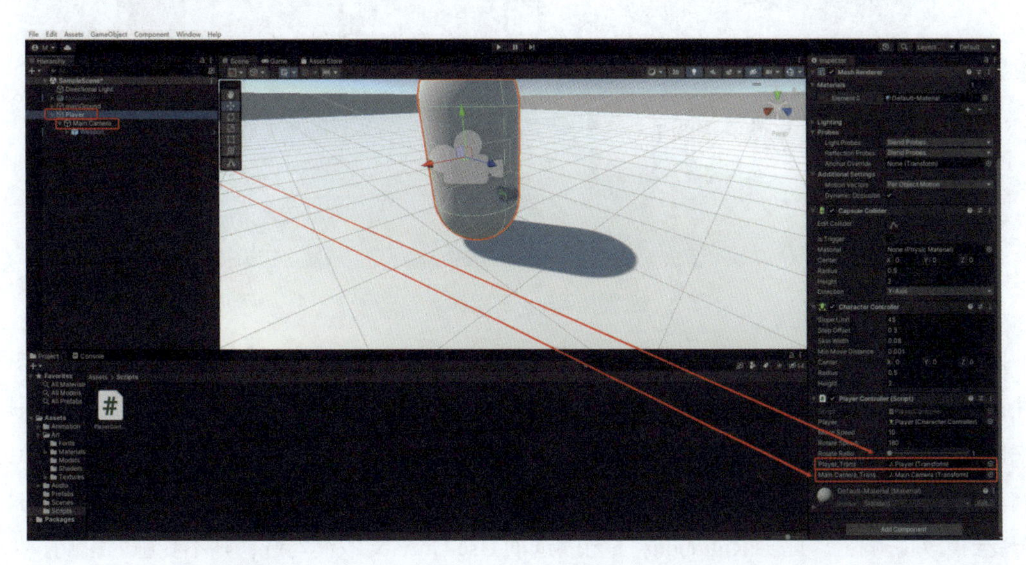

图 4-45　Player_Trans 和 Main Camera_Trans 栏目设置

现在可试运行游戏，单击 Unity 界面上方的播放图标运行游戏，在 Game 窗口单击一下后滑动鼠标查看镜头变化。在运行过程中，可以透过在 Inspector 窗口修改 rotateSpeedrotateRatio 等属性的值，再回到 Game 窗口进行体验。

4.2.4 枪支射击

1. 调整子弹模型并创建预制体

完成摄像头控制后，需要创建子弹模型并生成预制体。首先在 Assets → Models 窗口找到名为 Mesh_Projectile 的子弹，将其拖拽到 Hierarchy 窗口并命名为 Bullet，将子弹大小调整为 0.1，将子弹放置在枪支发射位置。目前的子弹处于没有材质的状态，因此在 Assets → Art → Materials → VFX 选择 Lazer_Green 材质，将其拖至 Bullet 的 Inspector → Mesh Renderer → Materials 的 Element 0 处，作为子弹的材质，步骤如图 4-46 所示。

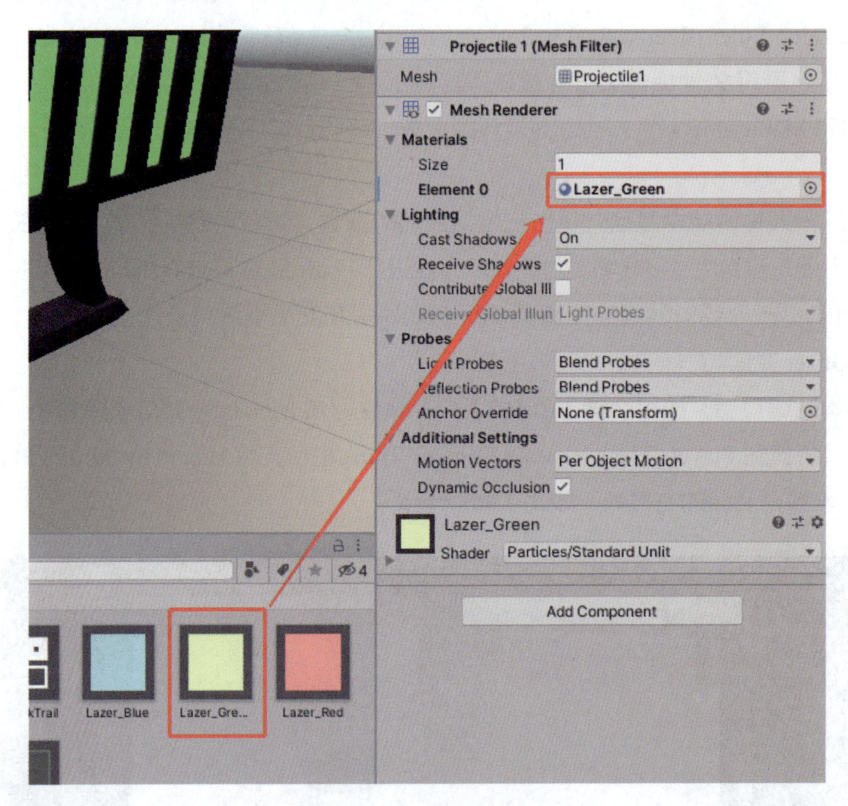

■ 图 4-46　子弹材质设置

接着，在 Inspector 窗口 Add Component 为其添加 Rigidbody 刚体组件。Rigidbody 属于物理类组件，添加了刚体组件的游戏物体，可以在物体系统的控制下来运动，刚体可接受外力和扭矩力用来保证游戏对象像在真实世界中那样运动。任何游戏对象只有添加了刚体组件才能受到重力的影响。没有刚体组件，游戏对象之间可以相互穿透，不会产生碰撞。因为子弹需要瞄准射击，不需要受到重力影响，因此将 Rigidbody 下方的选项 Use Gravity 取消勾选，则不受重力影响。

为避免将原本的子弹预制体覆盖，需要将设置好的子弹设置为新的预制体，与原本的预制体区别开。选择原本的子弹，右击弹出快捷菜单，选择 Unpack Prefab 将原本的子弹预制体解除，可以看到字体颜色变为黑色，再将其拖至 Assets → Prefab 中，字体变回蓝色，形成新的子弹预制体。

2. 编写射击脚本

当玩家按下鼠标左键时，子弹发射位置 BulletStartPoint 处会复制出子弹，并朝着子弹的正前方移动。因此，在 Assets → Scripts 文件夹下的空白处右击，在弹出的快捷菜单中选择 Create → C# Script，从而创建出新脚本文件，再从键盘输入文件名 WeaponController，将脚本拖拽至 Player 身上。

首先，透过 public GameObject bullet 定义子弹预制体，再定义一个公有类型的 Transform bulletStartPoint 用来实例化一颗子弹要发射的位置，最后定义一个 float 变量 bulletStartSpeed 用来表示子弹发射的速度。下面，创建一个 OpenFire() 方法，在 Update() 中进行调用，代码如下：

```
public class WeaponController : MonoBehaviour
{
    public Transform bulletStartPoint;      //开火位置
    public GameObject bullet;               //子弹物体
    public float bulletStartSpeed ;         //子弹发射速度
    void Update()
    {
        OpenFire();
    }
    //接下来在 OpenFire() 方法中实现子弹的复制与移动
private void OpenFire()
    {
        if (Input.GetMouseButtonDown(0))
        {
            GameObject newBullet = Instantiate(bullet, bulletStartPoint.po-
sition, bulletStartPoint.rotation);
            //实例化子弹预制体
        newBullet.GetComponent<Rigidbody>().velocity = newBullet.transform.
forward * bulletStartSpeed;
        Destroy(newBullet, 1);              //间隔1秒销毁
        }
    }
}
```

首先需要判断玩家是否按下了鼠标左键，GetMouseButtonDown 表示鼠标按下的那一帧返回 true，因此 if 语句判断正确后，就会触发射击。其中 Input.GetMouseButtonDown(0) 的数字 0 表示鼠标左键按下，当数字为 1 时表示鼠标右键按下，当数字为 2 时表示鼠标中键按下。

接下来控制子弹的发射。因为每次射击都会发射一个新的子弹，但不希望在场景中留存过多的子弹，因此需要把刚刚制作好的子弹预制体赋值给 GameObject bullet，然后创建一个游戏对象 newBullet，用来存放每次复制出来的新子弹，并利用它来获取子弹预制体 bullet 的一系列值，之后在每个 newBullet 发射后的一段时间内销毁它。

要获取预制体的值需要对游戏对象进行实例化，需要使用 Instantiate 函数。Instantiate 函数是 Unity 3D 中进行实例化的函数，也就是对一个对象进行复制操作的函数，Instantiate 函数实例化是将语句中游戏对象的所有子物体和子组件完全复制，成为一个新的对象。这个新的对象拥有与源对象完全一样的东西，包括坐标值等。通过“Instantitate（一个游戏对象，游戏对象的位置，游戏对象的角度）”语句可以获取游戏对象的位置与角度，并将其复制到新的对象上。因此在这里利用“Instantiate(bullet, bulletStartPoint.position, bulletStartPoint.rotation);”语句获取子弹预制体发射的位置和角度参数，并将其返回给 newBullet 游戏对象，通过编写 newBullet 来控制子弹的一系列功能。

接着，通过 newBullet.GetComponent<Rigidbody>().velocity 获取子弹刚体的速度矢量，表示刚体的位置变化率，通过子弹向前的方向与子弹速度相乘获取子弹向前的速度，并将其值返回给子弹。由于子弹发射后如果不进行销毁就会一直留在游戏场景中，影响游戏内存与游戏体验，因此需要通过“Destroy(newBullet, 1);”语句将其销毁，“Destroy (Object obj, float t= 0.0F);”语句在 Unity 中用于移除游戏对象、组件或各种资源，其中 obj 表示被移除的对象，t 表示销毁对象前的延迟时间，因此在上述语句中，newBullet 表示销毁的对象，1 表示 1f 时间后将其销毁。

完成脚本的编写后，保存脚本，回到 Unity 界面，删除 Hierarchy 中的 Bullet 游戏物件，展开 Player → Weapon 物件，将下方的 BulletStartPoint 物件拖拽至 Bullet 右侧 Inspector → Weapon Controller → Bullet Start Point 栏目，再将 Assets → Prefabs → Bullet 拖拽至 Inspector → Weapon Controller → Bullet 栏目，如图 4-47 所示。修改 bulletStartSpeed 的速度为 50，即可单击 Unity 界面的播放按键进行游戏体验。

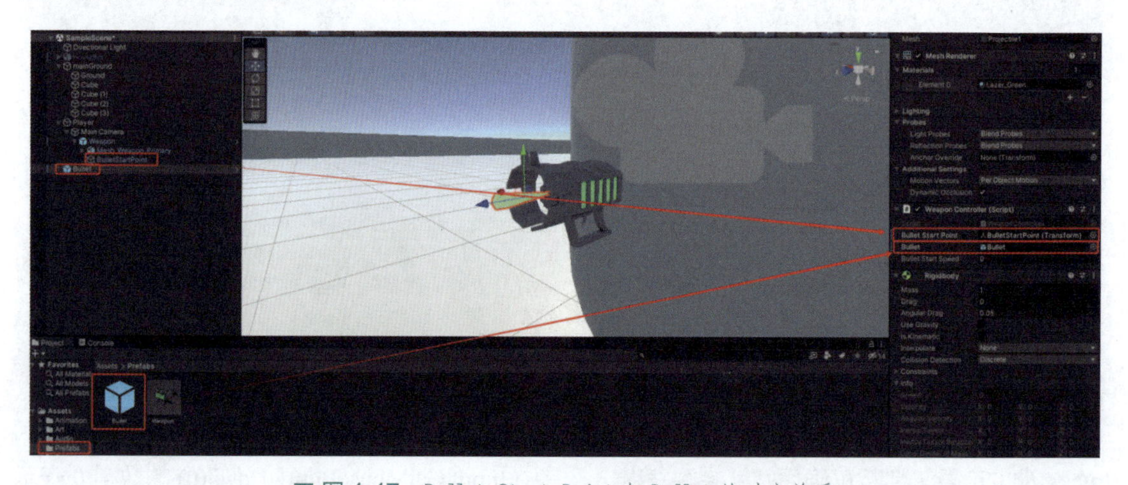

图 4-47　Bullet Start Point 与 Bullet 的对应关系

完成后再次通过 Inspector → Overrides 将针对子弹的修改覆盖到预制体中，如图 4-48 所示。

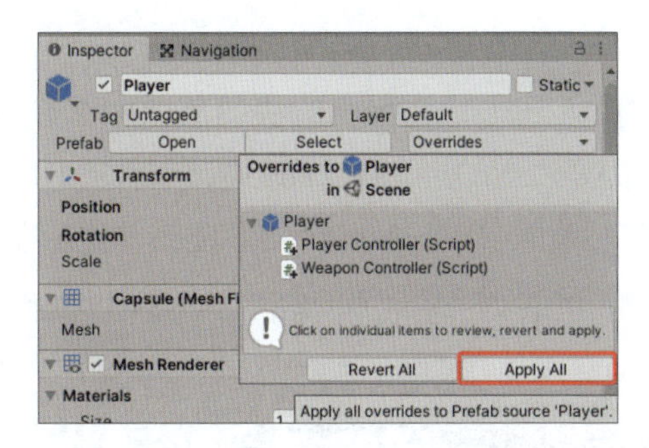

■ 图 4-48　Player 预制体覆盖

4.2.5　天空盒设置与 UI

在实时渲染时，如果要绘制非常远的物体，如远处的山、天空等，随着观察者的距离移动，这个物体的大小其实是几乎没有什么变化的。想象一下远处有一座山，即使人走进十米、百米、千米，这座山的大小也是几乎不怎么改变的，这个时候可以考虑采用天空盒（Skybox）技术，形成较好的视觉效果。

1. 天空盒设置

打开 Window → Rendering → Lighting → Scene 的 Skybox Material 栏目，选择 Skybox，修改天空盒。由于原本的地面、墙壁颜色与天空盒整体色调不适配，因此可以在 Hierarchy 窗口右击，在弹出的快捷菜单中选择 Creat → Material 命令，新建材质，并命名为 GroundAndWall 表示场景材质，将材质拖拽至墙壁与地面的 Inspector 窗口。接下来选择 GroundAndWall 材质，选择 Inspector → Albedo 修改材质颜色，并在 Scene 窗口预览效果，效果如图 4-49 所示。

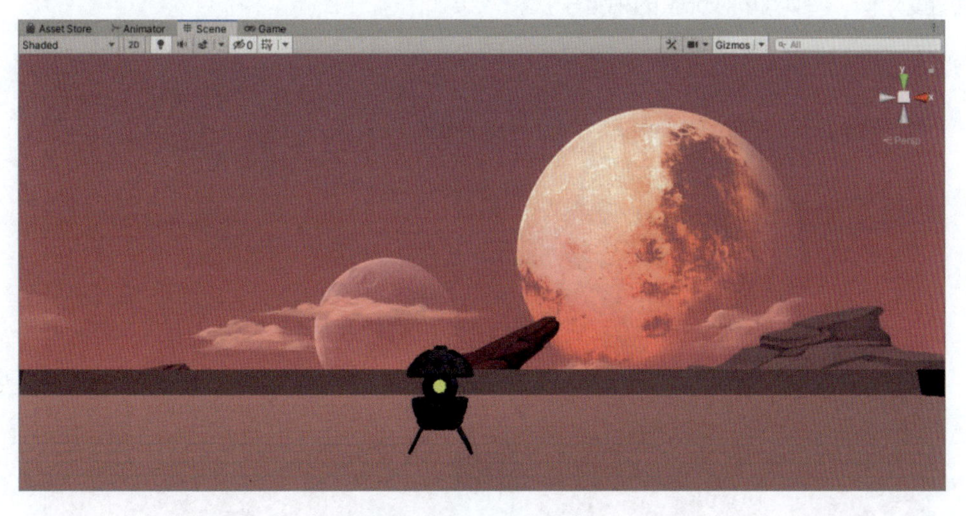

■ 图 4-49　天空盒效果

2. 射击准心 UI

在第一人称射击游戏中，往往需要通过射击准心辅助玩家瞄准敌人进行射击，因此接下来需要为游戏添加射击准心的 UI。

首先在 Hierarchy 窗口空白处右击，在弹出的快捷菜单中选择 UI → Canvas 新建 Canvas 画布，将名字修改为 GameUI。需要注意的是，在 Unity 中，所有的 UI 组件都是在 Canvas 画布的子集里面，如果 UI 不放在它的子集中，那么这个 UI 将不能正常显示在 Game 视窗中。接下来选择 GameUI → Image 新建图像。在 Inspector 窗口 Image → Source Image 选择准心的 UI，选择其中的 Crosshair_Hexa 图示，再将 Image 名字修改为 CenterPoint，如图 4-50 所示。

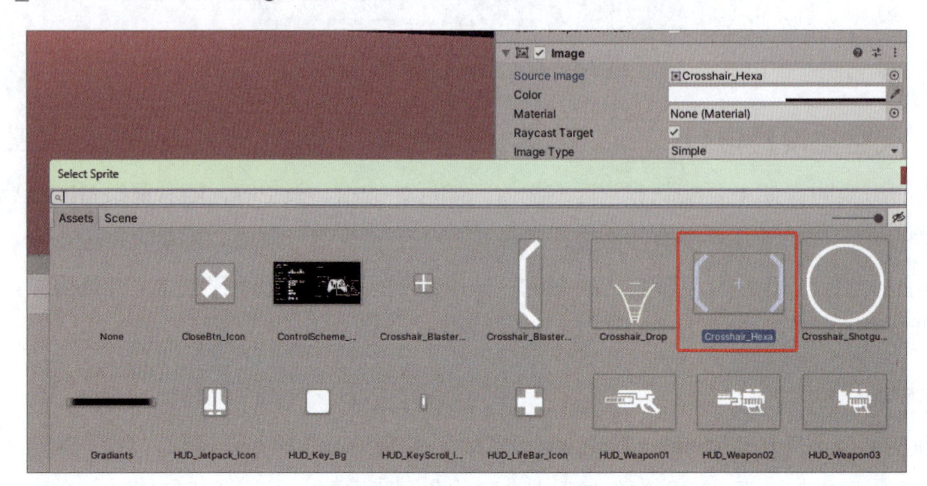

■ 图 4-50　射击准心 UI

回到游戏界面，发现准心已经位于画面中心，但准心形状有所变形。来到 Inspector → Image，选择 Set Native Size 按键，将其恢复为原始尺寸，再将准心大小修改为 0.3，最后在 Color 栏目将透明度降低，降低 UI 对玩家的视觉干扰，效果如图 4-51 所示。

■ 图 4-51　射击准心 UI 示意图

3. 玩家血条 UI

当玩家被敌人攻击到的时候，会扣一定的血量，因此需要一个血条表示玩家的实时血量。在 Hierarchy 窗口空白处右击，在弹出的快捷菜单中选择 UI → Slider 创建滑动条，修改名字为 PH_Slider，并将其拖拽于 GameUI 之下。由于血条不需要滑杆，因此选择 GameUI → PH_Slider 下方的 Handle Slide Area 将其删除。再来简化 Slider 的结构，解除 Fill Area 与 Fill 的父子关系，再将 Fill Area 删除，形成较为简单的 Slider 结构。通过 Inspector → Slider → Value 可以简单拉动滑动条，效果如图 4-52 所示。

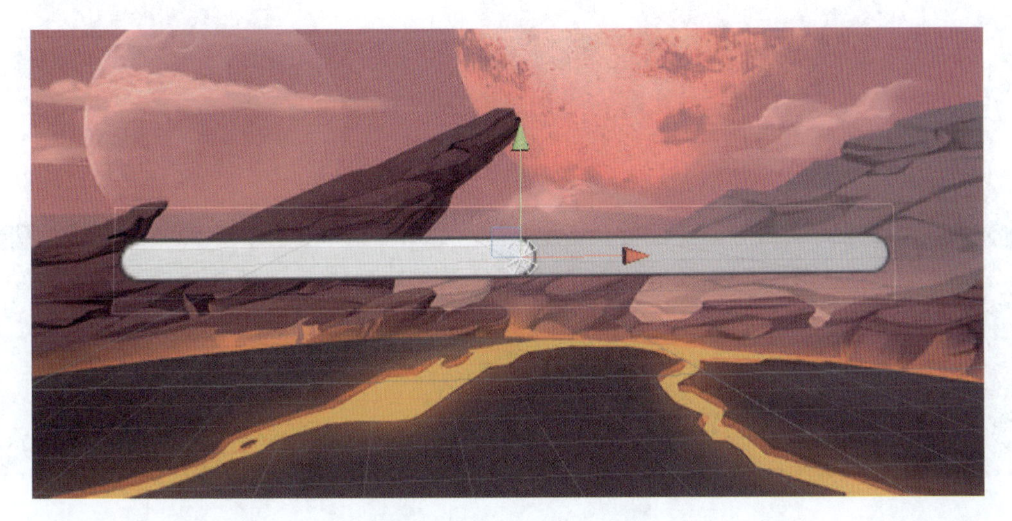

■ 图 4-52　滑动条示意图

接着，需要改变血条形状，让它以长方形形式呈现。选择 PH_Slider → Background 的 Inspector → Source Image，选择 TEX_Black_16x16 作为血条背景材质；再选择 Slider → Fill，将其材质选择为 TEX_White_16x16，通过 Inspector → Color 将颜色修改为红色，如图 4-53 所示。

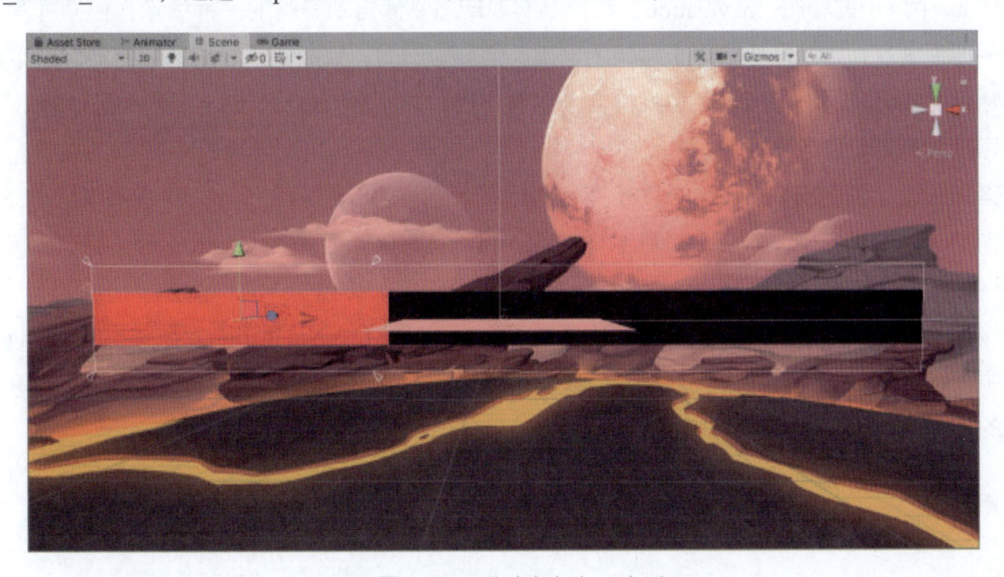

■ 图 4-53　滑动条颜色示意图

由于此时红色血条 Fill 会超出血条 Background 范围，因此需要调整红色血条长度，选择 Unity 左上方的 Rect Tool，血条会出现蓝色的调整点，将其长度调整到和 Background 一样长的位置。使用 Rect Tool 可对 UI 元素进行移动、大小调整和旋转。选择 UI 元素后，可通过单击矩形内的任意位置并拖动，来对元素进行移动；通过单击边或角并拖动，可调整元素大小。

接下来需要调整血条的大小，通过缩放工具将 PH_Slider 大小调整到与画布相适配的尺寸，并将其放置于画面的右下角，如图 4-54 所示，这样血条的 UI 就制作完成了。

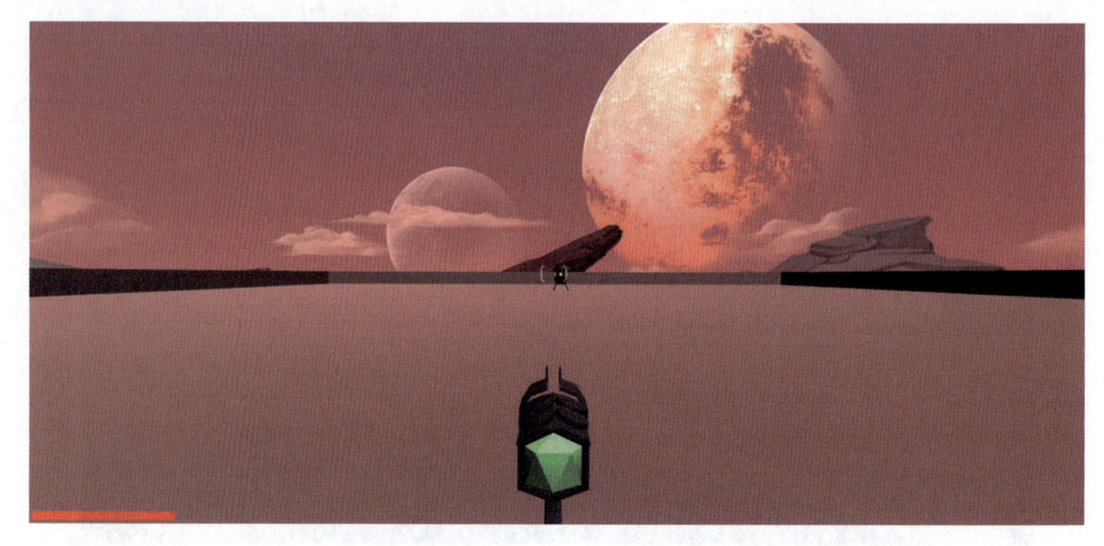

■ 图 4-54　血条 UI 示意图

4.2.6　AI 敌人巡逻

1. 敌人简易追踪效果

Unity 中自带的导航（navigation）系统是实现动态物体自动寻路的一种技术，根据开发者所编辑的场景内容，自动地生成用于导航的网格。实际导航时，只需要给导航物体挂载导航组件，导航物体便会自行根据目标点来寻找符合条件的路线，并沿着该路线行进到目的地。由此，可以借助导航系统实现寻路效果。

首先选择除敌人和 Player 以外的所有场景中的几何模型，然后在 Inspcetor 视图中，在 Static 下拉列表中勾选 Navigton Satic，如图 4-55 所示，将所有对象标记为 Navigton Satic（静态导航），Unity 将指导这样的模型用于寻路计算。

接下来需要烘焙导航网格，菜单栏中选择 Window → AI → Navigation，在弹出的 Navigation 窗口中，单击 Bake 选项，在这里也可以设置 Bake 选项的各个参数。设置完参数后，可以单击右下角的 Bake 按钮烘焙生成导航网格，如图 4-56 所示。

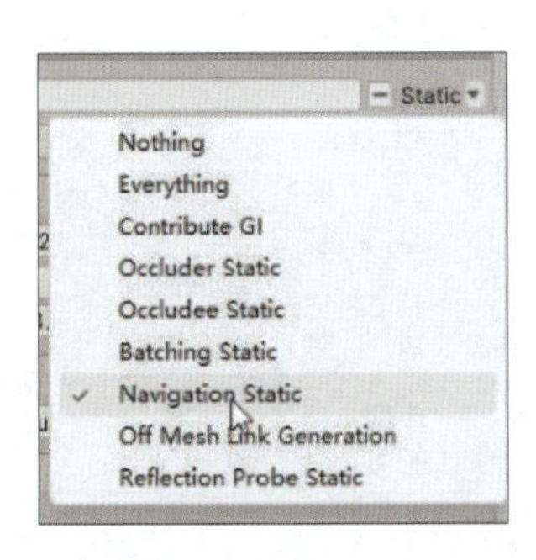

■ 图 4-55　Navigton Satic 设定

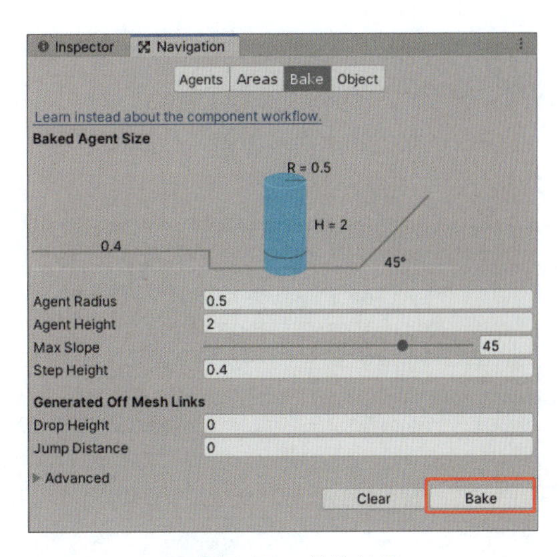

■ 图 4-56　烘焙场景

单击之后会发现整个地形，除了障碍都被覆盖上了颜色，如图 4-57 所示，这里就是 Unity 帮计算地形上的障碍，来指导敌人模型用来自动寻路，如果场景里存在没有勾选 Navigton Satic 的模型，即使它在场景里面，Unity 也会默认它不在场景中来对人物进行自动寻路。场景被覆盖上蓝色，即可烘焙出路面导航数据，同时会生成与场景同名的一个文件夹，里面有一个 NavMesh.asset 文件，就是对应的导航资源文件。

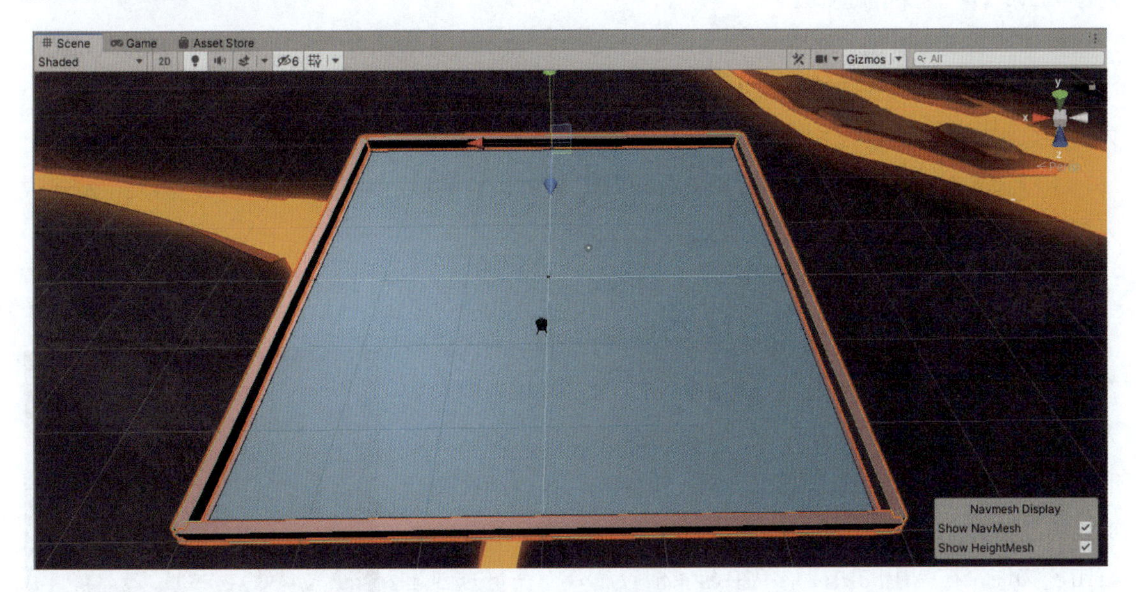

■ 图 4-57　烘焙显示

再来创建导航代理。选择 Enemy，为其添加新的组件 Nav Mesh Agent，依次单击菜单栏中的 Component → Navigation → Nav Mesh Agent，为 Enemy 对象添加导航代理组件，并通过 Nav Mesh Agent → Radius、Height 调整大小。Nav Mesh Agent 主要用于创建在朝目标移动时能够彼此避开的角色。代理（agent）使用导航网格来推断游戏世界，并知道如何避开彼此，以及其他移动障碍物。

接着，新建一个脚本，名为 EnemyControl，用来对敌人进行移动设定，将其拖至 Enemy 的 Inspcetor 窗口，双击脚本进行编辑。代码如下：

```
using UnityEngine.AI;                    //引入命名空间 "UnityEngine.AI"
public class EnemyControl : MonoBehaviour
{
    private NavMeshAgent enemyAgent; //设置寻路组件
    private GameObject player;       //设置追踪目标——玩家
    void Start()
    {
        enemyAgent = this.GetComponent<NavMeshAgent>();
        player = GameObject.FindGameObjectWithTag("Player");
                                         //Player 为标签为 "Player" 的物件
    }
    void Update()
    {
        enemyAgent.destination = player.transform.position;//设置寻路目标
    }
}
```

由于这里需要使用的 NavMeshAgent 类型位于 UnityEngine.AI 中，因此首先需要引入命名空间 UnityEngine.AI，才可以使用 NavMeshAgent 类。接下来定义寻路组件 enemyAgent，定义游戏对象 Player 作为之后的追踪目标。

接下来在 Start() 方法中获取脚本所绑定物件的 NavMeshAgen 组件，之后通过 FindGameObjectWithTag 语句寻找场景中标签为 Player 的物件，并将其传送给 GameObject player。在 Update() 方法中，将玩家的位置传送给寻路组件，即可实现寻路效果，即简易追踪 Player 的效果。

保存脚本，返回游戏界面，在 Inspcetor 窗口设置玩家的标签为 Player，试运行游戏，发现敌人已经可以实现随时跟随玩家的效果。

2. AI 敌人巡逻

在本案例中，希望实现当玩家没有接近敌人时，敌人应该在场景中循着规定好的路线进行巡逻，只有当玩家接近时，敌人才会改变路线，开始追踪玩家，因此如果希望敌人默认状态时可以在场景中自动进行巡逻，需要先设置一些巡逻路线关键点。首先在场景中创建一个空物体，并命名为 WayPointParent。右击该物件，在弹出的快捷菜单中选择相应命令，在下方创建新的空物体子物件，并命名为 Point，再复制两个 Point，分别以漫游的顺序序号命名，代表着在场景的关键位置，将四个点分别摆放到画面的不同位置，形成敌人的巡逻路径，如图 4-58 所示。

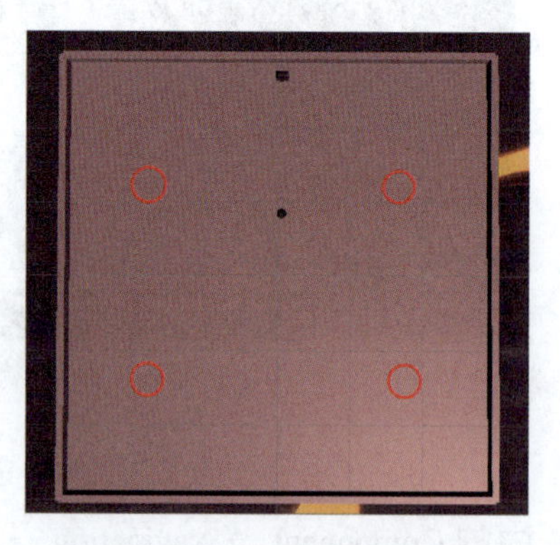

图 4-58　巡逻点摆放参考

再次打开 EnemyControl 脚本，补充敌人巡逻功能。首先需要定义一个游戏对象 wayPointParent，表示用于存放巡逻点的父物件，再利用 Transform[] 变量获取各个巡逻点的位置，之后通过 int 变量 nextIndex 表示 Transform 数组的下标，初始值为 0，代码如下：

```
public GameObject wayPointParent;
public Transform[] wayPoints;         //获取各个巡逻点的位置
public int nextIndex = 0;             //表示巡逻数组的下标
```

接着，在 Start() 方法中判断 wayPointParent 是否为 null，如果不为 null，则获取 wayPointParent 的子物件位置并返回给 wayPoints，同时调用 SetNextDestination() 方法，代码如下：

```
void Start()
    {
        ...
        if (wayPointParent)
        {
            wayPoints = wayPointParent.GetComponentsInChildren<Transform>();
            SetNextDestination();
        }
    }
```

之后需要修改 Update() 方法中的内容，在 Update() 中进行路径判断与巡逻准备。通过 remainingDistance 判断 enemyAgent 的位置和当前路径上的目标之间的距离是否小于 2f，如果条件满足，即可调用 SetNextDestination() 方法，代码如下：

```
void Update()
{
    //当玩家距离巡逻点小于 2f 时，巡逻下一个点
    if (enemyAgent.remainingDistance < 2f)
    {
    SetNextDestination();
    }
 }
```

创建 SetNextDestination() 方法，enemyAgent 的目标位置即 wayPoints 数组的每一个点的位置，每当 enemyAgent 到达该位置后，nextIndex 的值会 +1。为避免 nextIndex 的值超出数组范围，可使用“(nextIndex + 1) % 数组长度”，代码如下：

```
private void SetNextDestination()
{
    if (wayPoints.Length <= 1) return;  //如果巡逻点小于两个，不进行巡逻
        enemyAgent.destination = wayPoints[nextIndex].position;
        nextIndex = (nextIndex + 1) %wayPoints.Length;
        //当数组到达 4 时除以数组长度 4，即可返回值 0 给 nextIndex，避免数组溢出
    }
}
```

完成脚本编辑后，保存脚本，将 wayPointParent 拖至 Enemy 的 Inspcetor 窗口 wayPointParent 栏目，试运行游戏，发现机器人已经可以根据设置好的路线进行重复的巡逻。如果机器人移动速度需要调整，可在 Inspcetor → Nav Mesh Agent 的 Speed、Angular Speed、Acceleration 选项进行修改，Nav Mesh Agent 相关属性见表 4-2。

表 4-2　Nav Mesh Agent 属性介绍

选　项	作　用
Speed	最大移动速度（以世界单位每秒表示）
Angular Speed	最大旋转速度（度每秒）
Acceleration	最大加速度（以世界单位第二次方秒表示）

至此，简单的敌人巡逻就完成了。

3. 敌人追踪玩家

当敌人巡逻时，如果玩家出现在敌人的追击范围内，敌人将停止巡逻开始追击敌人，但如果玩家再次远离敌人的追击范围，敌人将停止追击继续巡逻。可以打开 EnemyControl 脚本再次完善敌人追踪设定。

首先定义最小追击变量 minDistance，用于设定敌人要追踪玩家的距离，并赋初始值为 10，代码如下：

```
public float minDistance = 10;   //最小距离初始值为10
```

然后修改原本在 Update() 方法中的代码，增加追击玩家的部分。因为有追击玩家和继续巡逻两个分支，因此需要使用 if 双分支语句进行判断。首先判断敌人与玩家的距离是否小于追击距离，如果是，敌人的目标位置设置为玩家的位置，即展开追击；否则，判断敌人的巡逻路径是否已规划好且离下个巡逻点是否小于 2f（距离逻辑点距离根据场景及逻辑点位置设置），是的话调用 SetNextDestination() 函数。其中 Vector3.Distance (Vector3 a, Vector3 b) 常用来计算游戏对象 a 与 b 之间的距离。而 NavMeshAgent.destination 主要用于获取代理在世界坐标系单位中的目标或尝试设置代理在场景中的目标，代码如下：

```
void Update()
{
    if(Vector3.Distance(enemyAgent.transform .position , player.transform
.position) < minDistance)
    {
        enemyAgent.destination = player.transform.position;//设置寻路目标
    }
    else if(!enemyAgent.pathPending && enemyAgent.remainingDistance < 2f)
    {
        SetNextDestination();
    }
}
......
```

完成脚本后，返回游戏界面，再次试运行，可以发现，机器人沿着巡逻点进行巡逻，当玩家靠近时，机器人开展追击，当玩家远离时，机器人停止追击并回归巡逻状态。

4.2.7　玩家与敌人对战伤害

1. 敌人对玩家的伤害

当敌人追击到玩家后，敌人会攻击玩家并对该玩家进成扣血，因此，需要创建一个新的脚本

HealthController 控制血条扣血，将其拖拽到玩家的 Inspector 窗口。由于需要使用 Slider 组件，因此在脚本中需要引用 UnityEngine.UI 组件。接下来设置变量 PH 为当前血量，maxPH 为最大血量值，以及 PH_Slider 滑动条，代码如下：

```
using UnityEngine.UI;                   //添加 UI 组件
public class HealthController : MonoBehaviour
{
    public float PH=100;                //血量
    private float maxPH = 100;          //血量最大值
    public Slider PH_Slider;            //滑动条
    ...
}
```

在 Start() 方法中，设置在开始时将最大血量值赋值给 PH 值，如果 PH_Slider 处于激活状态，将当前血量数值转换为滑动条数值，代码如下：

```
void Start()
{
    PH = maxPH;
    if (PH_Slider)
    {
        /* 因为滑动条最大值 maxValue 为 1，然而血量最大值为 100，因此需要将数值从百分比
修改为小数数值。*/
        PH_Slider.value = PH / maxPH*PH_Slider.maxValue;
    }
}
```

当敌人碰到玩家时，玩家会扣血，因此需要使用碰撞检测。先为 Player 和 Enemy 添加 Rigidbody 组件。由于在 Unity 中，要发生碰撞的物体都需要添加碰撞体，否则两个物体之间会互相穿透，在本次案例中，敌人和 Player 需要发生碰撞，因此两者身上都需要添加碰撞体，碰撞体用于表示游戏对象间碰撞到的形状，因此必须能够将游戏对象的模型完全包裹。其中，Player 的胶囊模型是 Unity 提供的基础模型，因此在创建的时候就会被自动分配一个合适的碰撞体，例如，当创建一个立方体时，Unity 也会自动分配其一个立方体。然而，Enemy 的模型是外部资源导入的，因此需要根据模型形状选择合适的碰撞体，根据 Enemy 的形状可以同样选择胶囊形状作为 Enemy 的碰撞体，在 Inspector 菜单栏依次选择 Component → Capsule Collider，添加好碰撞体后如果发现产生出来的碰撞体大小与 Enemy 并不适配，可以通过 Capsule Collider 栏目的 Center、Radius 和 Height 属性分别调整碰撞体的中心、半径和高度，使其与敌人大小适配。碰撞体参数如图 4-59 所示，调整效果如图 4-60 所示。

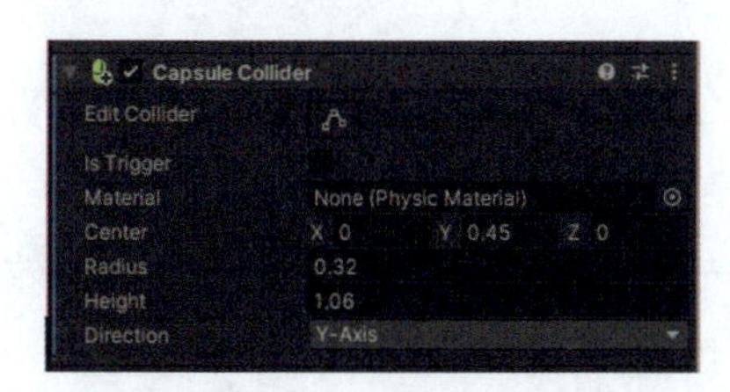

■ 图 4-59　碰撞体参数

■ 图 4-60　碰撞体大小效果

在碰撞检测时，需要判定碰撞到的对象的标签是否为 Enemy，如果是，则调用 Damage 函数进行扣血。接下来定义 Damage 函数，如果 PH 值大于 0，则将 PH 值减变量 damage（damage 的值在 WeaponController 脚本中进行定义并传递到本脚本）的值赋给 PH 值，再将血量转换为滑动条数值；否则，表示 PH 值已经达到 0，游戏失败。代码如下：

```
private void OnCollisionEnter(Collision collision)
{
    if (collision.collider.tag == "Enemy")  //如果碰撞到的游戏对象的标签为Enemy
    {
        Damage(10);
    }
 }
public void Damage(float damage)
{
    if (PH > 0)
    {
        PH -= damage;                          //扣血
        PH_Slider.value = PH / maxPH * PH_Slider.maxValue;
    }
    else //如果PH扣到不足0
    {
        //游戏失败
    }
}
```

完成脚本后保存，选择 Enemy，将其标签设置为 Enemy。再选择 Player，将 PH_Slider 拖拽至 Player 的 Inspcetor → HealthController → PH_Slider 栏目，如图 4-61 所示。

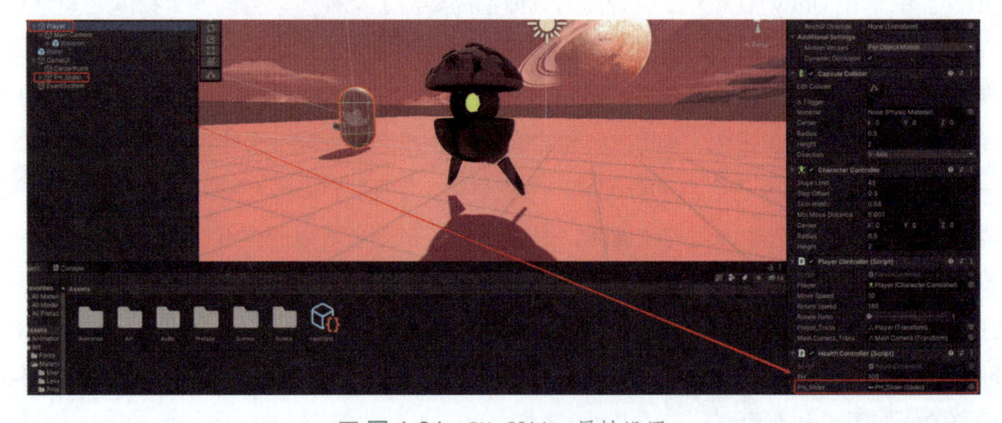

■ 图 4-61　PH_Slider 属性设置

试运行游戏，可以发现一旦 Player 碰到 Enemy，血条会扣血，如图 4-62 所示。

2. 设置子弹属性

当 Player 发射的子弹射击到敌人时，敌人会被击毁。要实现子弹射击到敌人的效果，需要先对子弹进行一定的设定。首先，打开 Bullet 预制体为其添加 Capsule Collider 组件，并通过调整 Capsule Collider 相关属性使胶囊形状和子弹尽可能贴合，如图 4-63 所示。

图 4-62　血条 UI 效果

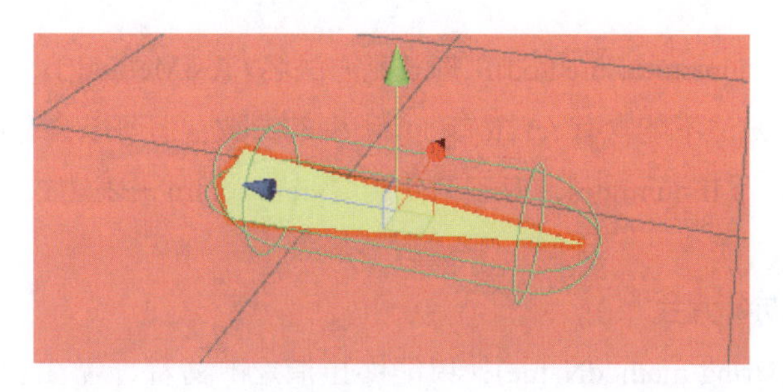

图 4-63　子弹设置

3. 子弹对敌人造成伤害

接下来打开 EnemyControl 脚本并补充以下代码：

```
private void OnCollisionEnter(Collision collision)
{
string name = collision.collider.name;                      //获取碰撞到的物体名称
        print(name);                                            //输出碰撞体名称
        if (collision.collider.tag == ("Bullet"))
        {
            Destroy(collision.collider.gameObject);             //销毁碰撞到的物体
            Destroy(gameObject);                                //销毁子弹
    }
}
```

通过 OnCollisionEnter(Collision collision) 函数判定碰撞物体。当该碰撞体 / 刚体已开始接触另一个刚体 / 碰撞体时，调用函数，并执行相关指令。

在碰撞过程中，可以通过脚本获取碰撞到的物体名称并将其进行输出，可以方便检查脚本及环境中的碰撞发生。通过 collision.collider.name 获取碰撞到的物体的名称，将其返回至字符串变量 name，并把该字符串输出到控制台，检查武器与敌人是否产生了碰撞。接下来通过 collision.collider.tag 获取到被碰撞物体的标签，通过 if 语句判断该标签是否为 Bullet，如果是，则直接将碰撞到的敌人进行销毁，同时销毁子弹。

完成以上操作后，保存脚本，回到 Unity 界面，试运行游戏，可以发现，当子弹射击到敌人时，敌人会消失。

4.2.8 敌人孵化器

本节，要做到让敌人可以在四个巡逻点随机生成，并在生成后保持原本的敌人属性进行巡逻及射击，这就需要使用到敌人孵化器。

此外，还需要用到协程，协程即协同程序，在主程序运行的同时，开始另外一段逻辑处理，来协同前程序的执行。

（1）开启协程的两种方式

① StartCoroutine(string methodName)：形式是方法名（字符串类型），此方法可包含一个参数。形参方法可以有返回值。

② StartCoroutine(IEnumerator method)：形式是方法名 (TestMethod())，方法中可以包含多个参数。IEnumrator 类型的方法不能含有 ref 或者 out 类型的参数，但可以含有被传递的引用。必须有返回值，且返回值类型为 IEnumrator，返回值使用“yield return + 表达式”，或者值，或者 yield break 语句。

（2）终止协程的两种方式

① StopCoroutine (string methodName)：只能终止指定的协程，需注意，在程序中调用 Stop-Coroutine() 方法只能终止以字符串形式启动的协程。

② StopAllCoroutine()：终止所有协程。

yield：挂起，程序遇到 yield 关键字时会被挂起，暂停执行，等待条件满足时从当前位置继续执行，例如：

- yield return 0 or yield return null：程序在下一帧中从当前位置继续执行。
- yield return 1,2,3,...：程序等待 1，2，3…帧之后从当前位置继续执行。
- yield return new WaitForSeconds(n)：程序等待 *n* 秒后从当前位置继续执行。
- yield new WaitForEndOfFrame()：在所有的渲染及 GUI 程序执行完成后，从当前位置继续执行。
- yield new WaitForFixedUpdate()：所有脚本中的 FixedUpdate() 函数都被执行后，从当前位置继续执行。
- yield return WWW：等待一个网络请求完成后，从当前位置继续执行。
- yield return StartCoroutine()：等待一个协程执行完成后，从当前位置继续执行。
- yield break 如果使用 yield break 语句，将会导致协程的执行条件不被满足，不会从当前的位置继续执行程序，而是直接从当前位置跳出函数体，回到函数的根部。

（3）协程的执行原理

协程函数的返回值是 IEnumerator，它是一个迭代器，可以把它当成执行一个序列的某个节点的指针，它提供了两个重要的接口，分别是 Current（返回当前指向的元素）和 MoveNext()（将指针向后移动一个单位，如果移动成功，则返回 True）。

yield 关键词用来声明序列中的下一个值或者是一个无意义的值，如果使用 yield return x（x 是指一个具体的对象或者数值）的话，那么 MoveNext 返回为 True，并且 Current 被赋值为 *x*，如果使用 yield break 使得 MoveNext() 返回为 False。

如果 MoveNext() 函数返回为 True，意味着协程的执行条件被满足，则能够从当前的位置继续往下执行，否则不能从当前位置继续往下执行。

如果要孵化敌人，就需要设置敌人为预制体，因此将敌人拖拽至 Assets → Prefabs 中，使其成为预制体，这时会发现敌人预制体 Inspector → EnemyControl → wayPointParent 是空白的，为了让每个敌人都可以随着巡逻路径走，则需要将 Hierarchy 窗口的 wayPointParent 拖拽至 Prefab 窗口，形成预制体，最后再将预制体拖拽至敌人预制体的 wayPointParent 栏目，敌人预制体便完成，如图 4-64 所示。

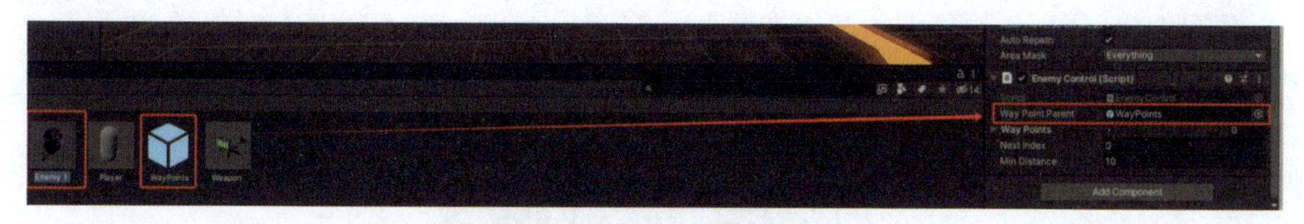

■ 图 4-64　敌人预制体设置

接下来在 Hierarchy 窗口新建空物体并命名为 GameManager，并在 Assets → Scripts 处新建脚本并命名为 GameManage，将脚本拖至 GameManager 的 Inspector 窗口，双击编辑脚本。

首先定义需要实例化的游戏物体变量 enemy，以及巡逻点及其群组，再设定相关的变量控制敌人生成数量，代码如下：

```
public class GameManage : MonoBehaviour
{
    public GameObject enemy;
    public GameObject wayPointParent;          //巡逻点
    public Transform[] wayPoints;
    public int bornCount = 0;                  //敌人生成数量
    public int limitCount = 10;                //场景敌人限制数量
}
```

接着，再获取 wayPointParent 的子物体 wayPoints 的位置，通过 StartCoroutine 来开启该协程。在 BornEnemy() 协程中，首先通过循环结构控制敌人数量，获取“0 ~ 数组长度”随机数赋值给 index 变量，再实例化敌人及其地点并返回给新孵化的敌人。接下来将 index 的值赋值给新敌人 EnemyControl 组件的 nextIndex 变量。当生成新的敌人后，bornCount 加一，之后将协程执行暂停一秒。完成脚本编写后，保存脚本。代码如下：

```
void Start()
    {
        wayPoints = wayPointParent.GetComponentsInChildren<Transform>();
```

```
            //获取巡逻点群组
            StartCoroutine("BornEnemy");                    //开始协程
    }
     IEnumerator BornEnemy()
        {
            while (bornCount< limitCount )                  //对敌人数量进行限制
            {
                int index = Random.Range(0, wayPoints.Length);  //敌人生出点随机
                GameObject newEnemy = Instantiate(enemy,wayPoints[index].posi-
tion,enemy.transform.rotation);
                //实例化敌人及其地点
                newEnemy.GetComponent<EnemyControl>().nextIndex = index;
                //将 index 的值赋值给新敌人的 EnemyControl 的 nextIndex
                bornCount += 1;
                yield return new WaitForSeconds(1);
           }
    }
```

回到 Unity 界面，将敌人预制体拖至 GameManage → Inspector 的 Enemy 栏目，再将 WayPointParent 拖至 WayPointParent 栏目。运行游戏，可以发现在巡逻点会随机孵化敌人，并且敌人在产生后会随着巡逻路线进行巡逻，如图 4-65 所示。

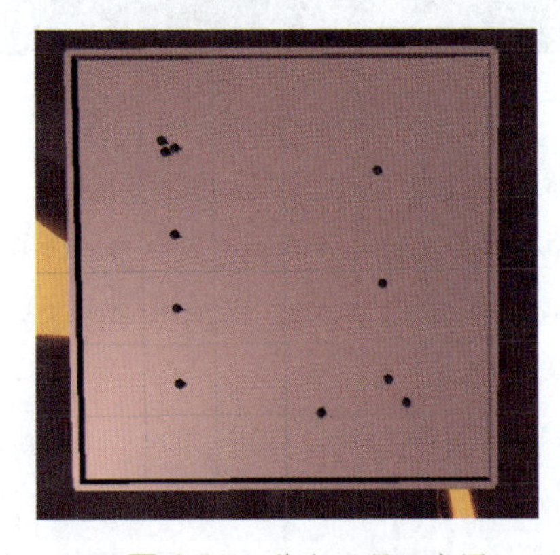

■图 4-65　敌人巡逻示意图

4.2.9　游戏 UI 设定

最后要完成的是游戏结束时的画面设定，主要工作如下：设计游戏结束时的 UI 界面，控制失败和胜利界面的显示，添加重玩按钮。

1. 设计游戏结束时的 UI 界面

当敌人被全部击灭或玩家血量为 0 时，将显示游戏结束画面。在 GameUI 中创建一个游戏结束的画面，右击 GameUI，在弹出的快捷菜单中选择相应命令，创建一个空物体用来存放结束的 UI，命名为 winUI。在其下新建一个 Image，并将其命名为 winImage。将背景的颜色设定为白色，并调整透明度让背景有点透明即可，再新建一个 Text，命名为 WinText，在其 Inspector 窗口修改显示文字 Text 为 Victory，表示其为游戏胜利画面，如图 4-66 所示。

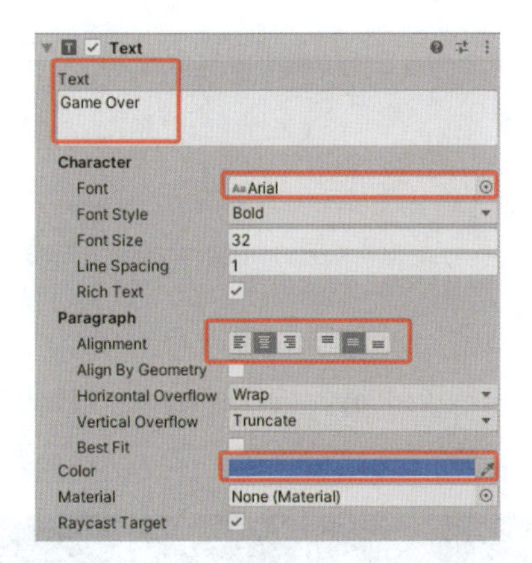

■ 图 4-66　Game Over 文本的字体设置

在 winUI 下方创建重玩与退出游戏按钮，按钮效果如图 4-67 所示。

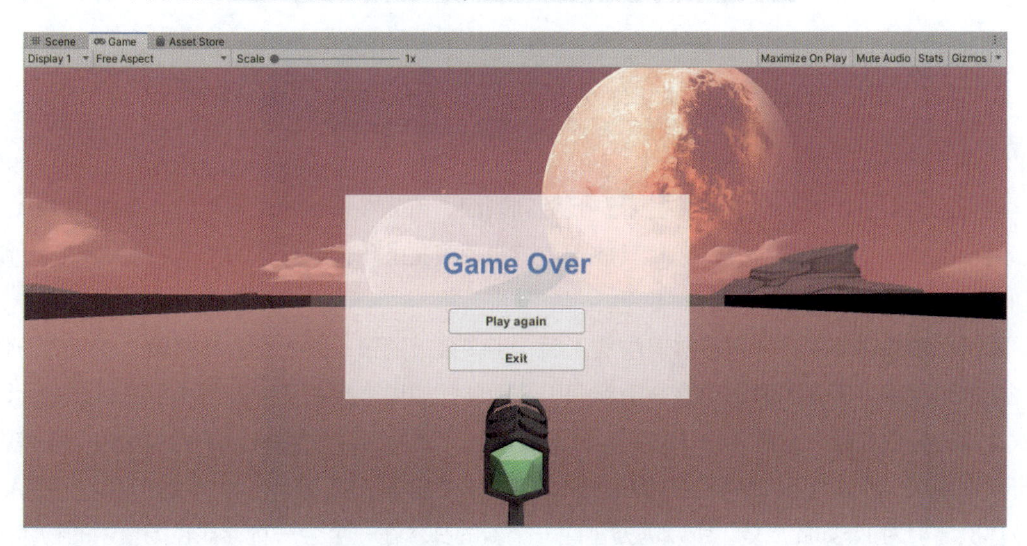

■ 图 4-67　重玩与退出游戏按钮设置

复制 winUI，改名为 FailUI，将其下的 Victory 文字修改为 Game Over，同时对 Text 命名进行修改。

2. 控制失败界面的显示

下面控制游戏的结束，即胜利或失败。判定条件为当玩家血量为 0 时，游戏失败。因此再次打开控制血条的 HealthController 脚本，先声明变量，之后添加显示游戏失败界面的脚本，在游戏失败的同时游戏画面暂停，代码如下：

```
public GameObject FailUI;
public void Damage(float damage)
{
    if (PH > 0)
    {
        PH -= damage;           //扣血
        PH_Slider.value = PH / maxPH * PH_Slider.maxValue;
```

```
        }
        else                          // 如果 PH 扣到不足 0
        {
            FailUI.SetActive(true);
            Time.timeScale = 0;     // 暂停游戏画面
        }
    }
```

回到 Unity 中，将 FailUI 拖拽至 Player → Inspector → HealthController → FailUI 处，选择 FailUI 和 winUI 的 Inspector 窗口，取消左上角的勾选状态，让它在游戏窗口不显示，如图 4-68 所示。

图 4-68 取消勾选 winUI 显示状态

再运行游戏时可以发现，当玩家扣血到 0 时，会弹出游戏失败界面，且游戏画面暂停。

3. 分数显示与游戏胜利画面显示

当玩家达到一定的分数时，将显示游戏胜利画面。首先在 GameUI 下创建一个新的 Text，并命名为 scoreText，用来显示分数，将其放置在游戏画面左上角，当分数与敌人数量一致时，游戏胜利。

由于在游戏环节中，子弹每次射中敌人后，子弹会被销毁，敌人也会被销毁，在新的子弹被实例化的过程中，子弹的脚本也会被重新调用，因此，如果直接在子弹的脚本上进行分数计算，每次计算的分数只会一直在 0 ~ 1 之间。每次消灭一个敌人后，分数 +1，子弹被销毁，子弹脚本运行周期结束；射击调用的是新的子弹的脚本，因此分数会再次被初始化为 0，射击到一个敌人时，分数再次增加为 1，如此反复。所以需要创建一个新的脚本在一个会一直存在在场景中的物体上，进行分数管理，所以新建的一个脚本命名为 scoreManager，挂在 GameManager 上，代码如下：

```
using UnityEngine.UI;  // 添加 UI 组件
public class scoreManager : MonoBehaviour
{
    public static int score;
    private int displayScore;
    public Text scoreUI;
    void Start()
    {
        score = 0;
        displayScore = 0;
    }
    void Update()
    {
        if (score != displayScore)
        {
```

```
            displayScore = score;
            scoreUI.text = displayScore.ToString();
        }
    }
}
```

再次打开控制 EnemyControl 脚本，在 OnCollisionEnter 方法中进行分数的自增，每次消灭一个敌人，分数 +1，代码如下：

```
private void OnCollisionEnter(Collision collision)
{
    ...
    if (collision.collider.tag == ("Bullet"))
    {
        Destroy(collision.collider.gameObject);    //销毁碰撞到的物体
        Destroy(gameObject);                       //销毁子弹
        scoreManager.score++;
    }
}
```

回到 Unity 中，将 scoreText 拖至 GameManager 的 scoreUI 栏目。运行游戏，可以发现，每次射击一个敌人，左上角的游戏分数会 +1。

接下来回到 scoreManager 脚本中，当分数与生成的敌人数目一致时，游戏胜利。先声明敌人变量与游戏胜利的 UI，代码如下：

```
private int enemyNum;  //用来存放 GameManage 脚本中的敌人生成数量
public GameObject winUI;
```

在 Start() 方法中访问 GameManage 脚本的 limitCount 变量，当 enemyNum 与敌人数量 limitCount 一致时，显示 winUI，游戏画面暂停，代码如下：

```
void Start()
{
    score = 0;
    displayScore = 0;
    enemyNum=GetComponent<GameManage>().limitCount;
    winUI.SetActive(false);
}
void Update()
{
    scoreUI.text = displayScore.ToString();
    scoreUI.text = score.ToString();
    if (score == enemyNum)
    {
        winUI.SetActive(true);
        Time.timeScale = 0;// 暂停游戏画面
    }
}
```

完成之后保存并回到游戏界面，将 WinUI 拖拽至 GameManager → Inspector → scoreManager → winUI 处并检测胜利画面的弹出。

4. 添加重玩、退出游戏的按钮

重玩和退出游戏按钮暂时还是没有响应的，要给这两个按钮添加检测单击事件的方法，重玩按钮要重新加载游戏场景，退出按钮要退出游戏。先在 GameManage 脚本中添加这两个方法，代码如下：

```
public void RetryButton()
{
    SceneManager.LoadScene(SceneManager.GetActiveScene().buildIndex);
    //单击重玩就重新加载场景，其中 GetActiveScene() 方法是获得当前场景
}
public void Click()
{
    Application.Quit();    //退出游戏
}
```

因为这里使用了 SceneManager，所以要在这里引入相对应的命名空间：

```
using UnityEngine.SceneManagement;
```

回到场景中，给两个按钮注册一下响应方法，选择重玩按钮与退出游戏按钮，因为两个按钮的响应方式都写在 GameManager 上的 GameManage 脚本中，因此需要将脚本所绑定的物体拖拽至对应按钮的 Inspector → On Click() 处，如图 4-69 所示。

接着，选择右边的 No Function 选项，在其中找到按钮响应方法所在脚本

GameManage，找到其中与重玩按钮对应的方法 RetryButton() 和退出游戏所对应的 Quit()，选择对应的选项，如图 4-70 所示。

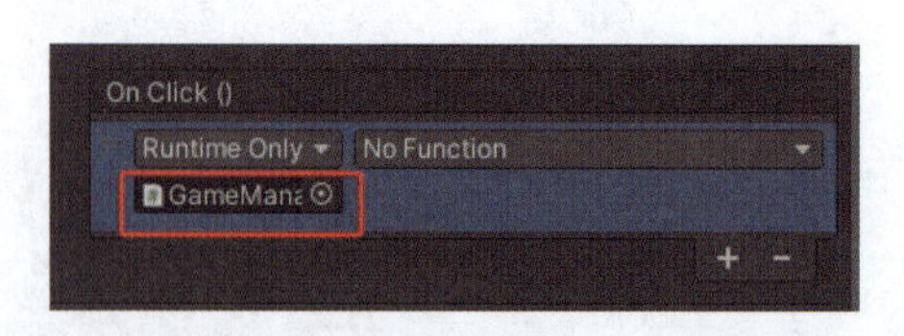

■ 图 4-69　按钮响应设置

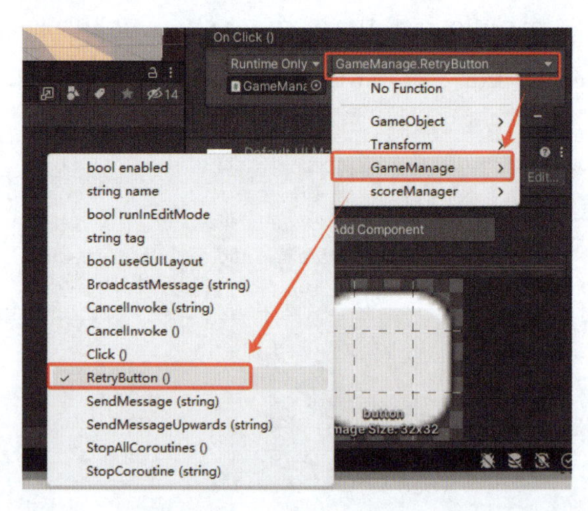

■ 图 4-70　重玩按钮注册方法

完成以上操作后即可体验按钮，需要注意的是退出游戏按钮，它在开发时会没反应，打包后就可以实现退出游戏的操作了。

5. 游戏打包

选择 File → Build Setting 命令可以出现图 4-71 所示面板。选择 Add Open Scene 即可把当前场

景添加进打包场景栏目。单击 Build 即可将游戏打包输出。

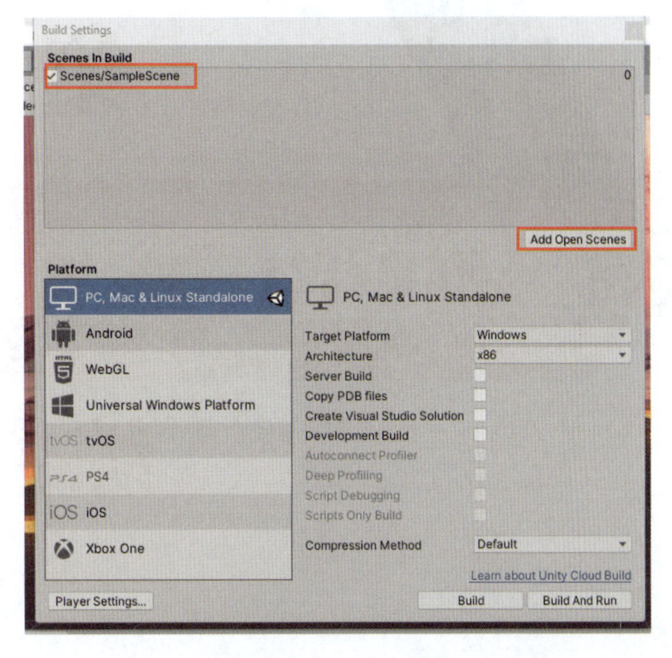

■ 图 4-71　导入场景

案例小结

本案例使学生掌握在 Unity 里运用 C# 脚本语言来制作 3D 游戏。掌握第一人称游戏摄影机的设置、玩家的移动和射击、敌人的巡逻与追击，以及基本的 UI 设置，通过本游戏的开发旨在进一步加深、巩固前面所学的 Unity 3D 基本理论知识，在案例学习中逐步培养学生的综合分析问题和解决问题的能力，提高学生的游戏开发实操能力。

案例拓展

家园保卫战

游戏介绍：你的家园在不断受到敌人的侵扰，敌人会从各个角落生成并攻击玩家的家园，一旦敌人抵达家园将导致巨大的灾难，因此玩家需要使用枪支瞄准并射击敌人，成功将所有敌人消灭，即可取得游戏胜利。

第 5 章 Unity 游戏开发综合案例

案例目标

知识目标：

① 掌握潜行游戏的架构搭建。

② 掌握潜行游戏场景的搭建。

③ 掌握角色动画状态机的操作。

④ 了解游戏中的人机交互。

⑤ 了解简单的警卫 AI。

能力目标：

① 了解潜行游戏的常用元素。

② 能够利用 Unity 引擎应用进行较为复杂的功能使用及综合项目开发。

③ 能够掌握开发知识，形成提升项目的综合设计思维，具备开发能力。

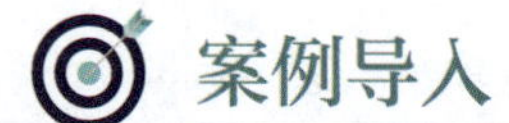

案例导入

潜行游戏

潜行游戏需要玩家在避免被发现的情况下完成任务，通过隐蔽、计划和判断力来解决挑战，强调战术性和策略性的游戏体验。本章将以一款潜行游戏作为原型，在学生已经掌握了前期简单的 Unity 引擎应用的基础上进行较为复杂的功能使用及综合项目开发。要求掌握一个基本功能完整的潜行游戏架构搭建；熟练完成场景的搭建；掌握角色动画状态机的操作；熟练掌握游戏中的交互操作；了解简单的警卫 AI。本项目用 Unity 3D 引擎进行开发，选择了 C# 作为脚本开发语言。

实验将从游戏功能及架构、游戏的策划及准备工作、游戏场景构建、玩家角色控制、摄像机跟随、警卫交互与追踪、游戏 UI 等几个部分入手，逐步搭建出一款基本功能完善的潜行游戏。

在潜行游戏中，玩家扮演的角色是一名隐蔽者，需要进行各种潜行行动。本案例引导学生思考这些角色的道德和伦理选择，探讨玩家是否应该遵循道德规范，担负起角色的责任。潜行游戏通常具有深厚的故事性和主题性，课程通过分析和讨论游戏中的故事情节、主题，引导学生思考游戏背后的意义和价值观。同时，也鼓励学生自主创作游戏故事和主题，培养他们对艺术创作和故事讲述的能力。

案例实现

5.1 游戏功能架构

5.1.1　游戏基本架构

对于游戏的框架，应该是几方面的，第一是游戏玩法系统的框架，第二是制作的框架，包括客户端、引擎等，如果是网络游戏，还包括服务器框架。一般来说，不同游戏的框架都不同，所以游戏并没有固定的架构。在游戏策划的思维里，框架等于模块，需要人们对于游戏的内容及模块之间的关系进行设计构建。因此，了解游戏的框架搭建，能够让学习者对游戏的开发有更好的了解。

一款潜行游戏应该包含以下内容：

① 挑战性的关卡设计：游戏应该有一系列复杂的关卡，玩家需要通过潜行和隐蔽行动来完成任务。这些关卡可以包括迂回、绕过敌人、躲避监控摄像头等要素，需要玩家进行策略性思考和决策。

② 多样化的工具和技能：玩家应该能够使用各种工具和技能来支持他们的潜行行动。例如，玩家可以使用夜视装置来看清暗处，使用隐身衣来躲避敌人的视线，或者使用手雷和烟雾弹来分散敌人的注意力。

③ 敌人和警戒系统：游戏应该有不同类型的敌人，包括巡逻兵、守卫和警卫犬等。这些敌人应该有各自的行动模式和智能，玩家需要观察他们的巡逻路线和行为习惯，找到合适的时机进行潜行或攻击。

④ 隐藏和伪装：潜行游戏应该给玩家提供各种隐藏和伪装的机会。玩家可以躲藏在阴影中、混入人群中、穿着敌人的制服等，以避免被敌人发现。

⑤ 强调故事情节：除了潜行和行动要素，一个好的潜行游戏也应该有一个引人入胜的故事情节。玩家可以在游戏中扮演一个特工、间谍或盗贼等角色，完成各种任务和目标，解开游戏世界中的谜团和秘密。

⑥ 自由和多样化的玩法：好的潜行游戏应该给予玩家自由选择和多样化的玩法方式。玩家可

以根据自己的喜好和游戏场景来选择直接攻击、完全潜行，或者混合使用这两种方式。

5.1.2 游戏流程图

游戏流程图是程序搭建框架的基础，也是游戏策划和游戏开发团队成员进行沟通的最直观的方式。通常的游戏流程图分为界面流程图和游戏流程图。

界面流程图，就是所有游戏画面跳转的流程图，对于程序来说，是直观地理解游戏框架的最好方式。一个成熟的界面流程图，可以很快让程序搭建出游戏的整个框架，可以有效提高制作效率，节省程序与策划沟通成本，简化的界面流程图如图 5-1 所示。

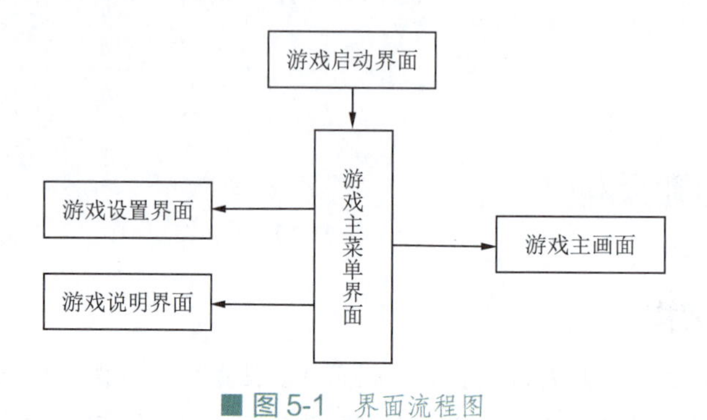

■ 图 5-1　界面流程图

游戏流程图，又称玩法流程图，是引导玩家进行游戏操作的流程图，不同类型的游戏，有不同的游戏流程图，分类也很多，如过关流程图、失败流程图、攻击流程图、剧情流程图、角色成长流程图、职业流程图、技能流程图、天赋流程图、地图流程图等。但这些流程图一般都会包括一些基本的现象：起始、成败、生死等，也就是因果关系。游戏流程图用简明的方式介绍游戏的绝大部分功能。善于运用流程图概念，在游戏策划与其他分工的沟通上，会起到事半功倍的效果。本次案例的潜行游戏只需要实现场景跳转、角色移动、警卫追踪等基本功能，游戏运行逻辑为单向，因此游戏流程图也较为简单，如图 5-2 所示。

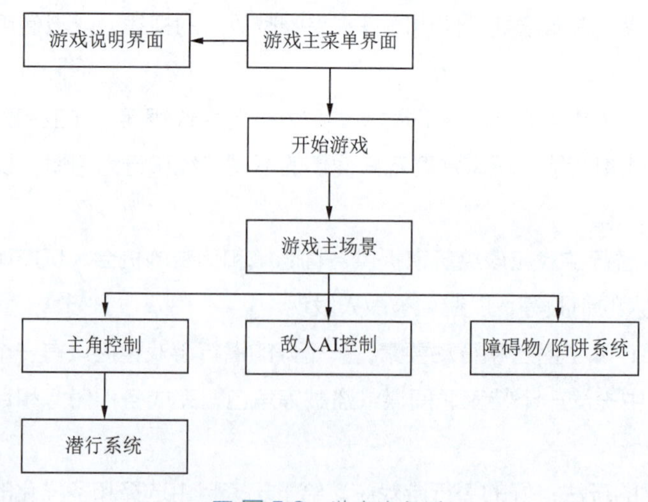

■ 图 5-2　游戏流程图

5.2 游戏的策划及准备工作

5.2.1 游戏策划

1. 事件策划

一款完整的游戏从开发设想到实际产品要经过项目立项、项目实施、项目测试三个基本阶段，后期还有运营、版本更新和项目维护等工作。游戏的本质就是一个交互、触发相应事件并得到反馈的过程。以下列出这个项目的事件需求：

① 靠近激光触发事件。

② 靠近 NPC 触发事件。

③ 玩家脚步声触发事件。

④ 按键触发事件。

在游戏运行的过程中，如果玩家的操作没有触发到上述事件。游戏本身的画面应该是静止无反馈的。

2. 技能策划

潜行游戏的技能策划是指设计和规划游戏中角色在潜行过程中所具备的特殊能力或技能。这些技能可以增强玩家在游戏中进行潜行的能力，提供更多的选择和策略性，并丰富游戏体验。

本项目中角色需具备以下能力：

① 解锁能力：玩家可以通过解锁技能来打开锁住的门、解除陷阱或获取隐藏的道具。这些技能可以帮助玩家在游戏中解决难题和开启新的区域。

② 干扰能力：玩家可以使用各种干扰技能来分散敌人的注意力，如发出吆喝声、破坏设备或操控电路等，为玩家创造逃脱或攻击的机会。

5.2.2 前期准备工作

一般来讲，潜行游戏都是团队完成的，需要程序、美工、策划分工合作。本项目需要独立实现，因此前期需要将相应的素材准备好。例如，主菜单界面所用到的背景图片和菜单项所需资源图片、游戏界面用到的场景模型、角色模型，以及游戏中所用到的各种音效等。

具体需要准备的资源见表 5-1。

表 5-1　前期准备素材表

名　称	说　明
env_stealth_static	潜行主场景
char_ethan	玩家角色模型，带有动画效果的 3D 模型
char_robotGuard	警卫角色模型，带有动画效果的 3D 模型
fx_laserFence_lasers	激光陷阱模型

续表

名　称	说　明
door_generic_slide	小门模型，带有动画效果的 3D 模型
prop_cctvCam	监控摄像头模型，带有动画效果的 3D 模型
prop_lift_exit	电梯井模型
prop_sciFiGun_low	警卫手枪模型
prop_switchUnit	解除激光模型
door_exit_outer	终点大门模型

5.3 游戏场景构建

本小节将详细介绍场景的构建。在 Unity 中，我们可以通过多种方式去制作自己想要的游戏场景。包括利用引擎自带的地形编辑器进行编辑，也可以借助其他的 3D 建模软件创建好场景后导入 Unity 引擎当中。

5.3.1 地形编辑器

进入 Unity 3D 集成开发环境中，利用快捷键【Ctrl+N】新建一个场景，单击 GameObject → 3D Object → Terrain 菜单，或者在 Hierarchy（层级）视图中右击，在弹出的快捷菜单中依次选择 Create → 3D Object → Terrain 创建一个地形，如图 5-3 所示。

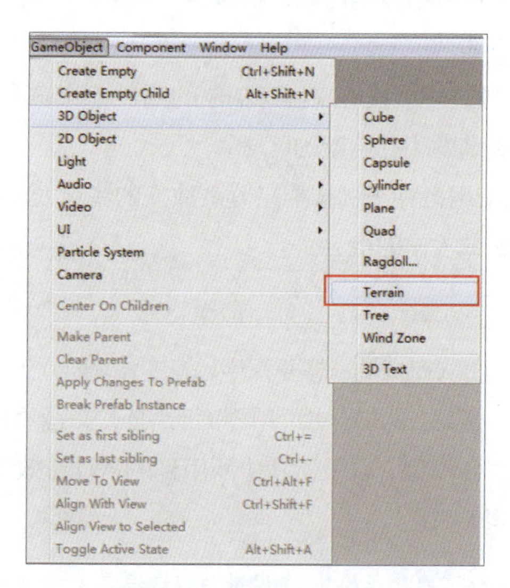

图 5-3　创建地形 Terrain

游戏组成对象列表和游戏资源列表中都会出现相应的地形信息与地形文件 Terrain。选中 Terrain 游戏对象，其属性面板中会出现 Terrain 组件和 Terrain Collider 组件，如图 5-4 所示。前者负责地形的基本功能，后者充当了地形的物理碰撞器。Terrain Collider 组件属于物理引擎方面的组件，实现了地形的物理模拟计算。

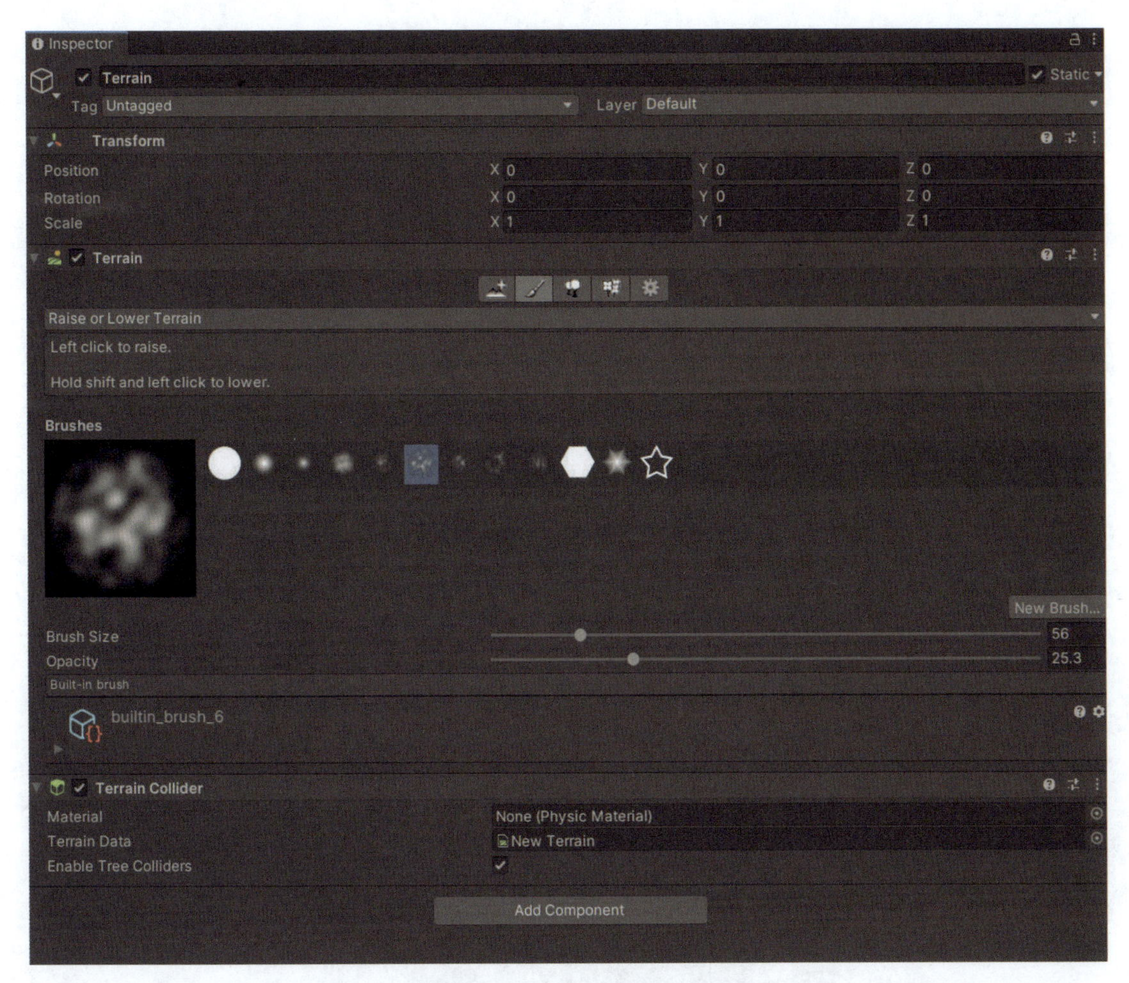

■ 图 5-4　Terrain 属性面板

Terrain 组件下有一排按钮，每个矩形按钮都是不同的地形（Terrain）工具，有更改高度、绘制泼溅贴图、添加树木或岩石等细节的工具，要使用特定工具，请单击该工具，工具按钮下方会出现对该工具的简短说明（文本形式）。Brushes 栏下有各种各样的笔刷样式，开发者可以根据需要选择不同的笔刷样式。通过单击和拖动鼠标，可以使鼠标点过的地方凸起，同时按下【Shift】键可以实现下凹的功能。需要注意的是，进行下凹的操作时，不能使地形水平面低于地形最小高度，即地形创建时的初始高度是地形的最低限制，之后的操作不能使地形低于该高度，常见的绘制参数见表 5-2。

表 5-2　Terrain 编辑工具

属　性	含　义
Brush Size	笔刷大小，含义为笔刷的直径大小，单位为米
Opacity	笔刷的强度值，该值越大，制作地形时，地形变化的幅度越大，反之则越小
Target Strength	笔刷的涂抹强度值，代表的是与地形原来纹理图的混合比例值

地形设置面板中，可以设置地形的大小及精度等参数，还可以给地形添加一个模拟风，使地形中的花草树木会非常生动地随风摆动，单击地形按钮最后一个齿轮状的 Terrain Settings 按钮进入地形设置功能区，面板中的各项参数功能见表 5-3。

表 5-3　Terrain Setting 属性

属　性	含　义	属　性	含　义
Base Terrain	基于地形的参数修改	Draw	是否显示地形
Cast Shadows	是否进行阴影的投射	Thickness	物理引擎中该地形的可碰撞厚度
Tree & Detail Object	树木和花草等游戏对象	Draw	是否显示花草树木
Bake Light Probes For Tress	烘焙光照是否烘焙到树上	Detail Distance	细节距离，与相机间的细节可显示的距离
Collect Detail Patches	进行细节补丁的收集	Detail Density	细节的密集程度
Tree Distance	树木的可视距离值	Max Mesh Trees	允许出现的网格类型的树木的最大数量
Wind Settings For Grass	草地风向设置	Speed	吹过草地风的风速
Size	模拟风可影响的范围大小	Bending	草被风吹弯的弯曲程度
Grass Tint	被风吹过时草的色调	Resolution	分辨率的设置
Terrain Width	地形的总宽度值	Terrain Length	地形的总长度值
Terrain Height	地形的总高度值	Heightmap Resolution	地形灰度的精度

借助 Unity 3D 的 Terrain 模块可以实现基本的地形创建，尤其适合户外场景，参考运行效果如图 5-5 所示。

图 5-5　利用 Terrain 模块实现的户外场景

5.3.2　导入场景资源

如果项目场景极多，且是团队完成，那么美工将会根据策划的要求选择最合适的场景搭建软件。大部分情况会选择在其他的 3D 建模软件上完成相应模型的制作，并导出和项目相匹配的格式，方便 Unity 引擎的调用。Unity 3D 支持多种外部导入的模型格式，但它并不是对每一种外部模型的属性都支持。具体的支持参数，可以对照表 5-4。

表 5-4　外部导入的模型格式及支持参数

种　　类	网　络	材　质	动　画	骨　骼
Maya 的 .mb 和 .mal 格式	√	√	√	√
3D Studio Max 的 .maxl 格式	√	√	√	√
Cheetah 3D 的 .jasl 格式	√	√	√	√
Cinema 4D 的 .c4dl 2 格式	√	√	√	√
Blender 的 .blendl 格式	√	√	√	√
Carraral	√	√	√	√
COLLADA	√	√	√	√
Lightwavel	√	√	√	√
Autodesk FBX 的 .dae 格式	√	√	√	√
XSI 5 的 .xl 格式	√	√	√	√
SketchUp Prol	√	√		—
Wings 3Dl	√	√	—	—
3D Studio 的 .3ds 格式	√	—	—	—
Wavefront 的 .obj 格式	√	—	—	—
Drawing InterchangeFiles 的 .dxf 格式	√	—	—	—

由表 5-4 可以看出，Unity 3D 对于三维模型有多种格式的支持，但对 FBX 格式的模型文件的支持最为完善，常用的三维设计软件如 3DMAX 和 Maya 都可以方便地导出 FBX 格式的模型文件，并附带贴图。在 Unity 3D 系统里一个单位等于一米，而在 3DMAX 里则默认的单位是英寸（Inch），因此需要在 Unity 3D 里调整合适的模型比例或者直接调整模型的 Scale，使得模型适合以一米为单位的三维世界比例，因此，需要契合三维设计软件导出的模型的尺寸。为了让模型在导入 Unity 后能够保持其本来的尺寸，就需要调整建模软件的系统单位或者尺寸。在 3D 建模软件中，应尽量使用“米”制单位。表 5-5 中展示了建模软件的系统单位在设置成“米”制单位后，与 Unity 系统单位的对应比例。

表 5-5　建模软件系统单位与 Unity 系统单位的对应比例

建 模 软 件	建模软件内部米制尺寸 /m	导入 Unity 中的尺寸 /m	与 Unity 单位的比例关系
3ds Max	1	0.01	100:1
Maya	1	100	1:100
Cinema 4D	1	100	1:100

本项目为了节约时间，已经将案例所需要用到的游戏场景 env_stealth_static 打包放入了教材配套素材文件夹中，可以直接导入项目。在整个项目开发过程中，所有的资源文件都存放在 Unity 3D 的 Assets 文件夹里面，为方便管理，需要对各种资源分门别类来存放，以方便后期查找，具体操作步骤如下：

① 单击 Assets → Import Package → Custom Package 菜单，如图 5-6 所示。打开教材配套资源 Stealth 文件夹下的 Stealth.unitypackage 资源包。

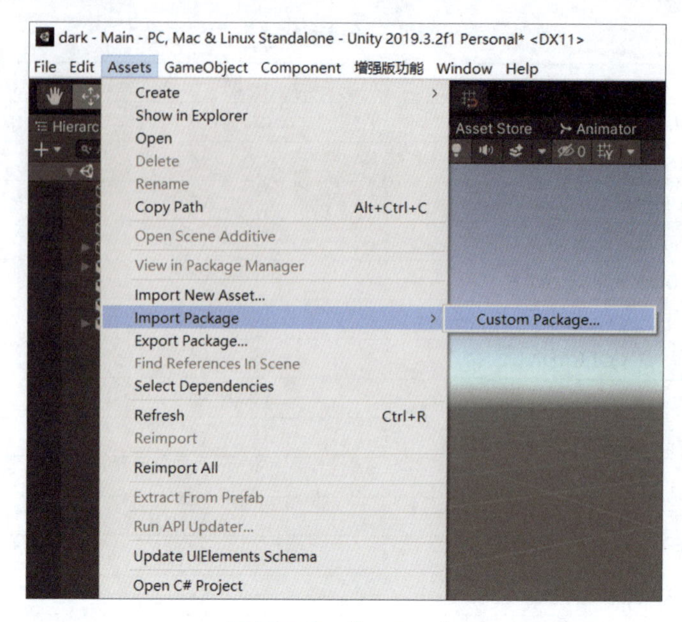

■ 图 5-6　导入资源包

② 打开资源包导入窗口，如图 5-7 所示。先单击 All 将资源全部选中，再选择 Import 导入资源。之后即可在 Assets 文件夹里看到案例所需要的两个场景模型，如图 5-8 所示。

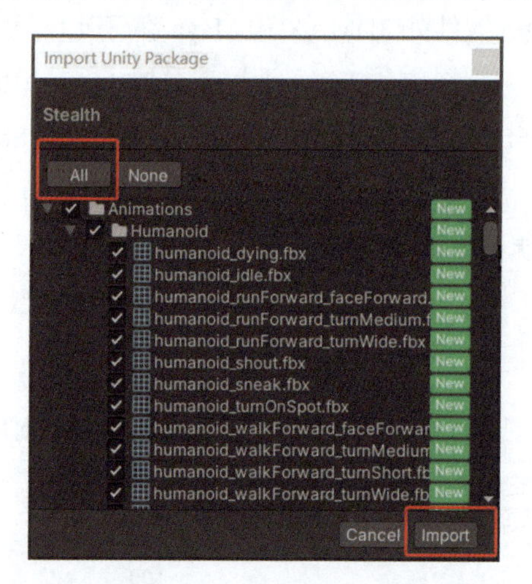

■ 图 5-7　选中全部资源

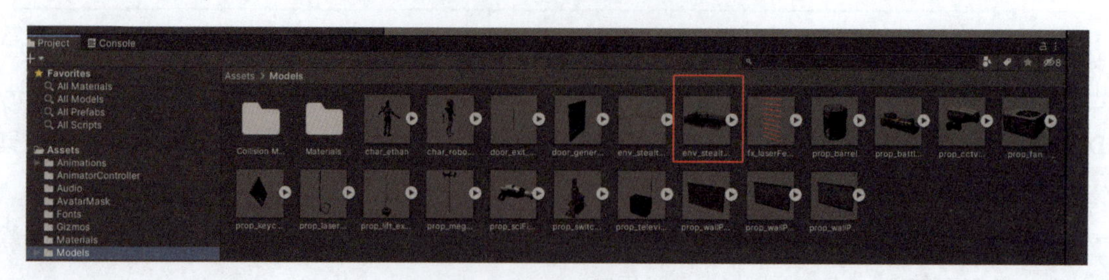

■ 图 5-8　Assets 里的资源文件

③ 将 Models 文件夹中的 env_stealth_static 文件拖入 Hierarchy 面板，如图 5-9 所示，完成主场景的游戏场景布置。

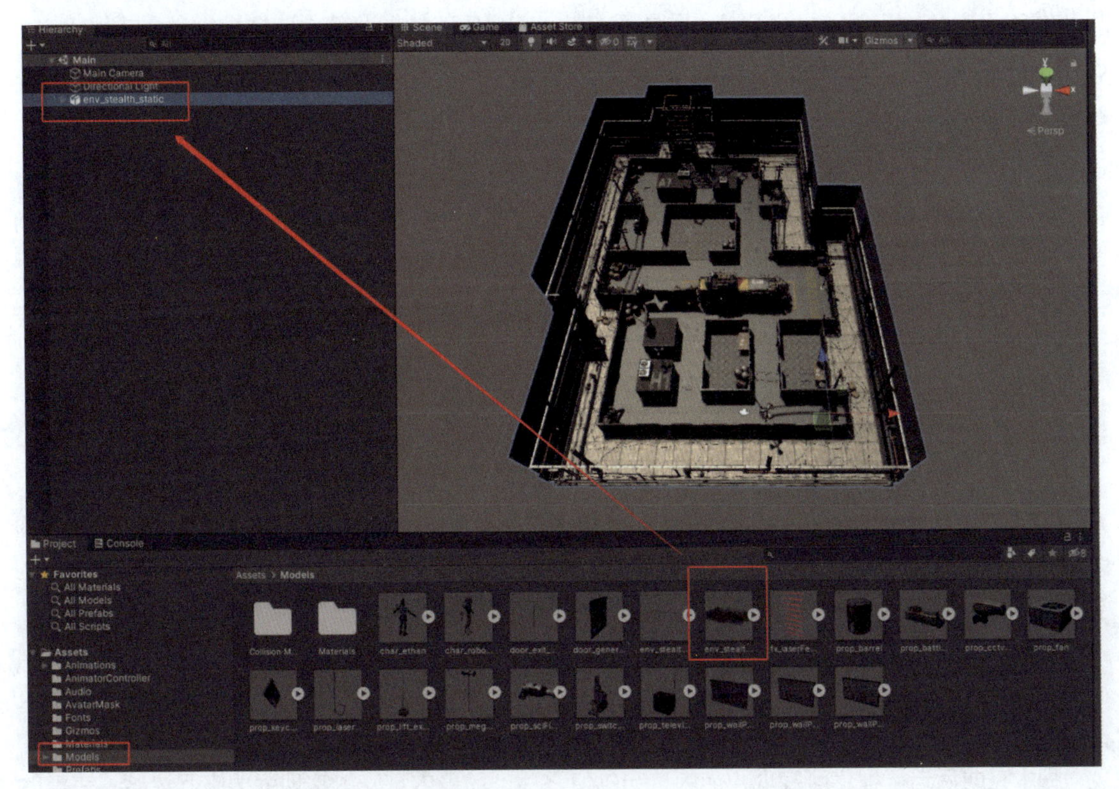

■ 图 5-9　加载 Main 场景

5.4 设置警报系统

潜行游戏需要完善的警报系统作为角色触发装置的警示，警报系统是指当角色非法进入设防区域或被守卫人员发现时发出报警信息的系统，该系统主要包括灯光和音效警示。

5.4.1 灯光

游戏场景的色彩灯光设计是整个游戏画面的根本。通过色彩、构图、光影等设计手法来强化游戏环境的灯光视觉表现，不同的色彩灯光设计组合会传达出多种复杂的情绪，如紧张、高兴、温馨、孤独、恐怖、舒畅、喜悦、胆怯、忧虑等，游戏中合理的色彩灯光不仅可以直观映射出角色性格特点，还可以使玩家直观地感受到不同的游戏环节带给人们的不同的游戏氛围，给玩家以清晰的感受。

本项目采用红色灯作为触发警报的警示灯，选择 GameObject → Light → Directional Light 创建方向光并命名为 Directional Light Alarm，将 Color 设置为红色，Intensity 设置为 3，以加大灯光强度，最后为其添加标签 AlarmLight，为场景中主灯光添加标签 MainLight。在 Assets 里创建

Script 文件夹，用于存放项目需要用到的所有脚本文件。大型的项目工程涉及到的素材众多，养成创建相应文件夹并进行归类的好习惯，能够方便下次快速地找到自己需要的素材资源，提升项目开发的流畅度。在 Assets → Script 目录下右击，在弹出的快捷菜单中选择相应命令并创建一个 C# Script 脚本文件，重命名为 AlarmLight，并将其拖动到游戏对象 Directional Light Alarm 上。通过获取对象上的 Light 组件信息，然后利用 Mathf.Lerp() 方法实现警报发生时警示灯的强弱变化。

接下来进行脚本的编译：

① 双击脚本 AlarmLight.cs 进入脚本编辑界面。

② 声明是否报警的布尔值变量，代码如下：

```
public bool alarmOn;
```

③ 声明灯光强度变量，代码如下：

```
private float lowIntensity = 0;
private float highIntensity = 3f;
```

lowIntensity 和 highIntensity 分别表示警示灯的最弱光强和最强光强。

④ 通过“GetComponent< Light >()”获取角色对象身上的 Light 组件信息，来实现灯光强度的控制，代码如下：

```
alarmLight = GetComponent<Light>();
```

⑤ 在函数 Update 中利用插值函数实现光强过渡，代码如下：

```
alarmLight.intensity = Mathf.Lerp(alarmLight.intensity, targetIntensity,
Time.deltaTime * fadeSpeed);
```

脚本完成后运行程序可发现，当勾选布尔值之后，场景内灯光能实现强弱来回过渡，完整的警示灯光强控制实现脚本代码如下：

```
public class AlarmLight : MonoBehaviour
{
    [Header("警报开关")]
    public bool alarmOn;
    [Header("渐变速度")]
    public float fadeSpeed = 3f;
    //灯光组件
    private Light alarmLight;
    //低光强
    private float lowIntensity = 0;
    //高光强
    private float highIntensity = 3f;
    //目标光强
    private float targetIntensity;

    private void Awake()
    {
        alarmLight = GetComponent<Light>();
        targetIntensity = highIntensity;
    }
```

```
    private void Update()
    {
        if (alarmOn)
        {
            //渐变到目标光强
            alarmLight.intensity = Mathf.Lerp(alarmLight.intensity,
                targetIntensity, Time.deltaTime * fadeSpeed);
            //判断是否已经完成渐变
            if (Mathf.Abs(alarmLight.intensity - targetIntensity) < 0.05f)
            {
                //切换目标光强
                targetIntensity = targetIntensity == highIntensity ?
                    lowIntensity : highIntensity;
            }
        }
        else
        {
            //渐变到低光强
            alarmLight.intensity = Mathf.Lerp(alarmLight.intensity,
                lowIntensity, Time.deltaTime * fadeSpeed);
            if (alarmLight.intensity < 0.05f)
            {
                alarmLight.intensity = 0;
            }
        }
    }
}
```

5.4.2 警报声

在游戏开发中，警报声可以起到多种作用，以下是一些常见的警报声应用：

（1）警示玩家

警报声可以用于向玩家传达重要信息或提醒他们注意某些情况。例如，在射击游戏中，警报声可以用来表明敌人的接近或危险的局势。玩家听到警报声后会更加警觉，采取相应的行动。

（2）高潮效果

警报声可以用来增强游戏的紧张氛围或创造一种高潮效果。在某些战略游戏或冒险游戏中，当玩家面临重大挑战或处于危险境地时，警报声可以突出这种紧迫感，增加游戏的紧张度，使玩家更加投入。

（3）提示事件

警报声可以用来提示特定事件的发生，如时间的倒计时、任务完成或某个特殊效果的触发等。通过使用不同的警报声音效，可以区分不同类型的事件，使玩家能够更好地理解游戏中发生的事情，作出相应的决策。

（4）辅助导航

在某些游戏中，警报声可被用作导航辅助，指引玩家前进或指示特定目标的位置。通过不同的声音和频率，可以为玩家提供方向感和引导，帮助他们在游戏世界中找到正确的路径。

本项目的警报声主要用于在玩家触发警报时起到警示玩家及制造高潮效果。选择 GameObject → Create Empty 并改名为 BGM，为其添加 AudioSource 组件，在 AudioClip 属性中选择 music_normal 作为游戏正常进行时的背景音乐，该音乐贯穿全局游戏，因此勾选其 Loop 属性使其循环播放，具体设置如图 5-10 所示。

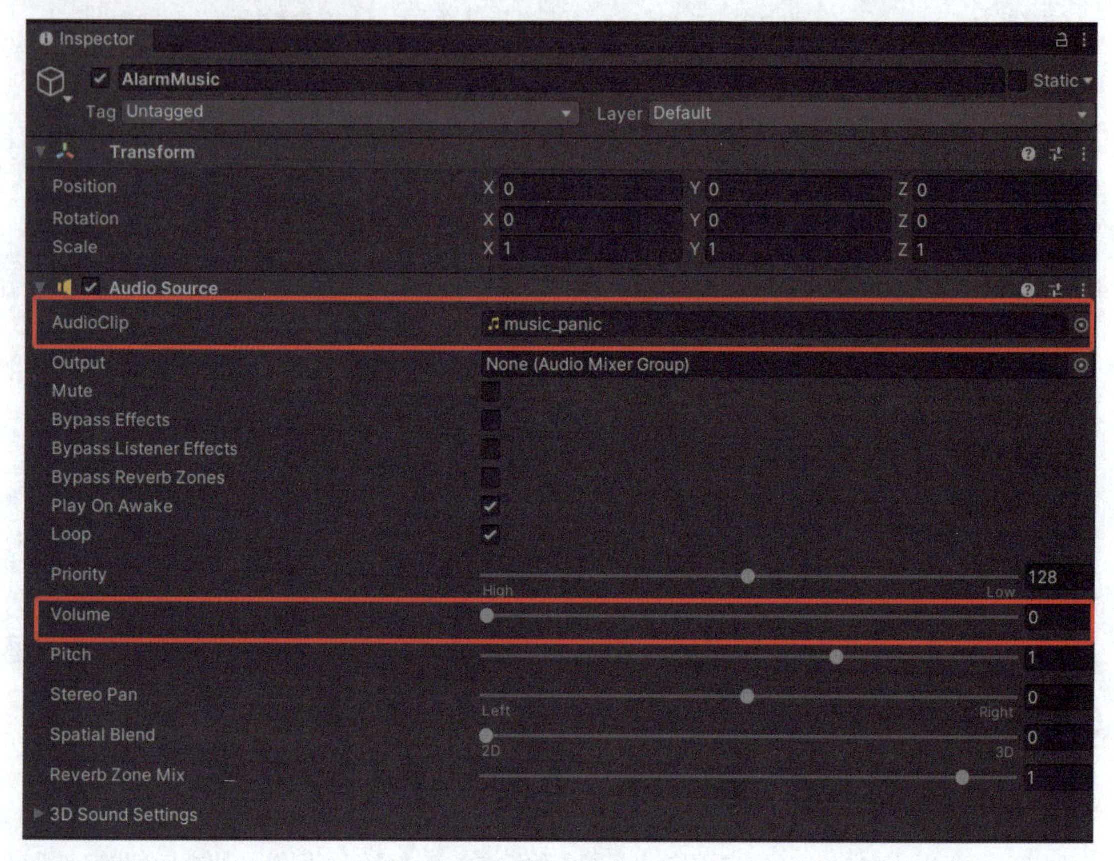

■ 图 5-10 配置背景音乐

在游戏对象 BGM 下右击，在弹出的快捷菜单中选择 Create Empty 创建一个新的空物体并命名为 AlarmMusic，为其添加 AudioSource 组件，在 AudioClip 属性中选择 music_panic 作为游戏发出警报时的背景音乐。当发出警报音乐时，背景音乐应该停止播放，防止两段音乐发生冲突，因此，设置该音乐的初始音量为 0，勾选 Loop 属性。当警报发生时，通过脚本控制两个背景音乐的音量变化，具体设置如图 5-11 所示。

在 Assets → Script 目录下右击，在弹出的快捷菜单中选择相应命令，创建一个 C# Script 脚本文件，重命名为 GameConst.cs，该脚本用于存放本项目所需的常量设置。新建脚本 AlarmSystem.cs 并将其拖动到游戏对象 BGM 上。通过获取对象上的 AudioSource 组件信息，然后利用 Mathf.Lerp() 方法实现警报发生时背景音乐的切换。

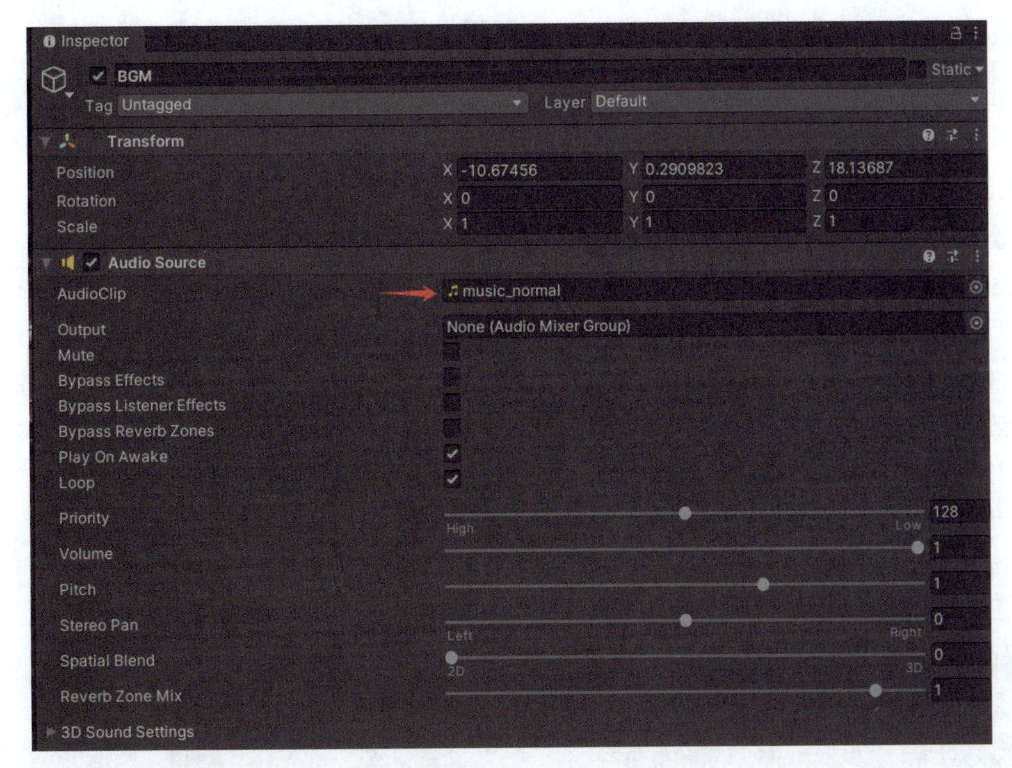

图 5-11　配置警报背景音乐

接下来进行脚本的编译：

① 双击脚本 GameConst.cs 进入脚本编辑界面，设置警报系统所需常量，代码如下：

```
public class GameConst
{
    #region 游戏标签
    public const string TAG_ALARMLIGHT = "AlarmLight";
    public const string TAG_MAINLIGHT = "MainLight";
    public const string TAG_SIREN = "Siren";
}
```

② 双击脚本 AlarmSystem.cs 进入脚本编辑界面。

③ 声明普通背景音乐及警报背景音乐，代码如下：

```
private AudioSource normalAudio;
private AudioSource panicAudio;
```

④ 声明音乐音量变化的目标值，代码如下：

```
private byte targetValue;
```

⑤ 声明警报坐标及安全坐标初始值，代码如下：

```
public Vector3 alarmPosition = new Vector3(1000,1000,1000);
public Vector3 safePosition = new Vector3(1000,1000,1000);
```

⑥ 当警报坐标与安全坐标不一致时，即表明当前玩家角色触发警报，需要切换警报背景音乐。在函数 Update 中利用插值函数实现音乐切换及音量变化，代码如下：

```
    panicAudio.volume=Mathf.Lerp(panicAudio.volume,targetValue,Time.delta-
Time*alarmLight.fadeSpeed);                    // 开启紧张气氛的背景音乐
    normalAudio.volume=Mathf.Lerp(normalAudio.volume,1-targetValue,Time.delta-
Time*alarmLight.fadeSpeed);                    //关闭普通的背景音乐
```

5.4.3 警示喇叭

警示喇叭用于与警报声结合，加强紧张气氛的渲染，喇叭位于场景中的六个位置，选中游戏对象 env_stealth_static → props 下 prop_megaphone_001 ~ prop_megaphone_006 共六个子物体，为其添加 AudioSource 组件，在 AudioClip 属性中选择 alarm_triggered 作为游戏发出警报时警示喇叭的音效。同理，由于警示喇叭需要在玩家触发警报时才需要响起，而且当玩家距离喇叭越近，则听到的音量就越大，因此，将音量设置为 0，同时勾选 Loop 属性，调整 Spatial Blend 属性至 3D，修改 Max Distance 属性保证该音效的发出在一定范围内。最后为六个喇叭添加统一标签 Siren，通过脚本实现警示喇叭的控制。

接下来在 AlarmSystem 脚本中继续补充：

① 声明喇叭音效变量，当前存在多个喇叭，采用数组进行多变量管理，代码如下：

```
    private AudioSource[] sirens;
```

② 在函数 Update 中利用插值函数实现喇叭音效播放及音量变化，代码如下：

```
    for (int i = 0; i < sirens.Length; i++)
    {
        sirens[i].volume=Mathf.Lerp(sirens[i].volume,targetValue,Time.delta-
Time*alarmLight.fadeSpeed);
    }
```

详细脚本内容请参考完全版本的源文件。

5.5 陷阱系统

陷阱系统是指在游戏中设置各种陷阱，用来增加游戏的挑战性和悬念，使玩家在潜行行动中更加小心谨慎，本项目设置的是触发式激光陷阱，在玩家触发特定条件后立即启动，从而限制玩家的行动。

5.5.1 设置灯光及音效

将 Models 文件夹中的 fx_laserFence_lasers 拖入场景中，并将其改名为 fx_laserFence_lasers_001，调整大小使其光线与激光孔位置一致，为该对象添加 Light 组件和 AudioSources 组件，修改 Light 组件的 Color 属性为红色，使其具备红色激光的视觉效果。为 AudioSources 组件的 AudioClip 属性选择 laser_hum 作为激光音效，由于该音效是仅在激光位置发出，角色听到的音量应与距离成反比，因此，需要调整其 Spatial Blend 属性至 3D，最后修改 Max Distance 属性，保证该音效的发出在一定范围内，具体设置如图 5-12 和图 5-13 所示。

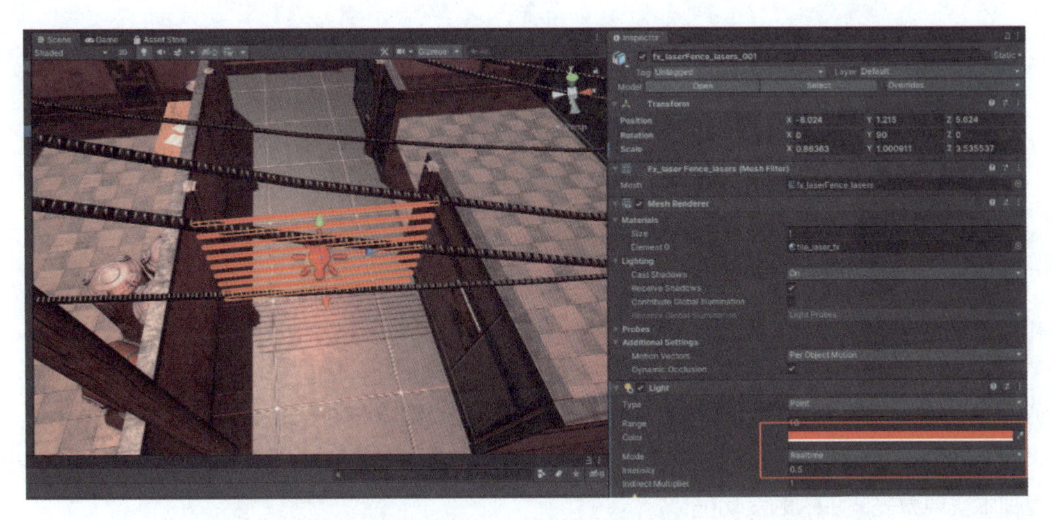

■ 图 5-12　Light 组件设置

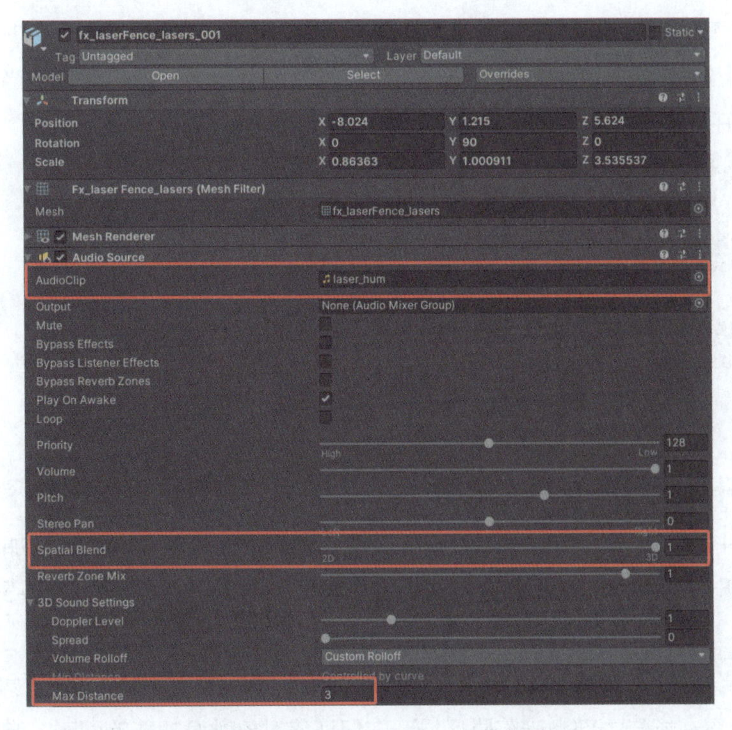

■ 图 5-13　AudioSource 组件设置

5.5.2 设置触发器

触发检测在游戏开发中扮演着重要的角色，它能够通过检测游戏物体之间的碰撞或进入特定区域的事件来实现各种功能和效果。通过触发检测，游戏开发者可以创建碰撞事件处理、区域交互、触发剧情、物品收集、任务目标触发等多样化的游戏体验。无论是实现碰撞音效、扣除生命值，还是启动剧情场景、触发互动交互，触发检测都能够为游戏增加更多的互动性和反馈机制。同时，触发检测也能够用于触发器链，通过多个触发器的相互触发，实现复杂的逻辑。

触发事件需要满足的条件：

① 碰撞双方都必须是碰撞体。

② 碰撞双方其中一个碰撞体必须勾选 IsTigger 选项。

③ 碰撞双方其中一个必须是刚体。

④ 刚体的 IsKinematic 选项可以勾选也可以不勾选。

触发事件的相关函数：

① MonoBehaviour.OnTriggerEnter(Collider collider)：当进入触发范围时触发。

② MonoBehaviour.OnTriggerExit(Collider collider)：当退出触发范围时触发。

③ MonoBehaviour.OnTriggerStay(Collider collider)：当停留在触发范围中时触发。

为 fx_laserFence_lasers_001 对象添加 BoxCollider 组件，勾选 Is Trigger 属性使其成为触发器，通过脚本实现激光陷阱的触发功能。

在 Assets → Script 目录下右击，在弹出的快捷菜单中选择相应命令，创建一个 C# Script 脚本文件，重命名为 TriggerAlarm，并将其拖动到游戏对象 fx_laserFence_lasers_001 上。通过触发检测函数实现激光陷阱的触发事件，当角色进入了激光的触发范围，就将角色的当前位置赋值给警报位置，从而打开警报系统，具体代码如下：

```
private void OnTriggerEnter(Collider other)
{
    //如果是角色进入触发范围
    if (other.CompareTag(GameConst.TAG_PLAYER))
    {
        //赋值警报位置，触发全局警报
        alarmSystem.alarmPosition = other.transform.position;
    }
}
```

5.5.3 设置升级版触发式激光陷阱

在游戏开发中经常会设置难度不同的陷阱以提升游戏的挑战性和深度，增加玩家的策略选择和成就感。通过升级陷阱，玩家需要应对更强大、更复杂的障碍，需要提高技巧和策略实施水平以避免受伤。

将上一节已设置好的游戏对象 fx_laserFence_lasers_001 进行复制并改名为 fx_laserFence_lasers_005，将其放置在场景中部激光陷阱区域，在保证该对象触发功能的同时，增加交替性闪烁效果，提高陷阱难度，增加游戏可玩性。游戏对象的闪烁效果通常通过在一定时间间隔内交替设置显示或隐藏来实现，即利用游戏对象的 SetActive() 函数或组件的 enabled 属性对游戏对象的显示状态进行快速切换，以达到视觉上的闪烁效果。

创建一个 C# Script 脚本文件，重命名为 LaserTwinkle，并将其拖动到游戏对象 fx_laserFence_lasers_005 上，利用 enabled 属性对该游戏对象的 Light 组件、AudioSource 组件、BoxCollider 组件，以及 MeshRenderer 组件进行状态切换，具体代码如下：

```
using System;
using System.Collections;
using UnityEngine;

public class LaserTwinkle : MonoBehaviour
{
    [Header("闪烁间隔")]
    public float interval = 2f;

    private MeshRenderer _meshRenderer;
    private BoxCollider _boxCollider;
    private AudioSource _audioSource;
    private Light _light;

    private void Awake()
    {
        _meshRenderer = GetComponent<MeshRenderer>();
        _light = GetComponent<Light>();
        _boxCollider = GetComponent<BoxCollider>();
        _audioSource = GetComponent<AudioSource>();
    }

    private IEnumerator Start()
    {
        while (true)
        {
            yield return new WaitForSeconds(interval);
            _meshRenderer.enabled = !_meshRenderer.enabled;
            _light.enabled = !_light.enabled;
            _boxCollider.enabled = !_boxCollider.enabled;
            _audioSource.enabled = !_audioSource.enabled;
        }
    }
}
```

在 Unity 中，一般的方法都是顺序执行的，一般的方法也都是在一帧中执行完毕的，当所写的方法需要耗费一定时间时，便会出现帧率下降，画面卡顿的现象。当调用一个方法来让一个物体缓慢消失时，除了在 Update 中执行相关操作外，Unity 还提供了更加便利的方法，这便是协程。Unity 中的协程方法通过 yield 这个特殊的属性可以在任何位置、任意时刻暂停。也可以在指定的时间或事件后继续执行，而不影响上一次执行的结果，具有极大的便利性和实用性。

上文采用协程进行时间的定时，实际上协程是一种常用的并发编程技术，常用于实现延时操作、时间暂停或异步任务等功能。Unity 提供了特定的语法和 API 来支持协程的使用，主要可分为定义协程、开启协程、暂停执行、停止协程等几方面。

定义协程方法：在 C# 脚本中，使用返回值为 IEnumerator 的方法来定义一个协程函数。例如：

```
IEnumerator MyCoroutine()
{
    // 协程的执行逻辑
    yield return null;  // 暂停 1 帧
    // 继续执行的逻辑
}
```

启动协程：使用 StartCoroutine() 方法来启动一个协程，例如：

```
StartCoroutine(MyCoroutine());
StartCoroutine("MyCoroutine");
```

暂停执行：使用关键字 yield return 来暂停执行并返回值。可以使用不同的 yield 指令来控制暂停时间、等待条件满足或等待异步操作完成，常用的指令包括：

```
yield return null;                                  // 暂停一帧。
yield return new WaitForSeconds(delay);             // 暂停指定的时间（秒）。
yield return new WaitForFixedUpdate();              // 暂停到下一个物理更新时刻。
yield return new WaitForEndOfFrame();               // 暂停到下一帧渲染完成后。
yield return StartCoroutine(SomeCoroutine());       // 暂停并同时启动另一个协程。
```

停止协程：使用 StopCoroutine 函数来停止一个协程，例如：

```
// 停止单个协程
StopCoroutine(coroutine);
// 停止所有协程
StopAllCoroutines();
```

5.6 制作雾特效

为了让场景看起来更加未知神秘，可以给场景添加一些雾特效，以此来提升缥缈感。Unity 集成开发环境中的雾特效有三种模式，分别为 Linear（线性模式）、Exponential（指数模式）和 Exponential Squared（指数平方模式）。这三种模式的不同在于雾特效的衰减方式。同时，开发者还可以设置雾的颜色，以及衰减系数。单击菜单栏里的 Window → Rendering → Lighting Settings，就会打开 Lighting 窗口，将窗口的滚动条下拉，看到 Other Settings，如图 5-14 所示，勾选其中的 Fog 菜单，然后在其设置面板中可以设置雾的模式及雾的颜色。

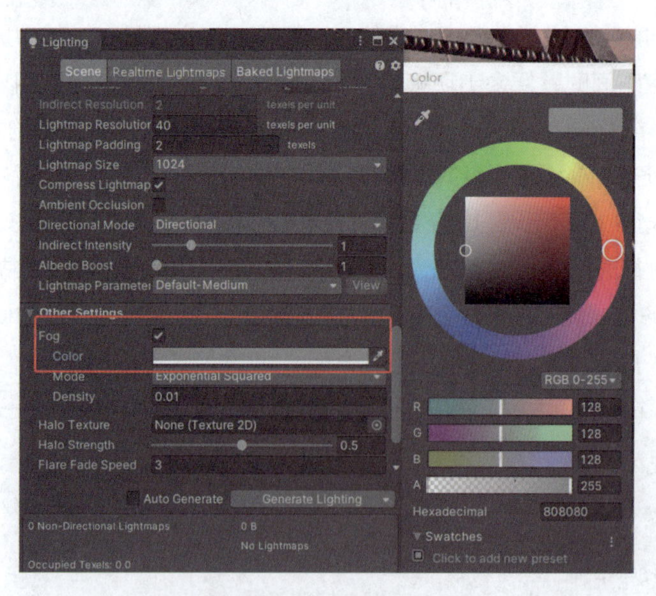

■ 图 5-14 设置雾特效

5.7 配置角色

5.7.1 导入角色模型

在前面介绍场景模型导入时，已经提到了在 Unity 中导入模型的相应格式和要求，针对一般的静物模型，都可以按照之前的方式进行。但因为角色模型需要进行交互操作，故其相对复杂，除了基础模型、贴图和材质之外，还有骨骼动画需要导入。因此，一般在进行素材导入的时候，不要直接将文件拖入到 Unity 控制面板中，而是需要找到文件夹下 Unity 的 Assets 目录，将做好的完整模型文件夹完全复制粘贴进去。导入的动画模型会有很多，一般情况下，名字都是以 ***@*** 或者 ***_*** 的形式来进行命名，其中 @ 和 _ 前面代表模型的名字，后面是模型存放的具体动作。了解了模型的命名方式能方便设计者快速地找到自己需要的角色动画。角色动画相关的内容将在后面的章节里再详细进行说明。

在 Assets 的 Model 文件夹中找到玩家操作角色模型 char_ethan，如图 5-15 所示，按住鼠标左键将其拖拽到场景当中，并进行坐标调整，使其处于合理的位置上。如果前期模型大小不是以 Unity 中的基础单位来进行创建的话，则需要开发者通过 Transform → Scale 来重新调整角色的大小，让其和场景的尺寸相匹配。通过 Inspector 面板下的 Transform → Position 调整角色的初始位置。通过 Transform → Rotation 调整角色的面向，如图 5-16 所示，并给角色添加 tag 标签为 Player，接下来需要给场景当中的角色添加碰撞器。

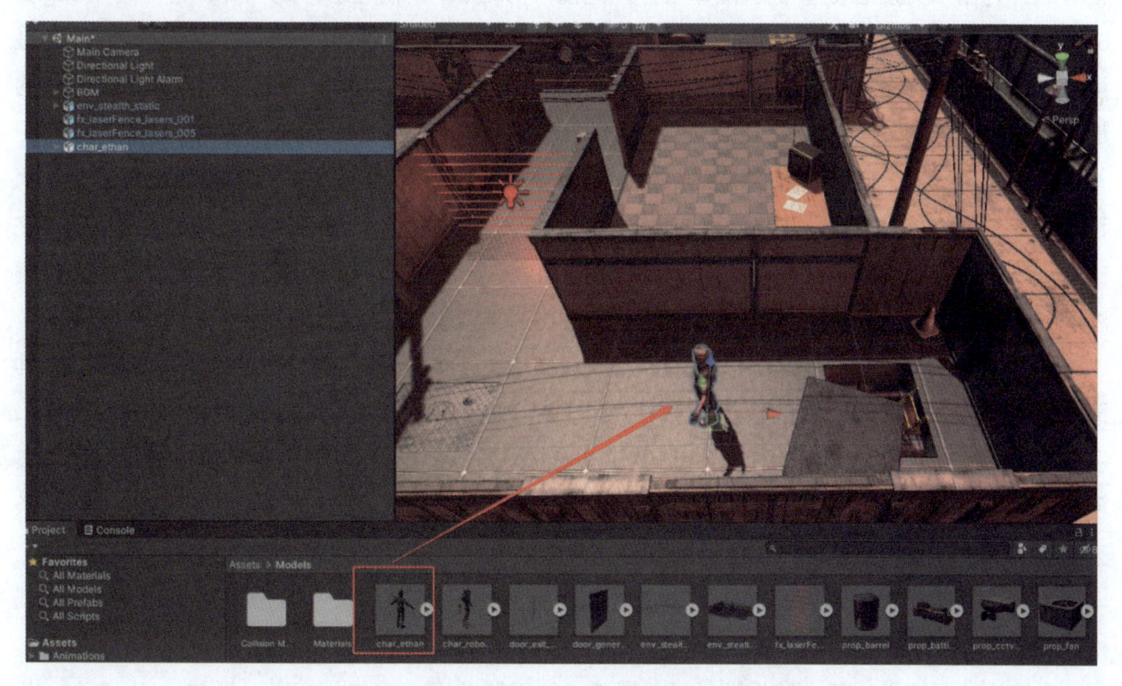

■图 5-15　放置角色模型

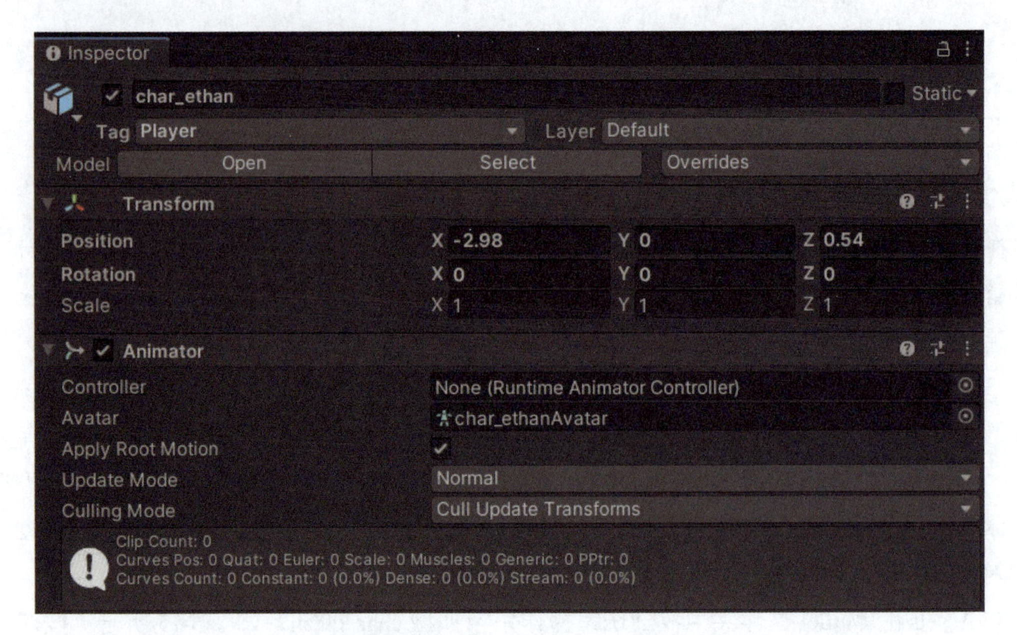

图 5-16 调整模型大小及面向

5.7.2 设置碰撞器

在游戏制作过程中，游戏对象要根据游戏的需要进行物理属性的交互。在游戏中，若想要知道两个物体间是否有关联或是否存在相互作用时，碰撞检测就显得尤其重要。因此，Unity 3D 的物理组件为游戏开发者提供了碰撞体组件。碰撞体 Collider 是物理组件的一类，它与刚体 Rigidbody 一起促使碰撞发生。在 Unity 3D 中主要有两种碰撞器，一种是原型碰撞器，另一种是网格碰撞器。原型碰撞器面片少，碰撞检测精度低，对计算机的性能消耗少，通常原型碰撞体是简单的形状，如方块、球形或胶囊形，在 Unity 3D 中，每当一个 GameObjects 被创建时，它会自动分配一个合适的碰撞器。而网格碰撞器面片多，开销比原型碰撞器大得多，网格越复杂精度越高。两种碰撞器依具体需求设置，像赛车游戏对碰撞检测需求较高，通常选用网格碰撞器包裹赛车。在 Unity 3D 物理组件使用的过程中，碰撞体需要与刚体一起添加到游戏对象上才能触发碰撞。值得注意的是，刚体一定要绑定在被碰撞的对象上才能产生碰撞效果，而碰撞体则不一定要绑定刚体。

在 Unity 3D 中，碰撞事件的发生有两种常见情境，一种是对象之间的碰撞器发生碰撞，这种情境可使用碰撞检测函数进行碰撞事件的检测，通过判断对象之间发生碰撞时（OnCollisionEnter）、发生碰撞中（OnCollisionStay）、结束碰撞（OnCollisionExit）三种不同的状态做对应的处理，实现不同的碰撞效果。另一种则是射线检测，它是 Unity 3D 中一个点向一个指定的方向发射的一条无终点的线，一旦与游戏物体发生碰撞则停止发射并且可以获取到碰撞物体的相关信息，然后，可以依据碰撞条件做一些处理。从外部导入 Unity 引擎中的模型是没有自带碰撞体的，为了实现操作角色与其他物体的交互，需要给模型对象添加刚体组件及碰撞器。

碰撞体的添加方法是：首先选中游戏对象，执行菜单栏中的 Component → Physics 命令，此时可以为游戏对象添加不同类型的碰撞体，如图 5-17 所示。

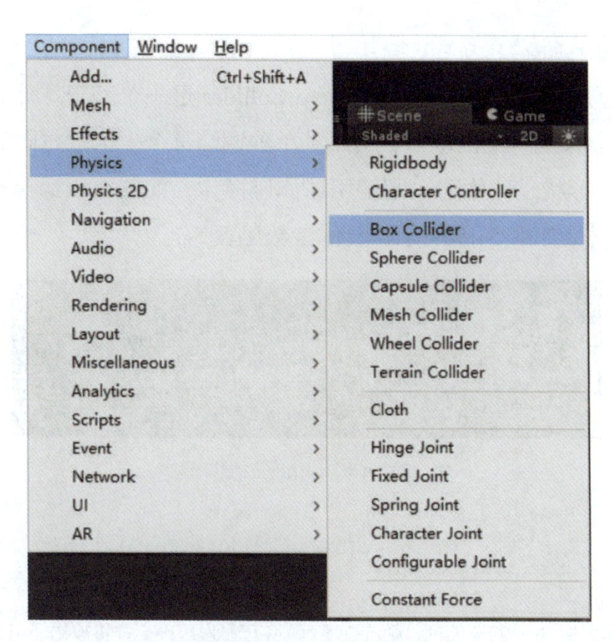

■ 图 5-17　添加碰撞体

Unity 3D 为游戏开发者提供了多种类型的碰撞体资源。当游戏对象中的碰撞体组件被添加后，其属性面板中会显示相应的属性设置选项，每种碰撞体的资源类型稍有不同，具体如下：

（1）Box Collider

Box Collider 是最基本的碰撞体，Box Collider 是一个立方体外形的基本碰撞体。一般游戏对象往往具有 Box Collider 属性，如墙壁、门、墙以及平台等，也可以用于布娃娃的角色躯干或者汽车等交通工具的外壳，当然最适合用在盒子或是箱子上。游戏对象一旦添加了 Box Collider 属性，在 Inspector 面板中就会出现对应的 Box Collider，其属性参数设置界面如图 5-18 所示，具体参数见表 5-6。

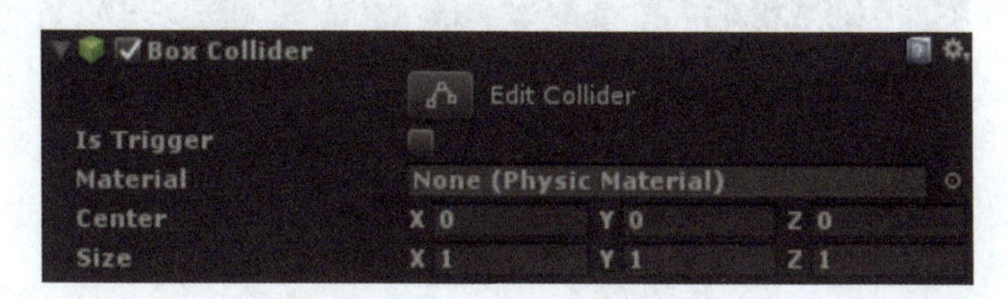

■ 图 5-18　Box Collider

表 5-6　Box Collider 参数

参　数	含　义	功　能
Is Trigger	触发器	勾选该项，则该碰撞体可用于触发事件，并将被物理引擎所忽略
Material	材质	为碰撞体设置不同类型的材质
Center	中心	碰撞体在对象局部坐标中的位置
Size	大小	碰撞体在 X、Y、Z 方向上的大小

（2）Sphere Collider

Sphere Collider 是球体形状的碰撞体，Sphere Collider 是一个基于球体的基本碰撞体，Sphere Collider 的三维大小可以按同一比例调节，但不能单独调节某个坐标轴方向的大小。

当游戏对象的物理形状是球体时，则使用球体碰撞体，如落石、乒乓球等游戏对象。Sphere Collider 及其属性设置界面如图 5-19 所示，具体参数见表 5-7。

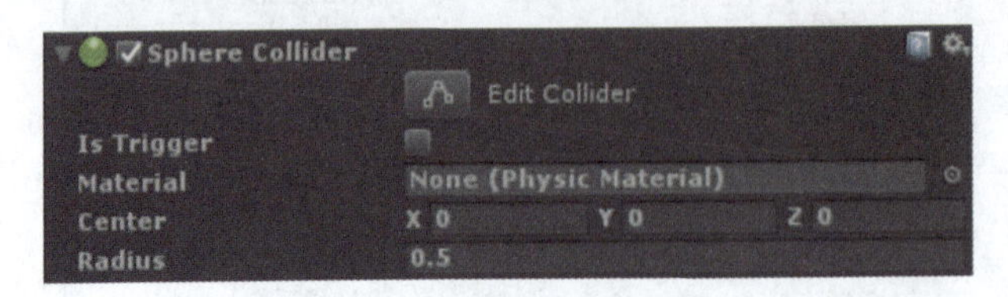

图 5-19　Sphere Collider

表 5-7　Sphere Collider 参数

参　数	含　义	功　能
Is Trigger	触发器	勾选该项，则该碰撞体可用于触发事件，并将被物理引擎所忽略
Material	材质	为碰撞体设置不同类型的材质
Center	中心	碰撞体在对象局部坐标中的位置
Radius	半径	设置球形碰撞体的大小

（3）Capsule Collider

Capsule Collider 由一个圆柱体和两个半球组合而成，Capsule Collider 的半径和高度都可以单独调节，可用在角色控制器或与其他不规则形状的碰撞结合来使用。通常添加至 Character 或 NPC 等对象的碰撞属性。Capsule Collider 及其属性设置界面如图 5-20 所示，具体参数见表 5-8。

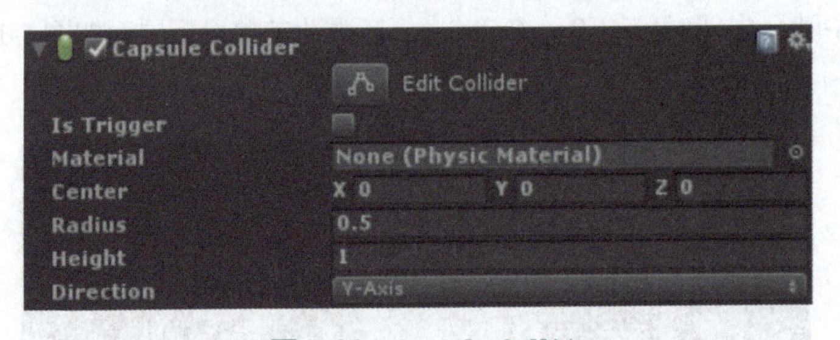

图 5-20　Capsule Collider

表 5-8　Capsule Collider 参数

参　数	含　义	功　能
Is Trigger	触发器	勾选该项，则该碰撞体可用于触发事件，并将被物理引擎所忽略
Material	材质	为碰撞体设置不同类型的材质
Center	中心	碰撞体在对象局部坐标中的位置
Radius	半径	设置碰撞体的大小
Height	高度	控制碰撞体中圆柱的高度
Direction	方向	设置在对象的局部坐标中胶囊体的纵向所对应的坐标轴，默认是 Y 轴

（4）Mesh Collider

Mesh Collider（网格碰撞体）根据 Mesh 形状产生碰撞体，比起 Box Collider、Sphere Collider 和 Capsule Collider，Mesh Collider 更加精确，但会占用更多的系统资源。专门用于复杂网格所生成的模型。Mesh Collider 及其属性设置界面如图 5-21 所示，具体参数见表 5-9。

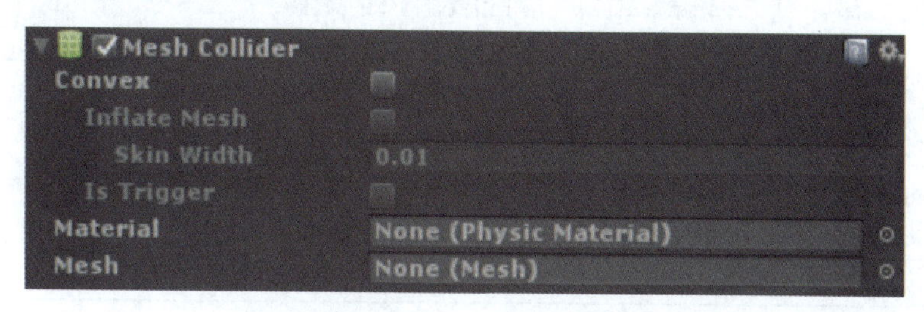

■ 图 5-21　Mesh Collider

表 5-9　Mesh Collider 参数

参　数	含　义	功　能
Convex	凸起	勾选该项，则 Mesh Collider 将会与其他的 Mesh Collider 发生碰撞
Material	材质	用于为碰撞体设置不同的材质
Mesh	网格	获取游戏对象的网格并将其作为碰撞体

（5）Wheel Collider

Wheel Collider（车轮碰撞体）是一种针对地面车辆的特殊碰撞体，自带碰撞侦测、轮胎物理现象和轮胎模型，专门用于处理轮胎。Wheel Collider 及其属性设置界面如图 5-22 所示，具体参数见表 5-10。

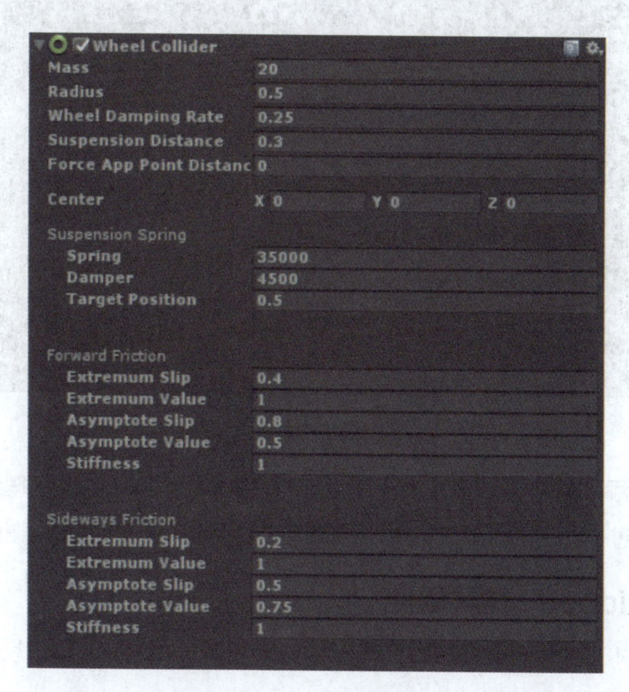

■ 图 5-22　Wheel Collider

表 5-10　Wheel Collider 参数

参　数	含　义	功　能
Mass	质量	用于设置 Wheel Collider 的质量
Radius	半径	用于设置碰撞体的半径大小
Wheel Damping Rate	车轮减震率	用于设置碰撞体的减震率
Suspension Distance	悬挂距离	用于设置碰撞体悬挂的最大伸长距离，按照局部坐标来计算，悬挂总是通过其局部坐标的 Y 轴延伸向下
Center	中心	用于设置碰撞体在对象局部坐标的中心
Suspension Spring	悬挂弹簧	用于设置碰撞体，通过添加弹簧和阻尼外力使得悬挂达到目标位置
Forward Friction	向前摩擦力	当轮胎向前滚动时的摩擦力属性
Sideways Friction	侧向摩擦力	当轮胎侧向滚动时的摩擦力属性

综上所述，根据各种碰撞体的特性可知，本项目中的角色为人物角色 Character，选择使用半径和高度都可以单独调节的 Capsule Collider 进行碰撞属性的添加最为适合。

具体操作步骤如下：

① 选中场景中的角色模型 char_ethan，单击菜单栏 Component → Physics → Capsule Collider，为角色模型添加胶囊碰撞体。

② 将 Capsule Collider 胶囊碰撞体的中心位置沿着 Y 轴上移，将其调整到地面水平面的上方，并调整半径 Radius 和高度 Height，使其高度与角色高度一致，并正好框住角色模型的躯体范围，完成角色模型碰撞体的添加，如图 5-23 所示。

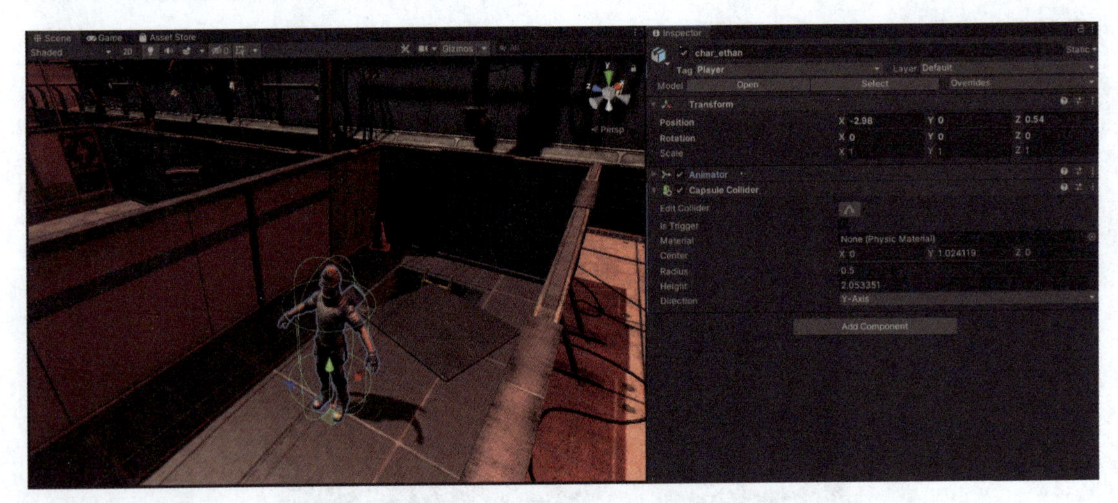

■ 图 5-23　给角色模型添加碰撞体

完成了碰撞体的添加并不是设置的最后一步，碰撞体 Collider 只是物理组件的一类，添加完碰撞体后，还需要通过一些其他组件的配合才能完整地呈现出真实的物理碰撞现象。

5.7.3　添加 Rigidbody 刚体组件

上文提到，碰撞体 Collider 是物理组件的一类，它与刚体组件 Rigidbody 一起才能促使碰撞的发生。Unity 3D 中的 Rigidbody 可以为游戏对象赋予物理属性，使游戏对象在物理系统的控制下接受推力与扭力，从而实现现实世界中的运动效果。在游戏制作过程中，只有为游戏对象添加了刚体组件，才能使其受到重力影响。在一个物理引擎中，刚体是非常重要的组件，通过刚体组件可以给物体添加一些常见的物理属性，如质量、摩擦力、碰撞参数等。通过这些属性可以模拟该物体在 3D 世界内的一切虚拟行为，当物体添加了刚体组件后，它将感应物理引擎中的一切物理效果。Unity 3D 提供了多个实现接口，开发者可以通过更改这些参数来控制物体的各种物理状态。刚体在各种物理状态影响下运动，刚体的属性包含 Mass（质量）、Drag（阻力）、Angular Drag（角阻力）、Use Gravity（是否使用重力）、Is Kinematic（是否受物理影响）、Collision Detection（碰撞检测）等。

刚体添加方法如图 5-24 所示，在 Unity 3D 中创建并选择一个游戏对象，执行菜单栏中的 Component → Physics → Rigidbody 命令为游戏对象添加刚体组件。

游戏对象一旦被赋予刚体属性后，其 Inspector 属性面板会显示相应的属性参数与功能选项，如图 5-25 所示。

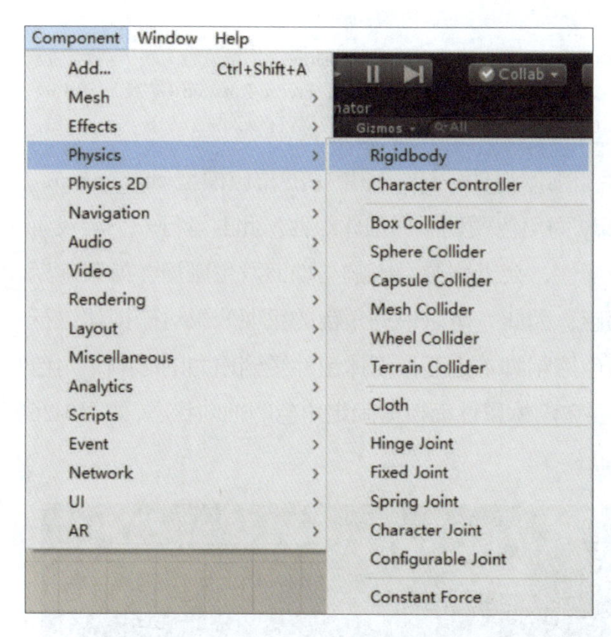

■ 图 5-24　添加 Rigidbody 刚体组件

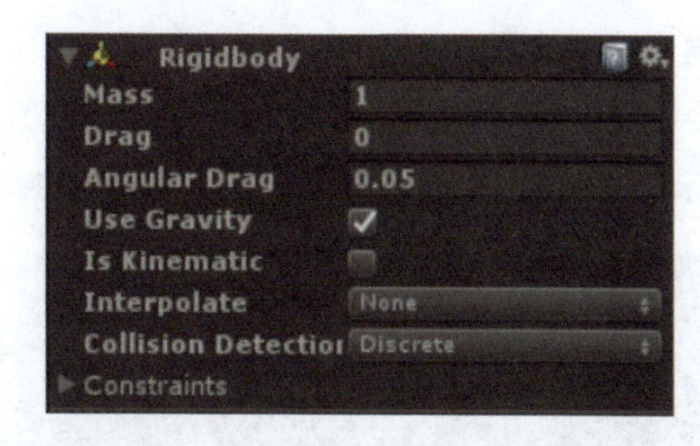

■ 图 5-25　Rigidbody 的 Inspector 属性面板

具体参数内容见表 5-11。

表 5-11　Rigidbody 刚体参数

参　数	含　义	功　能
Mass	质量	物体的质量（任意单位）。建议一个物体的质量不要与其他物体相差 100 倍
Drag	阻力	当受力移动时物体受到的空气阻力。0 表示没有空气阻力，阻力极大时使物体立即停止运动

续表

参　数	含　义	功　能
Angular Drag	角阻力	当受扭力旋转时物体受到的空气阻力。0 表示没有空气阻力，阻力极大时使物体立即停止旋转
Use Gravity	使用重力	该物体是否受重力影响，若激活，则物体受重力影响
Is Kinematic	是否是运动学	游戏对象是否遵循运动学物理定律，若激活，该物体不再受物理引擎驱动，而只能通过变换来操作。适用于模拟运动的平台或者模拟由铰链关节连接的刚体
Interpolate	插值	物体运动插值模式，当发现刚体运动时抖动，可以尝试下面的选项：None（无），不应用插值；Interpolate（内插值），基于上一帧变换来平滑本帧变换；Extrapolate（外插值），基于下一帧变换来平滑本帧变换
Collision Detection	碰撞检测	碰撞检测模式。用于避免高速物体穿过其他物体却未触发碰撞。碰撞模式包括 Discrete（不连续）、Continuous（连续）、Continuous Dynamic（动态连续）三种。其中，Discrete 模式用来检测与场景中其他碰撞器或其他物体的碰撞；Continuous 模式用来检测与动态碰撞器（刚体）的碰撞；Continuous Dynamic 模式用来检测与连续模式和连续动态模式的物体的碰撞，适用于高速物体
Constraints	约束	对刚体运动的约束。其中，Freeze Position（冻结位置）表示刚体在世界中沿所选 X、Y、Z 轴的移动将无效，Freeze Rotation（冻结旋转）表示刚体在世界中沿所选的 X、Y、Z 轴的旋转将无效

按照刚体的添加操作方法，可以为角色添加刚体组件。选中场景中的角色模型 char_ethan，单击菜单栏 Component 选择 Physics → Rigidbody 为角色模型添加刚体组件。此时运行一下游戏可以看出，此时的玩家角色已经具备了基本物理属性，会受到重力影响与地面发生碰撞，如果前期的碰撞体添加得不够好，角色会有明显的坠落感，因此，可以根据角色的呈现效果对碰撞体进行更为精细的调整。同时，为了避免后期添加角色控制脚本之后，刚体组件受到重力的影响，角色会出现重心不稳，向按键方向倾倒的问题，还需要在刚体属性面板里固定角色的轴向状态，如图 5-26 所示。调整完毕后，就可以进行下一步的编辑操作了。

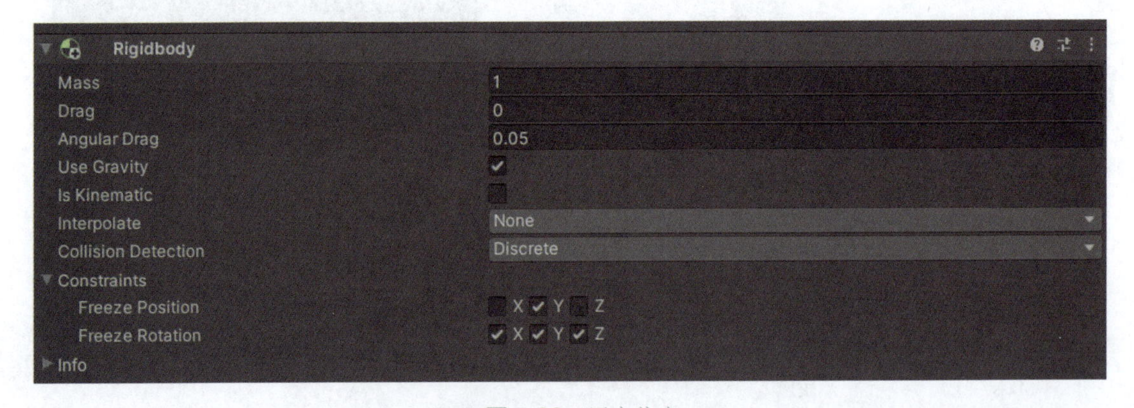

图 5-26　固定状态

5.7.4 配置角色动画

Unity 3D 中的模型可分为两种：一种是静态模型，比如场景中的树木、房子等，像本项目中最初放置的游戏场景模型。另一种是动态模型，如主角、敌人，甚至是粒子特效等需要运动的模型。模型资源由美工提供，如果模型需要动画，美工还需提供动画资源。Unity 4.0 之后的版本提供了全新的动画系统 Mecanim 动画系统，Mecanim 动画状态机提供了一种纵览角色所有动画片段的方法，并且允许通过游戏中的各种用户交互事件来触发不同的动画效果，具有重定向、可融合等诸多新特性，可以帮助程序设计人员通过和美工人员的配合快速设计出角色动画。Unity 公司计划采用 Mecanim 动画系统逐步替换直至完全取代旧版动画系统，其功能更强大，使用状态机系统控制动画逻辑，更易实现动画过渡、动画重定向（retargeting）、IK 等功能。Mecanim 角色动画状态机是把 Animation 统一管理和逻辑状态管理的组件，而 Animation 就是指每一个动画。

Mecanim 动画系统提供了五个主要功能：

① 通过不同的逻辑连接方式控制不同的身体部位运动的能力。

② 将动画之间的复杂交互作用可视化地表现出来，是一个可视化的编程工具。

③ 针对人形角色的简单工作流，以及动画的创建能力进行制作。

④ 具有能把动画从一个角色模型直接应用到另一个角色模型上的 Retargeting（动画重定向）功能。

⑤ 具有针对 Animation Clips 动画片段的简单工作流，针对动画片段及它们之间的过渡和交互过程的预览能力，使设计师在编写游戏逻辑代码前就可以预览动画效果，可以使设计师能更快、更独立地完成工作。

1. 配置 Avatar

Mecanim 是 Unity 一个丰富且精密的动画系统，它提供了为人形角色提供的简易的工作流和动画创建能力，适合人形角色动画的制作。人形骨架是在游戏中普遍采用的一种骨架结构。Unity 3D 为其提供了一个特殊的工作流和一整套扩展的工具集。由于人形骨架在骨骼结构上的相似性，用户可以将动画效果从一个人形骨架映射到另一个人形骨架，从而实现动画的重定向功能。除了极少数情况之外，人物模型均具有相同的基本结构，即头部、躯干、四肢等。Mecanim 动画系统正是利用这一点来简化骨架绑定和动画控制过程。创建模型动画的一个基本步骤就是建立一个从 Mecanim 动画系统的简化人形骨架到用户实际提供的骨架的映射，这种映射关系称为 Avatar。Unity 3D 中的 Avatar 是 Mecanim 动画系统中极为重要的模块，在导入一个角色动画模型之后，单击资源里角色模型右边的 Inspector 面板会有模型的相关设置，如图 5-27 所示。

Model：主要是用来修改模型的大小、网格等。

Rig：修改动画的类型、Avatar 等。

Animations：选择是否导入动画，如果模型在建模时加入了动画，就可以选择是否把这个动画导入进去，一般选择不导入。

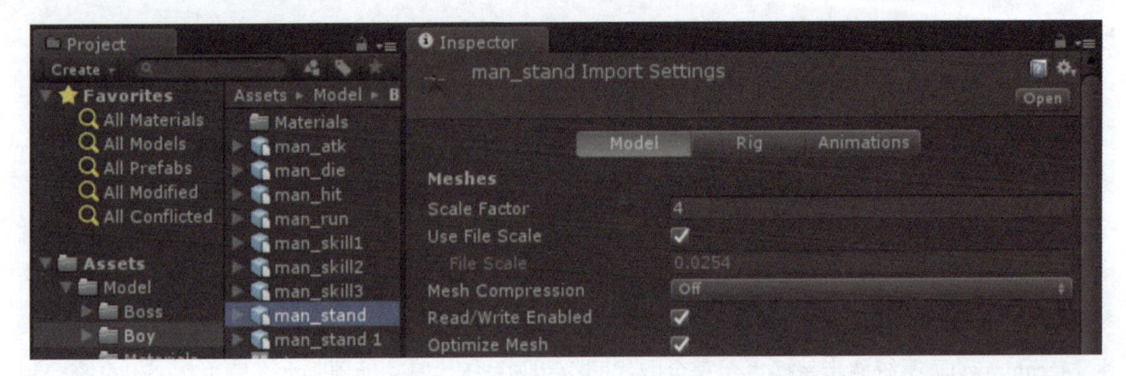

■ 图 5-27　模型属性面板

Rig 是学生需要重点了解的部分，如图 5-28 所示。Rig 选项下可以指定角色动画模型的动画类型，包括 Legacy、Generic 及 Humanoid 三种模式。

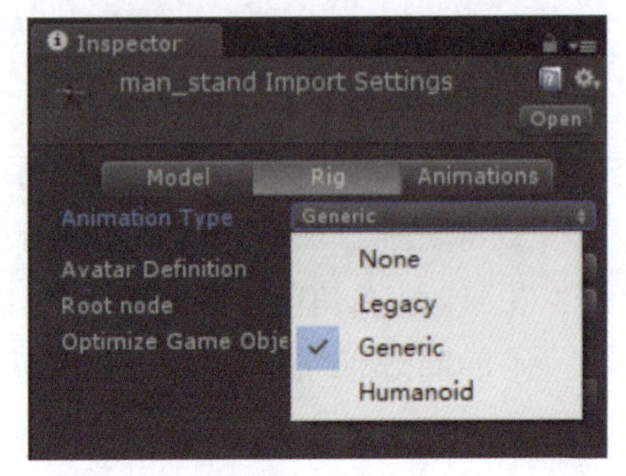

■ 图 5-28　Rig

Animation Type（动画类型）：模型的三种导入方式。

① Legacy：旧版动画。使用旧版动画系统。不能使用状态机 4.0 版本，主要是为了方便老项目。

② Generic：通用动画。人形非人形都可以使用。

③ Humanoid：人形动画。只能人形动画使用。

Legacy 和 Generic 是 Unity 3D 的 Mecanim 动画系统为非人形动画提供的两个选项。旧版动画使用 Unity 4.0 版本前推出的动画系统，一般动画仍可由 Mecanim 系统导入，但无法使用人形动画的专有功能。

非人形动画的使用方法是：在 Assets 文件夹中选中模型文件，在 Inspector 视图中的 Import Settings 属性面板中选择 Rig 标签页，单击 Animation Type 选项右侧的列表框，选择 Generic 或 Legacy 动画类型即可。

要使用 Humanoid，单击 Animation Type 右侧的下拉列表，选择 Humanoid，然后单击 Apply 按钮，Mecanim 动画系统会自动将用户所提供的骨架结构与系统内部自带的简易骨架进行匹配，如果匹配成功，Avatar Definition 下的 Configure 复选框会被选中，同时在 Assets 文件夹中，一个 Avatar 子资源会被添加到模型资源中。

Humanoid 和 Generic 两者的区别是：当有两个骨骼结构相同的模型时，其中一个有动画而另一个没有。就可以把两者都设置为 Humanoid，没有动画模型的 Avatar Definition 设为 Copy From Other Avatar，赋值有动画模型的 Avatar，就可以使用动画了。

如果选择了人形动画，在资源动画中会自动生成一个 Avatar，如图 5-29 所示。

Optimize Game Object：如果勾选，会把骨骼隐藏掉。Unity API 建议勾选此项。也可以在某个骨骼上添加东西，如图 5-30 所示。

■ 图 5-29　Avatar

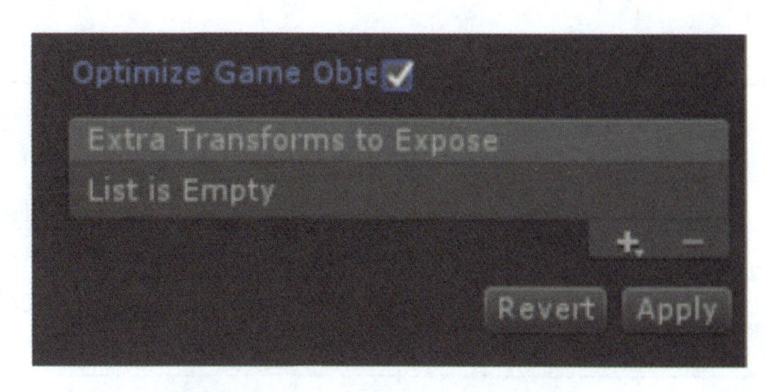

■ 图 5-30　Optimize Game Object

正确地设置 Avatar 非常重要。不管 Avatar 的自动创建过程是否成功，用户都需要到 Configure Avatar 界面中确认 Avatar 的有效性，即确认用户提供的骨骼结构与 Mecanim 预定义的骨骼结构已经正确地匹配起来，并已经处于 T 形姿态。单击 Rig 面板下的 Configure 按钮，进入 Avatar 配置界面，查看 Avatar 的匹配情况，如图 5-31 所示。

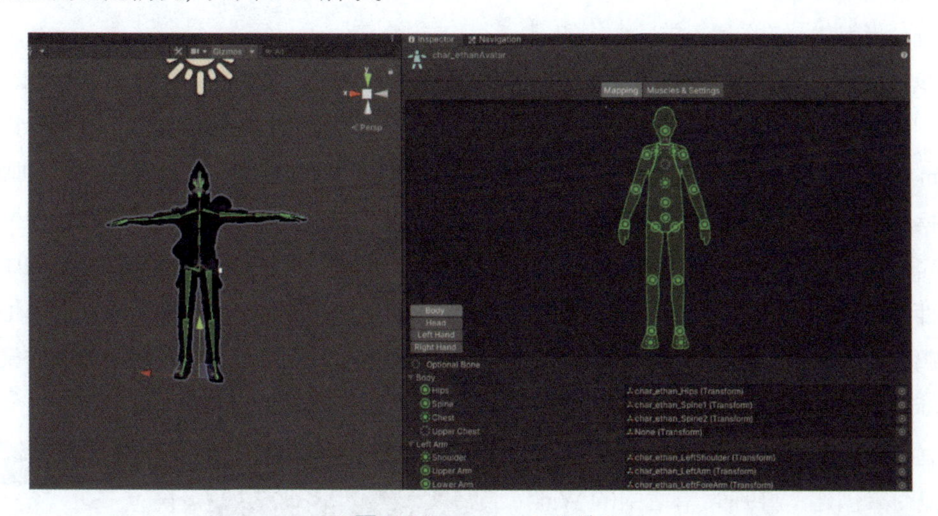

■ 图 5-31　Avatar 配置界面

进入前切记要保存当前场景的一切信息。单击 Configure 按钮后，编辑器会自动弹出窗口要求保存当前场景，因为在 Configure 模式下，可以看到 Scene 视图（而不是 Game 视图）中显示出当前选中模型的骨骼、肌肉、动画信息及相关参数。在右侧的 Inspector 面板中检查模型骨骼是否与 Unity 预定义的人形骨骼相匹配，在这个视图中，实线圆圈表示的是 Avatar 必须匹配的，而虚线圆圈表示的是可选匹配。如不匹配可直接进行调整；如果匹配，单击 Done 按钮退出 Avatar 配置界面。

2. 创建动画控制器

游戏中一个角色，可能包含了多种动画，要有效地管理所有动画最好就是使用有限状态机，可有效避免大量的 if...else 和 switch 代码切换动画状态变化。

Animator 组件是关联角色及其行为的纽带，每一个含有 Avatar 的角色动画模型都需要一个 Animator 组件。Animator 组件引用了 Animator Controller 用于为角色设置行为，具体参数见表 5-12。

表 5-12　Animator 组件参数

参　数	含　义	功　能
Controller	控制器	关联到角色的 Animator 控制器
Avatar	骨架结构的映射	定义 Mecanim 动画系统的简化人形骨架结构到该角色的骨架结构的映射
Apply Root Motion	应用 Root Motion 选项	设置使用动画本身还是使用脚本来控制角色的位置
Animate Physics	动画的物理选项	设置动画是否与物理属性交互
Culling Mode	动画的裁剪模式	设置动画是否裁剪及裁剪模式

Animator Controller 可以从 Project 视图创建一个动画控制器（执行 Create → Animator Controller 命令），同时会在 Assets 文件夹内生成一个后缀名为 .Controller 的文件。当设置好运动状态机后，就可以在 Hierarchy 视图中将该 Animator Controller 拖入含有 Avatar 的角色模型 Animator 组件中。通过动画控制器视图（执行 Window → Animator Controller 命令）可以查看和设置角色行为，值得注意的是，Animator Controller 窗口总是显示最近被选中的后缀为 .Controller 的资源的状态机，与当前载入的场景无关。

游戏当中，一个角色常常拥有多个可以在游戏中不同状态下调用的不同动作，比如得到命令时行走，终止交互时的待机等。当这些动画回放时，使用脚本控制角色的动作是一个复杂的工作。Mecanim 系统用计算机科学中的状态机概念来简化对角色动画的控制。状态机提供了动画状态之间的切换功能、自带动画融合、能编辑动画播放的逻辑顺序、能设置随机播放、能设置行为树。此外，还提供了一种可以预览某个独立角色的所有相关动画剪辑集合的方式，并且允许在游戏中通过不同的事件触发不同的动作。Mecanim 动画状态机对于动画的重要性在于它们可以很简单地通过较少的代码完成设计和更新。每个状态都有一个当前状态机在那个状态下将要播放的动作集合。这使动画师和设计师不必使用代码就能定义可能的角色动画和动作序列。

动画状态机可以通过 Animator Controller 视图来创建。打开菜单栏中的 Window → Animator 选项，即可以在 Animator Controller 视图中显示和控制角色的行为。或者如图 5-32 所示，在 Assets 面板中右击，在弹出的快捷菜单中选择 Create → Animator Controller，创建一个动画控制器，动画控制器的显示和修改在独立的动画编辑界面，双击该动画控制器，进入动画控制器编辑窗口，如图 5-33 所示。

图 5-32　创建动画控制器

Any State 是一个始终存在的特殊状态。它被应用于不管角色当前处于何种状态，都需要进入另外一个指定状态的情形。这是一种为所有动画状态添加公共出口状态的便捷方法，并不能作为一种独立的目标状态。

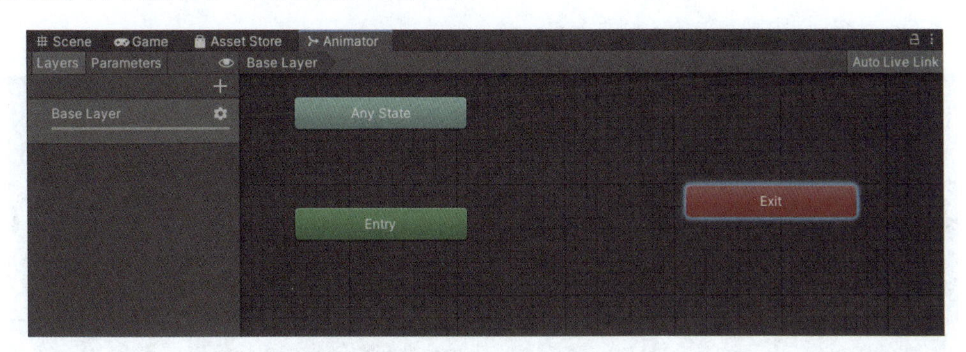

■ 图 5-33　动画控制器编辑窗口

首先来实现一下角色模型的待机动画：

① 在 Assets 资源文件夹下创建一个名为 AnimatorController 的空文件夹，用于存放项目所需的动画控制器文件。

② 在 Assent 面板的 AnimatorController 文件夹下右击，在弹出的快捷菜单中选择 Create → Animator Controller 创建一个动画控制器，并命名为 EthanAC。

③ 双击打开 EthanAC 动画控制器编辑窗口，如图 5-34 所示，选中 Animations 目录下 Humanoid 文件夹中的 Idle 动画，拖入编辑窗口，生成角色待机动画。

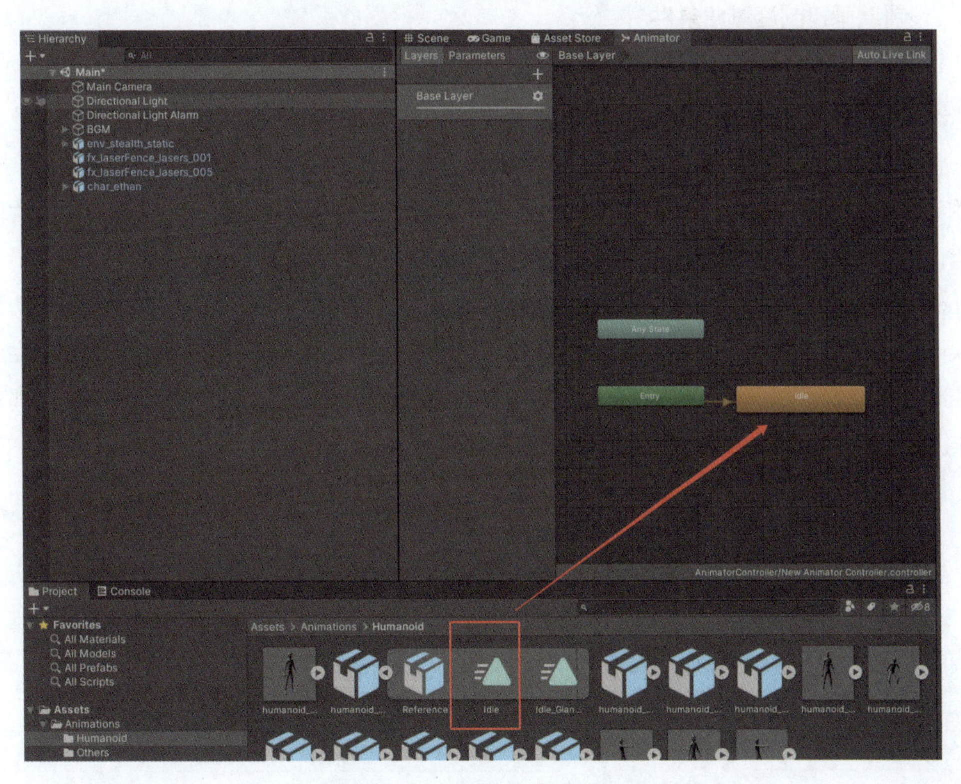

■ 图 5-34　设置角色待机动画

④ 回到 Scene 场景，选中玩家角色 char_ethan。打开 Inspector 属性栏下的 Animator 组件，如图 5-35 所示，将动画控制器 EthanA 拖入 Controller 栏。

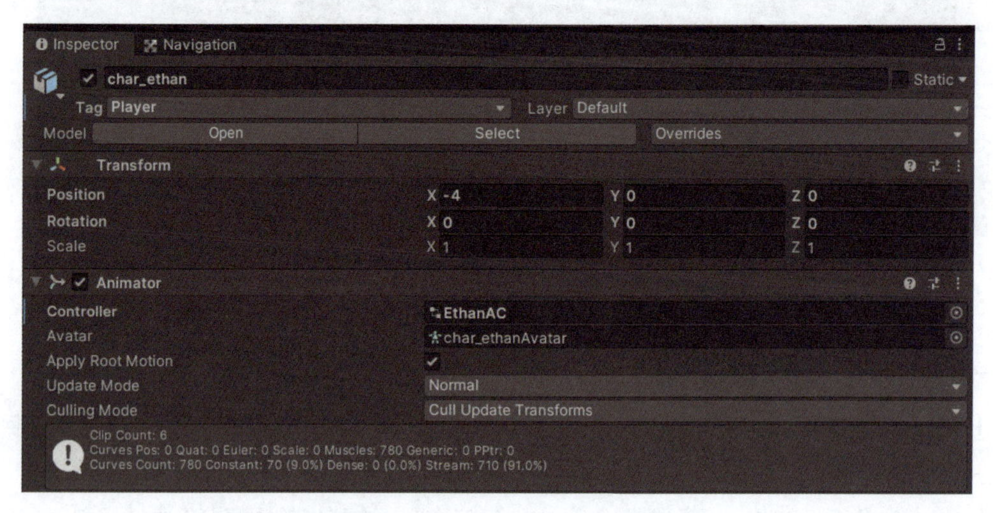

■ 图 5-35 给角色加载动画控制器

再次运行游戏进行检测，可以发现，此时的角色模型已经不再是完全静止的静态模型了，而是呈现出了待机动作的动态效果。

3. 设置动画控制器过渡条件

（1）动画状态机和过渡条件

状态机的基本思想是使角色在某一给定时刻执行某一特定的动作，并且角色从某一状态切换到另一状态需要某些特定的约束条件，如角色只可从 Idle 状态切换到攻击状态需要单击攻击事件，上述的约束条件被称为状态过渡条件（States Transition）。过渡条件用于实现各个动画片段之间的逻辑，开发人员通过控制过渡条件可以实现对动画的控制。Animator Controller 以状态机（State Machine）的方式维护一系列动画，当角色发生特定事件时切换动画。Animator 的一个动画状态机切换可视化管理系统。一个角色在游戏中的不同状态下可以做出不同的动作，状态机会更为方便地控制角色动画。每一个动画控制器中的状态机会有不同的颜色，每一个动画状态机都对应一个动作。动画状态机的参数含义见表 5-13。

表 5-13　动画状态机参数含义

名　称	说　明
StateMachine	动画状态机，可包含若干个动画状态单元
State	动画状态单元，动画状态机机制中的最小单元
Sub-State Machine	子动画状态机，可包含若干个动画状态单元或子动画状态机
Blend Tree	动画混合树，一种特殊的动画状态单元
Any State	特殊的状态单元，表示任意动画状态
Entry	本动画状态机的入口
Exit	本动画状态机的出口

在上一个小节我们设置角色模型待机动画的时候，把动画直接拖入动画控制器编辑窗口，编辑窗口里在出现了 Idle 动画状态单元的同时，在 Entry 和 idle 之前出现了一个连接箭头。动画状态机之间的箭头标示两个动画之间的连接，是可以根据需要进行创建的。如图 5-36 所示，将鼠标箭头放在动画状态单元上，右击一个动画状态单元，在弹出的快捷菜单中执行 Make Transition 命令创建动画过渡条件，然后单击另一个动画状态单元，完成动画过渡条件的连接。

（2）过渡条件的参数设置

导入动画后开始创建过渡动画（Animation Transitions）。根据上文可以知道，动画间的切换条件内容就是所谓的过渡条件（Conditions），要对过渡条件进行控制，就需要设置过渡条件参数，Mecanim 动画系统中包含 Animation Parameters 动画参数系统。Animation Parameters 是一系列在动画系统中定义的变量，但也可以通过脚本来进行访问和赋值。默认参数值可以在 Animator 窗口左下角的 Parameter 工具栏中进行设置，如图 5-37 所示，支持的过渡条件参数有 Float、Int、Bool 和 Trigger 四种基本类型。

① Float：浮点数。

② Int：整数。

③ Bool：返回布尔值，通过复选框来选择 True 或者 False。

④ Trigger：触发一个布尔值，复位控制器时消耗一个转变，由一个圆形按钮表示。

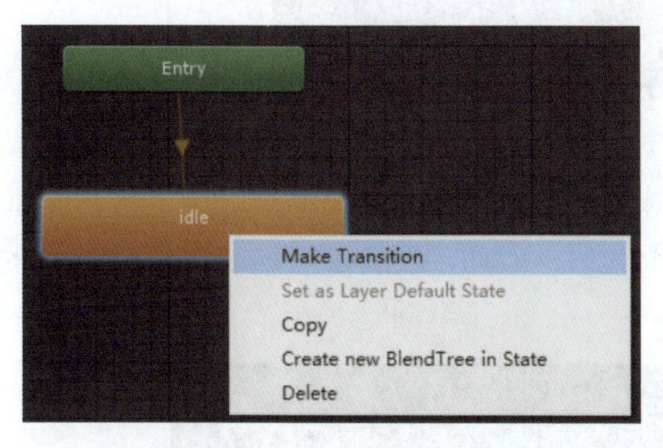

■ 图 5-36　给角色加载动画控制器

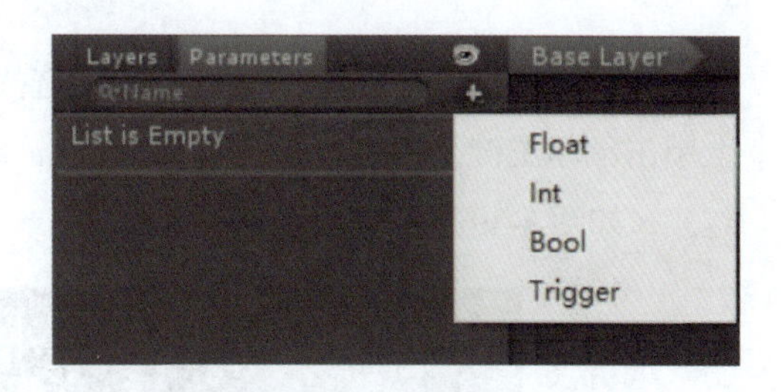

■ 图 5-37　创建过渡条件参数

创建过渡条件的参数的方法，在动画状态机窗口左侧中的 Parameters 视口，在动画状态机左侧的 Parameters 面板中单击右上方的 + 号可选择想要添加的参数类型，Float、Int、Bool 和 Trigger 任选其一。然后输入想要添加的参数过渡条件名，如 Sneak、Shout、Dead 等，并为其设置初始值。单击想要添加参数的过渡条件，然后在 Inspector 视口中的 Conditions 列表中单击 + 创建参数，选择所需的参数。

4. 设置玩家控制器的动画

第 2 小节已经创建了玩家角色动画控制器，并实现了玩家角色的待机动画，本小节需要结合动画控制器的过渡条件来完善角色在不同的操作下的动画效果，操作步骤如下：

① 双击打开在 AnimatorController 文件夹下的 EthanAC 动画控制器，进入动画控制器编辑窗口。

② 向编辑窗口拖拽进 Sneak 动画文件。界面会生成一个名为 Sneak 的动画状态单元。此时会发现，之前拖进编辑器的 idle 动画状态单元为橙黄色，表示其为默认动画单元，即运行游戏后默认执行的第一个动作，Sneak 则为灰色，需要创建过渡条件来进行关联。如果操作出现了失误，默认动画单元不是自己想要的动画效果，可以通过右击弹出快捷菜单设置成为默认的状态单元，如图 5-38 所示，在菜单中选择 Set as Layer Default State 来进行修改，修改完成后该动画状态单元会变为橙黄色。

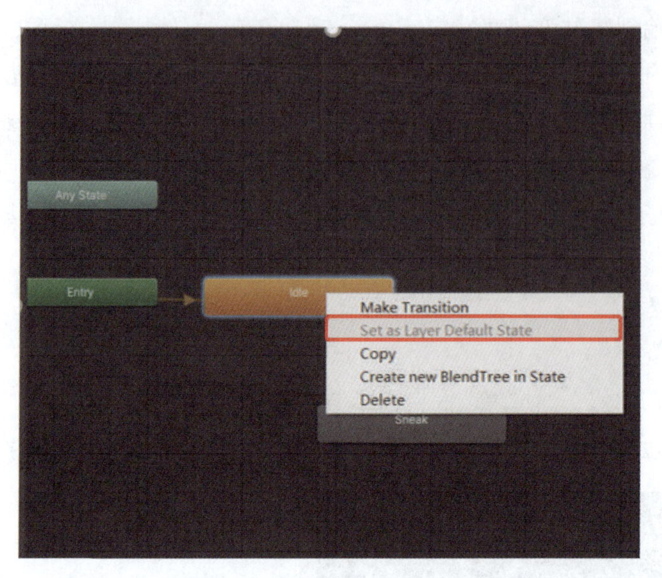

■ 图 5-38　设置默认动画单元

③ 右击 idle，在弹出的快捷菜单中选择 Make Transaction 生成链接箭头，将箭头带到 Sneak 上单击鼠标左键，即可创建出从 idle 到 Sneak 的过渡，同样的方式再建立一条从 Sneak 到 idle 的过渡，如图 5-39 所示，实现动作的循环。

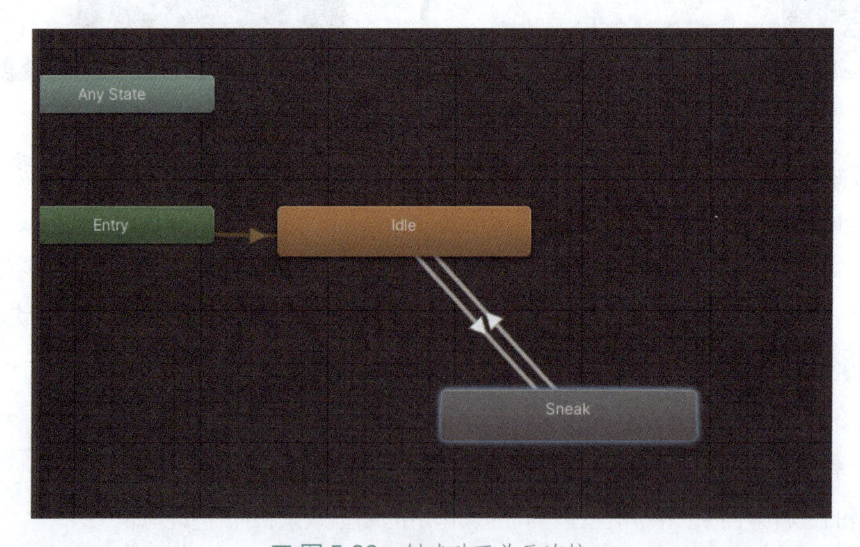

■ 图 5-39　创建动画单元连接

5.7.5　设置动画融合树

融合树（Blend Tree）是 Unity 中常用于控制角色动画的混合和过渡效果，它提供了一种灵活的方式来组合和切换不同的动画状态，以实现平滑流畅的动画过渡。在该功能中，可以创建多个动画状态，并在它们之间设置权重和过渡规则。每个动画状态都可以根据一个或多个参数进行混合，如速度、方向、触发器等。通过调整状态的权重和参数值，可以根据游戏逻辑和角色行为的需求，以非线性和动态的方式控制动画的播放。这使得动画状态的过渡更加自然和可定制，使角色动作更加真实。Blend Tree 的参数界面如图 5-40 所示，参数含义见表 5-14。

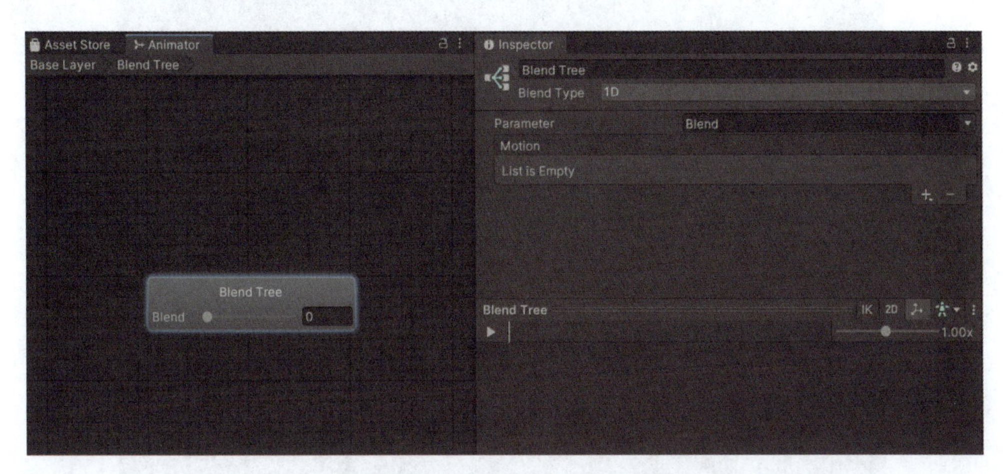

图 5-40　Blend Tree 参数界面

表 5-14　Blend Tree 参数含义

名　称	说　明
Blend Type	指定融合树的混合方式
Parameters	控制混合行为的参数。可以自定义参数，以便在不同的状态之间进行切换和混合
Weights	控制每个动画状态的权重。权重决定了融合树中每个状态的贡献程度，较高权重的状态将更显著地影响最终的动画混合结果
Thresholds	设置状态之间的切换点。在单维度融合树中，阈值指定了参数的取值范围，超过阈值时会触发状态的切换。在双维度融合树中，阈值则决定了参数组合的取值范围，根据阈值的设定进行状态的切换
Transition Rules	定义状态之间的过渡规则以控制状态之间的平滑过渡和切换

5.7.6　设置动画控制器过渡条件

根据以上了解，学生可以利用融合树及动画状态机过渡条件完成角色多个动画状态之间的融合切换，操作步骤如下：

① 在动画状态机中右击，在弹出的快捷菜单中选择 Create State → From New Blend Tree 创建一个新的融合树。

② 双击融合树，进入融合树参数设置界面。行走和跑步动画状态主要依靠速度进行判断，因此在该界面中单击参数 Parameter 界面下的 Blend 属性，将其重命名为 Speed，方便后续使用。

③ 单击 + 添加两个动画片段，为其选择角色 Walk 和 Run 动画状态，如图 5-41 所示。

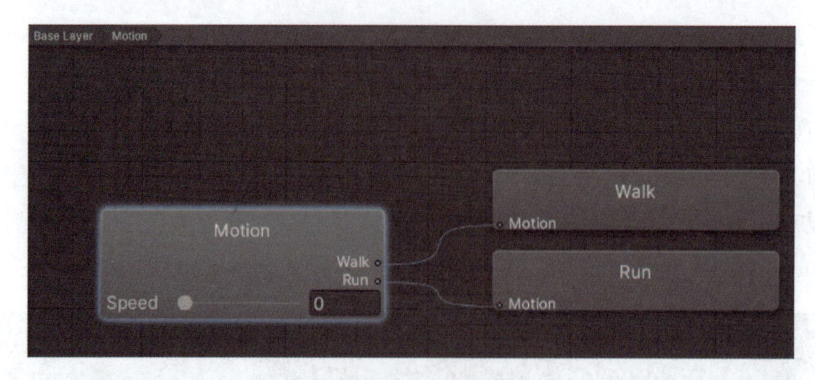

（a）动画过渡线选择

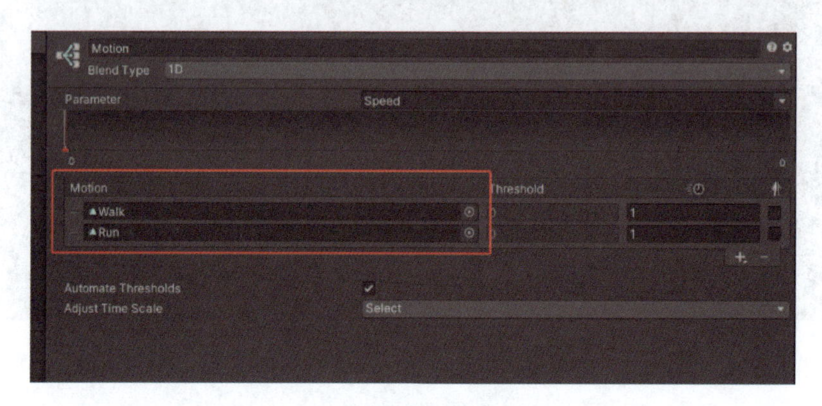

（b）过渡线参数设置面板

■ 图 5-41　选择动画片段

④ 取消勾选自动计算阈值 Automate Thresholds，在 Compute Thresholds 下拉菜单中选择 Speed 作为动画切换阈值，如图 5-42 所示。

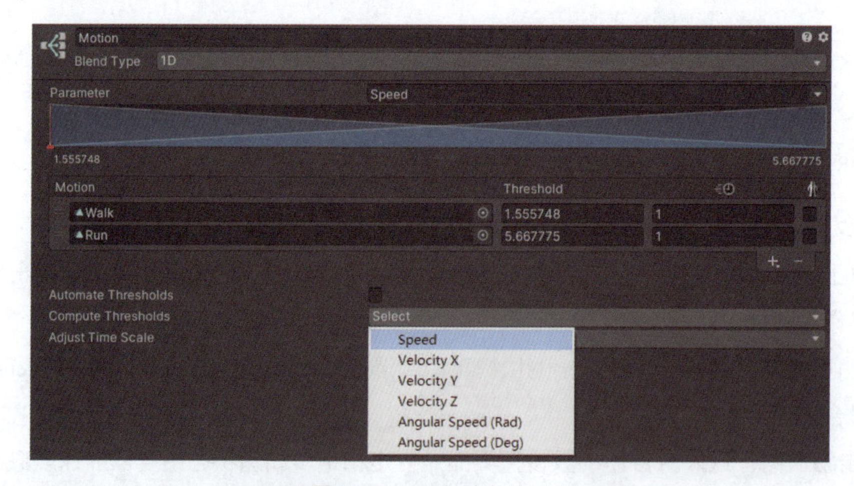

■ 图 5-42　融合树参数设置

⑤ 为动画状态机中所有动画状态创建过渡线，如图 5-43 所示，实现动作的循环。

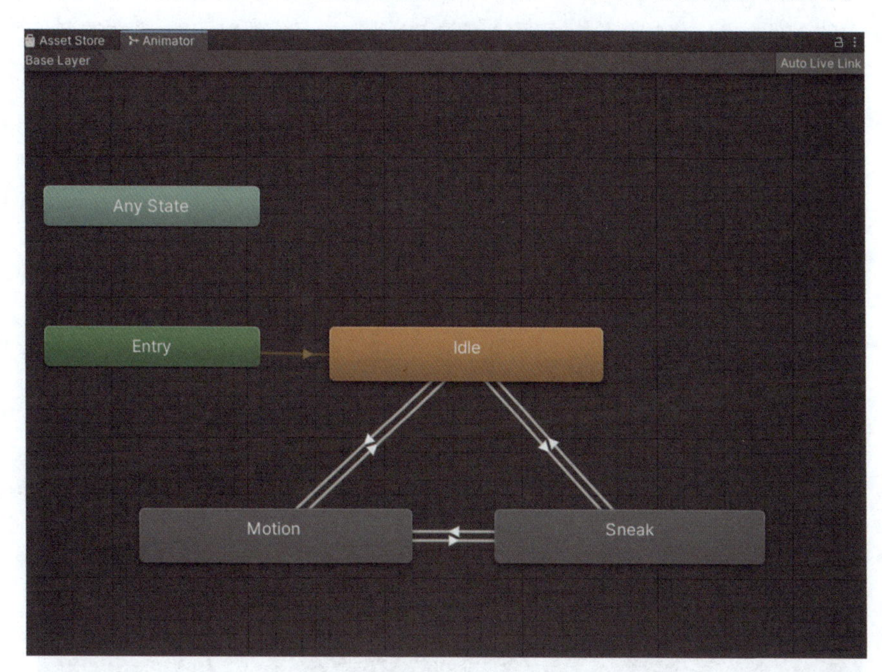

■ 图 5-43　动画状态机设置

⑥ 单击 Parameters 视口上的“+”，添加一个 Bool 类型的参数，并命名为 Sneak。选中 Idle → Sneak 的连接箭头，打开右边的 Inspector 属性栏。在属性栏下方的 Conditions 里单击“+”键添加参数 Sneak，并设置其值为 True。Speed 参数大于 1.55，表示当参数 Sneak 的值为 True、Speed 阈值大于 1.55 时，角色动画执行从 Idle 到 Sneak 的过渡，如图 5-44 所示。同理，设置 Motion 状态过渡到 Idle 状态的条件为 Speed 小于 1.55。

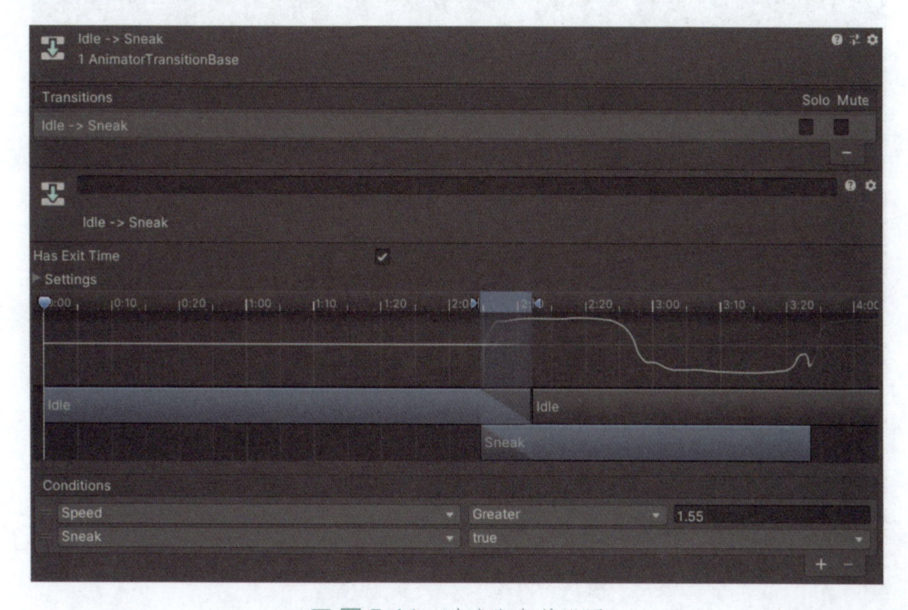

■ 图 5-44　过渡线条件设置

⑦ 单击 Idle 与 Motion 之间的过渡线，根据融合树的参数为其设置切换条件，Motion 状态过渡到 Idle 状态的条件如图 5-45 所示。同理，设置 Idle 状态过渡到 Motion 状态的条件为 Speed 小于 1.55。

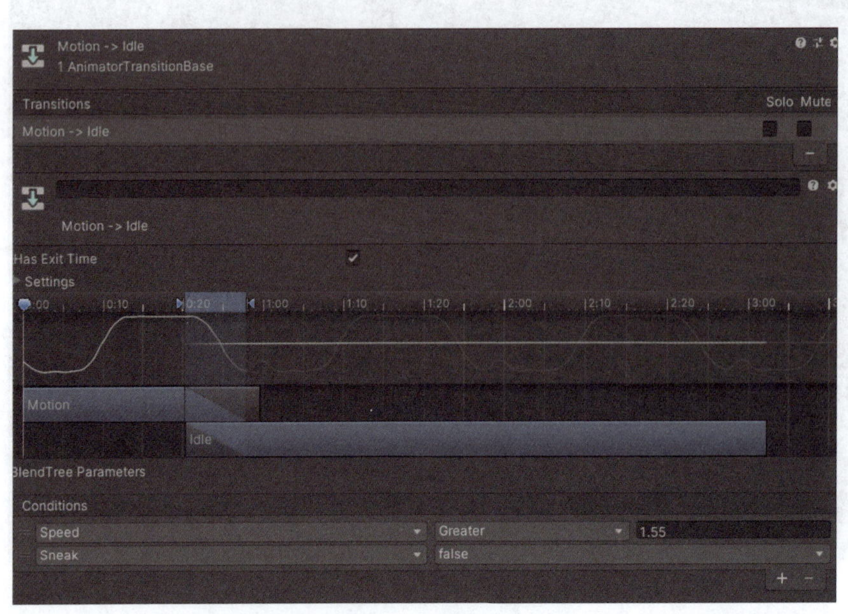

■ 图 5-45　过渡线条件设置

⑧ 单击 Motion 与 Sneak 之间的过渡线，Motion 状态过渡到 Sneak 状态的条件只需要设置 Sneak 为 true，如图 5-46 所示。同理，设置 Sneak 状态过渡到 Motion 状态的条件为 Sneak 为 false。

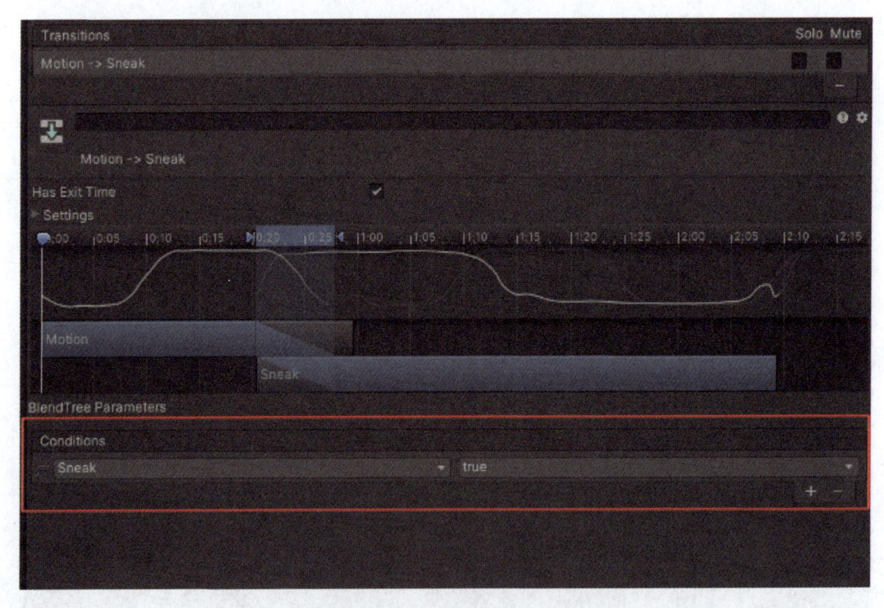

■ 图 5-46　过渡线条件设置

⑨ 在 Animations → Humanoid 文件夹中找到 Dying 动画，并将其拖入动画状态机中，只要在游戏过程中受到警卫的攻击，玩家血量为 0 即进入死亡状态，因此，将 Dying 状态与动画状态机中的 Any State 进行连接，单击 Parameters 视口上的“+”，添加一个 Trigger 类型的参数，并命名为 Dead，作为 Dying 动画状态的过渡条件，如图 5-47 所示。

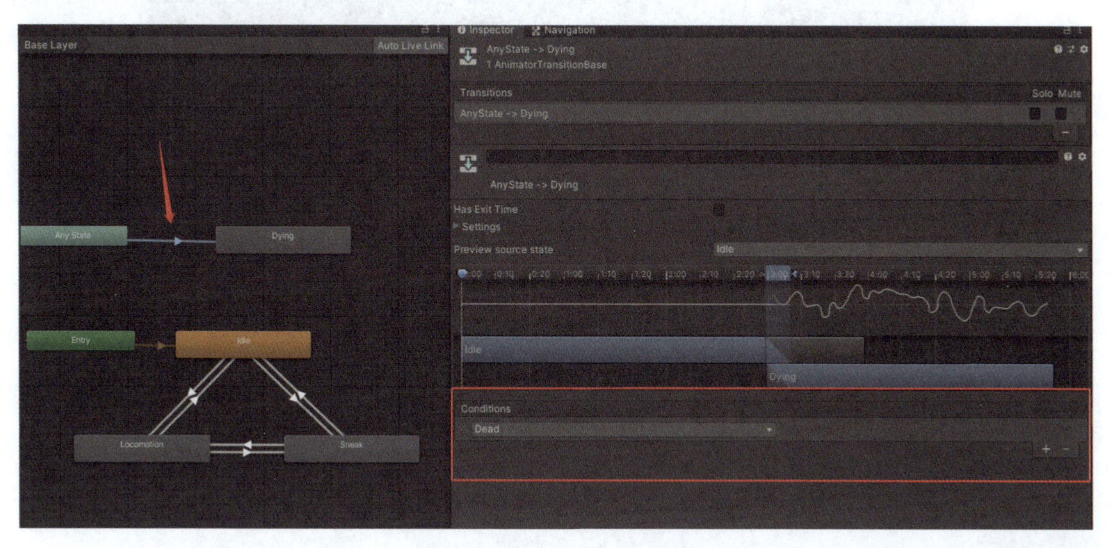

■ 图 5-47 过渡线条件设置

至此，角色的站立、行走、跑步、潜行及死亡的动画状态已设置完毕，前面技能策划中有提到本项目中角色具备干扰技能，即通过吆喝声吸引警卫注意，增加自身逃脱机会。接下来通过设置第二层动画来实现角色干扰技能所需要的吆喝动画，操作步骤如下：

① 单击 Layers →“+”创建第二层动画并重命名为 ShoutLayer，在 Animations → Humanoid 文件夹中找到 Shout 动画并将其拖入动画状态机中。

② 右击 Shout，在弹出的快捷菜单中选择 Create State → Empty 创建空动画状态并将其设置为默认状态。

③ 在 Empty 和 Shout 之间创建过渡线，单击 Parameters 视口上的“+”，添加一个 Trigger 类型的参数，并命名为 ShoutTrigger 作为 Shout 动画状态的过渡条件，如图 5-48 所示。

④ 调整 ShoutLayer 的 Weight 为 1，在 Assert 中新建 AvaterMask 文件夹用于存放骨骼遮罩，右击弹出快捷菜单，选择 Create → AvaterMask，并重命名为 EthanShoutAM，当前是针对角色人形设置的动画遮罩，因此，在 Humanoid 中选择需要执行此动画的部分，如图 5-49 所示。

⑤ 将 EthanShoutAM 赋值给 ShoutLayerd 的 Mask 属性，使吆喝动作只在角色左手执行。

此时如果运行游戏进行检测，会发现角色依然只有待机动作，不能执行其他动作。所以，还需要通过脚本关联按键获取信息来对各个参数值进行控制。

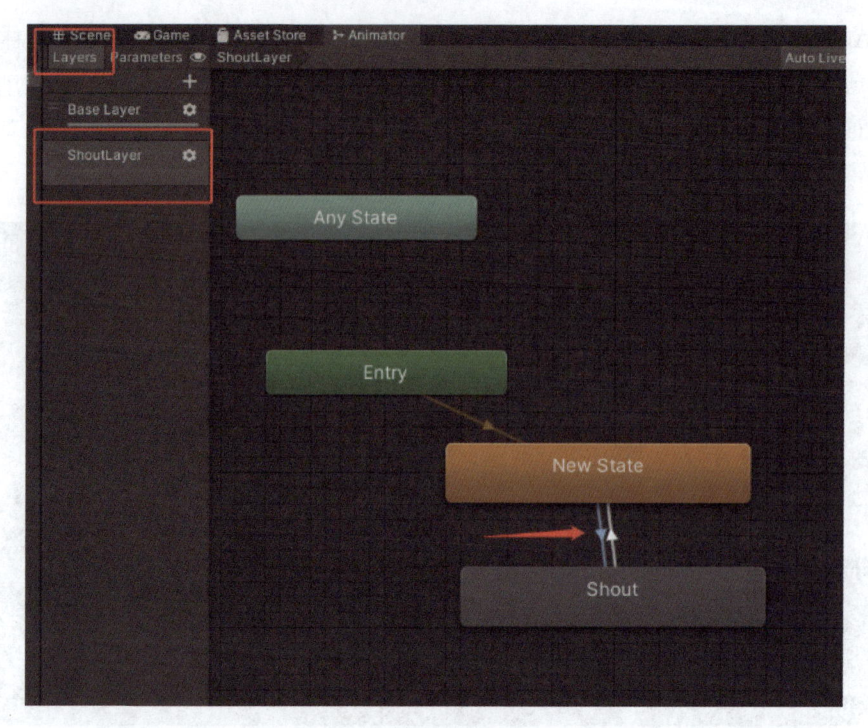

（a）动画面板

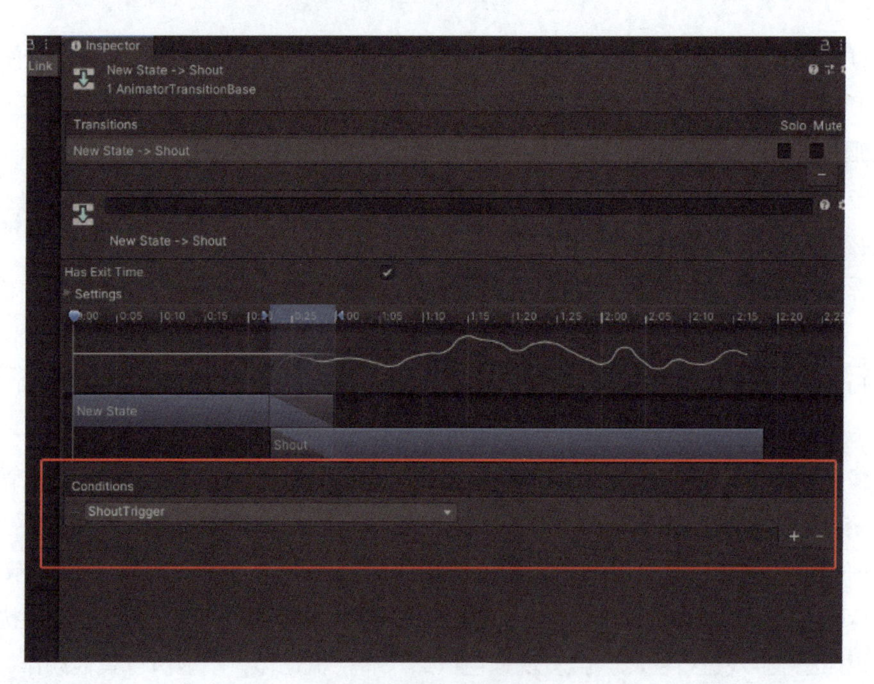

（b）动画过渡条件设置面板

■ 图 5-48　过渡线条件设置

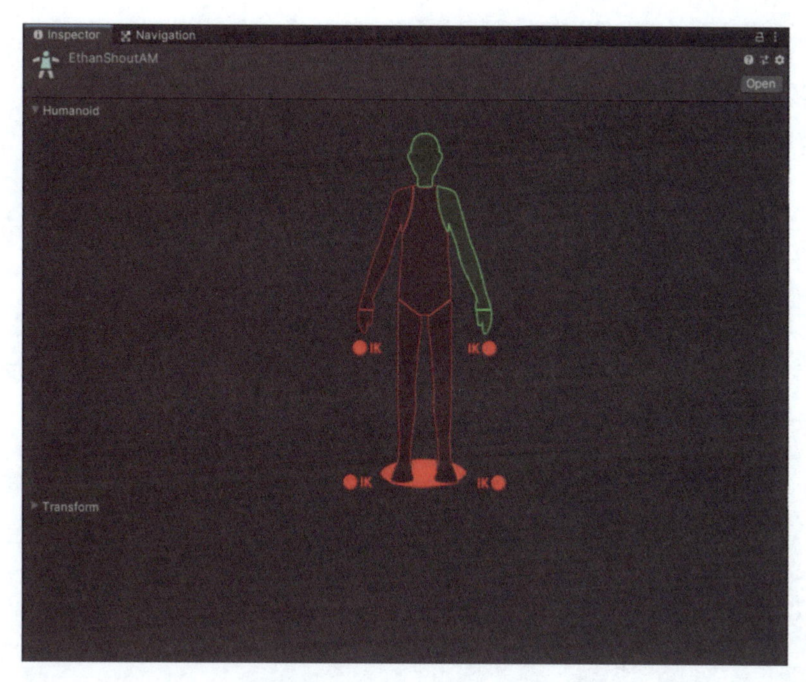

■ 图 5-49　设置动画遮罩

5.7.7　编写角色和状态控制脚本

作为一个潜行游戏，最重要的环节之一就是操作角色的行走移动。之前的步骤已经在场景中成功设置了玩家角色模型，并且添加了具备物理属性的 Rigidbody 刚体组件和用于进行交互检测的 Capsule Collider 碰撞体，同时设置了玩家的动画状态机。现在还需要编译脚本实现角色运动功能控制，操作步骤如下：

① 在 Assets → Script 目录下右击，在弹出的快捷菜单中选择相应命令创建一个 C# Script 脚本文件，重命名为 PlayerMovement，并将其拖动到角色对象 char_ethan 上。

② 双击脚本 PlayerMovement.cs 进入脚本编辑界面。

③ 在脚本中加入以下变量：

```
private Animator _animator;     //用于获取角色身上的 Animator 组件
public float turnSpeed = 10;    //用于表示角色转身的速度
```

④ 在函数 Awake ( ) 中获取 Animator 组件。

⑤ 在函数 Update ( ) 中设置：当按下任意一个方向键时，利用 Input.GetAxis(“Horizontal”) 及 Input.GetAxis("Vertical") 的方法实现物体的水平及垂直的按键操作，代码如下：

```
float h = Input.GetAxis("Horizontal");
float v = Input.GetAxis("Vertical");
```

参数 h 和 v 分别表示水平和垂直输入轴的输入。

⑥ 通过“GetComponent<Animator>();”来获取角色对象的动画信息，在 Update 中利用设置动画里的参数来实现角色的动作控制，代码如下：

```
    _animator.SetFloat(GameConst.PARAMETER_SPEED,5.66f,dampTime,Time.deltaTime);
```

实现角色移动及动作切换的脚本代码如下：

```
using System;
using UnityEngine;

public class PlayerMovement : MonoBehaviour
{
    [Header("动画参数渐变时间")]
    public float dampTime = 1f;
    [Header("转身速度")]
    public float turnSpeed = 10;
    private float hor, ver;
    private bool sneak, attract;
    private Animator _animator;
    private void Awake()
    {
        _animator = GetComponent<Animator>();
    }
    private void Update()
    {
        hor = Input.GetAxis(GameConst.AXIS_HORIZONTAL);
        ver = Input.GetAxis(GameConst.AXIS_VERTICAL);
        //如果按下了任意一个方向键
        if (hor != 0 || ver != 0)
        {
            //设置动画参数，切换到 Locomotion
            _animator.SetFloat(GameConst.PARAMETER_SPEED,5.66f,dampTime,Time.
deltaTime);
            //玩家转身
        }
        else
        {
            //直接切换到 Idle
            _animator.SetFloat(GameConst.PARAMETER_SPEED,1.4f);
        }
    }
}
```

此时运行游戏程序进行检测，可以看到玩家角色会根据玩家的按键而执行行走或奔跑的动作，停止按键则回归待机状态。此时，如果角色在进行移动时出现了重心不稳或向移动方向倾倒的情况，请回到刚体属性面板检查是否已经完成了角色 X、Y、Z 轴的旋转固定。

此时的角色虽然可以实现移动，但是由于面向固定，看起来很不自然，所以，还需要考虑在移动的基础上添加一段代码，让角色接收到按键信息的同时完成移动和转向。在 Update 中补充角色旋转函数，通过设置角色的 rotation 属性完成旋转效果，代码如下：

```
private void PlayerRotate()
{
    //方向向量
```

```
        Vector3 dir = new Vector3(hor,0,ver);
        //将方向向量转换为四元数
        Quaternion targetQua = Quaternion.LookRotation(dir);
        //Lerp 过去
        transform.rotation = Quaternion.Lerp(transform.rotation,
            targetQua, Time.deltaTime * turnSpeed);
    }
```

当然，在完成角色的基本动作之后，还需要对潜行动作和吆喝动作同样进行进一步的脚本控制。

① 在 PlayerMovement 脚本中补充变量的声明：

```
private bool sneak, attract;
```

sneak 表示是否开启潜行动作，attract 表示是否开启吆喝动作。

② 在 Update 中补充 sneak、attract 的赋值及应用：

```
sneak = Input.GetButton(GameConst.BUTTON_SNEAK);
attract = Input.GetButtonDown(GameConst.BUTTON_ATTRACT);
_animator.SetBool(GameConst.PARAMETER_SNEAK,sneak);
if (attract)
{
    //触发喊叫
    animator.SetTrigger(GameConst.PARAMETER_SHOUT);
}
```

5.8 摄像机跟随

Camera 是向玩家捕获和显示世界的设备。通过自定义和操纵摄像机，可以使游戏表现得真实、独特。在场景中，摄像机的数量不受限制，摄像机可以以任何顺序设定放置在屏幕上的任何地方，或在屏幕的某些部分。摄像机 Camera 是整个 Unity 3D 中的核心部件，类似于人的眼睛。游戏中就是通过摄像机来观看整个场景世界的。并且它有个最重要的特征：没有被摄像机照射的对象是不会被渲染器渲染的，从这个特点上可以做很多游戏性能优化的处理，比如超出视野范围的警卫停止 AI 移动，超出视野的水波停止流动等。在游戏中由于地图场景会比较大，在人物移动时，很容易就超出了摄像机拍摄范围，所以需要增加一个脚本来控制镜头的移动，使它始终跟随玩家人物。其实现逻辑主要是在每帧执行的 Update 方法中增加对目标对象（玩家人物）进行检测，检测到目标对象的位置不同时，会通过自动修改摄像机在世界坐标的位置来达到跟随的目的。

在大型地图中，人们不可能一次性观察到地图全局。因此在设计第一人称游戏及第三人称游戏时，往往需要在主角身上或者近邻位置设置一个摄像机，使其能够跟随主角移动，以此增强临场感，增强即时性反馈，提升游戏体验。这里将摄像机固定在主角侧后方，这样，主角在移动过程中，摄像机也随着移动，也就是说，摄像机相对于主角，总是在 Vector3.forward 方向上靠后一些，在 Vector3.up 方向上偏上一些。同时，为了使摄像机的移动更加平滑，避免掉帧现象，引入差值函数 Vector3.Lerp()，使摄像机的移动更加圆润。

在 Project 视图的 Assets/Scripts 目录下新建脚本 CameraFollow.cs，并将其绑定到 Main Camera 对象上。

在 CameraFollow 脚本中加入以下变量：

```
private Transform followTarget;
private Vector3 dir;
public float moveSpeed = 3f;
public float turnSpeed = 5f;
```

其中：

followTarget 表示 Camera 要对准的目标对象的 Transform 组件，moveSpeed 和 turnSpeed 分别表示相机的移动速度和转动速度，dir 表示摄像机与角色之间的方向向量。

具体的实现脚本如下：

```
using System;
using UnityEngine;

public class CameraFollow : MonoBehaviour
{
    [Header(" 档位数量 ")]
    public int gear = 5;

    [Header(" 相机移动速度 ")]
    public float moveSpeed = 3f;
    [Header(" 相机转动速度 ")]
    public float turnSpeed = 5f;
    //跟随的目标
    private Transform followTarget;
    //方向向量
    private Vector3 dir;
    //所有可选的位置坐标
    private Vector3[] positions;
    //射线碰撞检测器
    private RaycastHit hit;
    private void Awake()
    {
        followTarget = GameObject.FindWithTag(GameConst.TAG_PLAYER).transform;
        if (gear < 2)
            gear = 2;
        positions = new Vector3[gear];
    }
    private void Start()
    {
        //求摄像机与跟随目标之间的方向向量
        dir = followTarget.position - transform.position;
    }
    private void Update()
    {
        Vector3 bestPos = followTarget.position - dir;
```

```
        Vector3 badPos = followTarget.position + Vector3.up * GameConst.OVER-
LOOKHEIGHT;
        positions[0] = bestPos;
        positions[positions.Length - 1] = badPos;
        for (int i = 1; i < positions.Length - 1; i++)
        {
            //通过插值求中间点的坐标
            positions[i] = Vector3.Lerp(bestPos,badPos,(float)i/(gear-1));
        }
        //观察点，初值就是最好的点
        Vector3 watchPoint = bestPos;
        //遍历可选坐标数组，找到能看到目标的最好的点
        for (int i = 0; i < positions.Length; i++)
        {
            if (CanSeeTarget(positions[i]))
            {
                //找到了合适的点
                watchPoint = positions[i];
                //跳出循环
                break;
            }
        }
        //平滑移动到最佳观察点
        transform.position = Vector3.Lerp(transform.position,
            watchPoint,Time.deltaTime * moveSpeed);
        //观察点指向目标的方向向量
        Vector3 lookDir = followTarget.position - watchPoint;
        //将方向向量转换为四元数
        Quaternion targetQua = Quaternion.LookRotation(lookDir);
        //Lerp过去
        transform.rotation = Quaternion.Lerp(transform.rotation,
            targetQua,Time.deltaTime * turnSpeed);
        //欧拉角约束
        Vector3 eulerAngles = transform.eulerAngles;
        eulerAngles.y = 0;
        eulerAngles.z = 0;
        transform.eulerAngles = eulerAngles;
    }
    /// <summary>
    /// 是否可以看到目标
    /// </summary>
    /// <returns></returns>
    private bool CanSeeTarget(Vector3 watchPos)
    {
        //观察点指向跟随目标的方向向量
        Vector3 watchDir = followTarget.position - watchPos;
        if (Physics.Raycast(watchPos, watchDir, out hit))
        {
            //如果射线检测到的目标是玩家
            if (hit.collider.CompareTag(GameConst.TAG_PLAYER))
```

```
                {
                    return true;
                }
            }
            return false;
        }
    }
```

将编译完成的摄像机跟随脚本文件 CameraFollow.cs 挂靠到主摄像机上，即可实现对于玩家操作角色的视线跟随。此脚本可以直接运用于本游戏其他场景中的视角跟随，也可以在其他案例中被复用。

5.9 使用触发器并创建环境交互

5.9.1 设置解锁道具

前面的内容讲解了触发器的原理及使用方法。在游戏中，除了激光陷阱的触发以外，如道具物品解锁、敌人生成触发等交互都可以通过同样的方法来进行相应的设置。

如游戏当中的道具物品解锁。在 Assert → Models 中选择 prop_switchUnit，并将其拖入到场景中，调整坐标，放到合适的位置，如图 5-50 所示。当角色走到该游戏对象的一定范围内并且按下对应按键，即可解除场景中对应的激光陷阱，同时游戏对象上显示解锁材质。

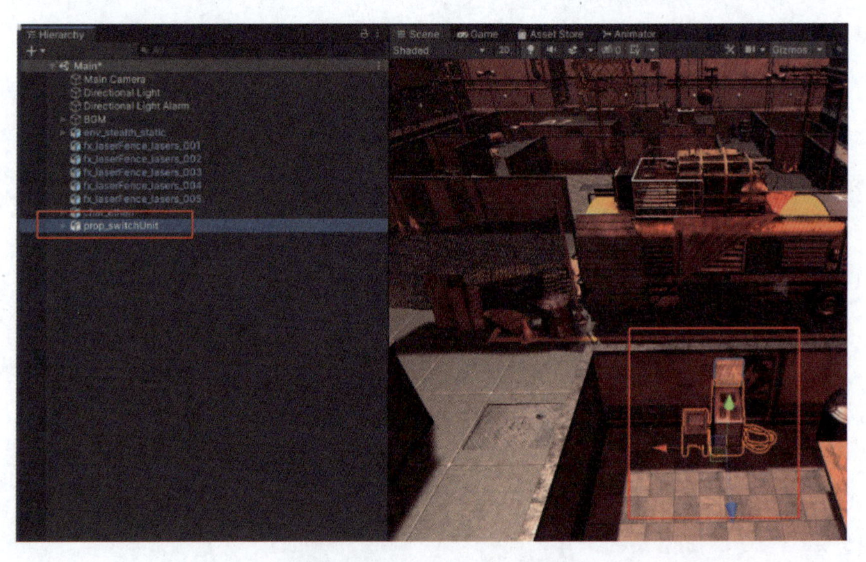

■ 图 5-50　激光解除道具

为游戏对象 prop_switchUnit 添加碰撞器及触发器，使角色不会穿透模型，同时能执行一定的触发事件，如图 5-51 所示。

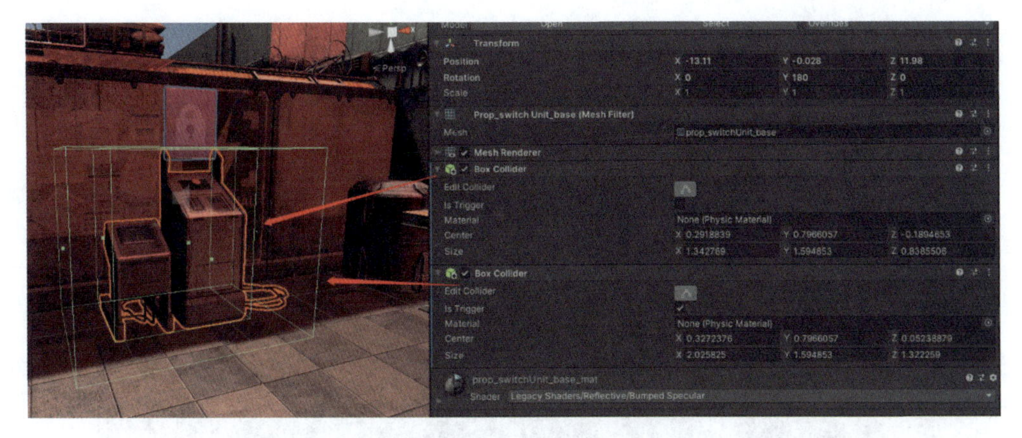

■ 图 5-51　设置触发器与碰撞器

在 Project 视图的 Assets/Scripts 目录下新建脚本 LaserController.cs，并将其绑定到 prop_switchUnit 对象上。利用 OnTriggerStay() 进行触发事件的检测，代码如下：

```
private void OnTriggerStay(Collider other)
{
    if(!other.CompareTag(GameConst.TAG_PLAYER))
        return;
    if (Input.GetButtonDown(GameConst.BUTTON_SWITCH))
    {
        // 如果控制的激光已经关掉了
        if(!controledLaser.activeSelf)
            return;
        // 关闭控制的激光
        controledLaser.SetActive(false);
        // 更换解锁材质
        screenMeshRenderer.material = unlockMat;
        // 播放声音
        audioSource.Play();
    }
}
```

5.9.2　设置摄像头

本项目中除了警卫以外，在场景中关键路口处会放置摄像头，如果角色在游戏运行过程中进入了摄像头的拍摄范围，会立即触发警报。选择 Models → prop_cctvCam 并将其拖放到场景中，调整大小和位置，如图 5-52 所示。

摄像头的监视范围通常呈现锥形（Cone）范围，只有在该范围内的动态活动才能被摄像头所感知。因此，设计时需要为摄像头设置对应形态的触发范围。在 prop_cctvCam 对象的子物体 prop_cctvCam_body 下创建空物体并命名为 prop_cctvCam_trigger，为该对象添加 Mesh Collider 组件，为其 Mesh 属性选择 cam_frustum_collision 网格。调整大小和角度，如图 5-53 所示。最后将 AlarmTrigger 脚本同样挂载在该游戏对象上，使其执行警报触发功能。

图 5-52　放置监控摄像头

图 5-53　设置监控摄像头监控区域

当然，摄像头并不是一个静态的道具，它需要进行动态的左右旋转进行局部范围的来回监控，因此，这里还需要为其创建一个左右旋转的动画，动画的创建内容在前面章节已有详细描述，这里不再赘述。

5.9.3　设置自动门

本项目场景中有多处需要设置自动开关门，当角色走到门的触发范围内时，大门自动打开，间隔一段时间之后自动关闭。选择 Models → door_generic_slide 并将其拖放到场景中对应位置，根据前面章节所学习的动画状态机知识，为游戏对象 door_generic_slide 创建开门及关门的动画过渡，这里不再赘述，如图 5-54 和图 5-55 所示。

图 5-54　设置房间门

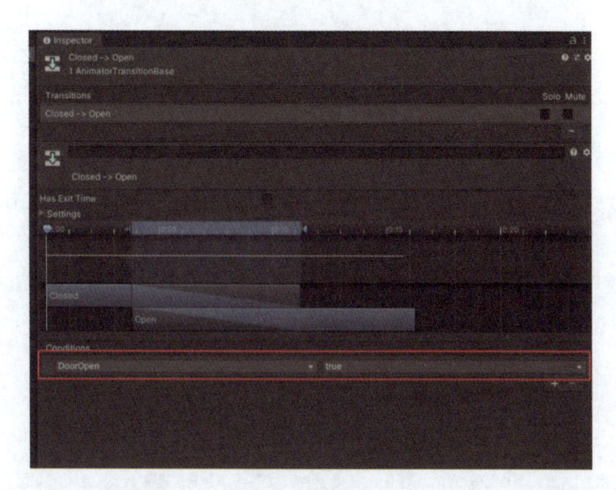

（a）动画面板

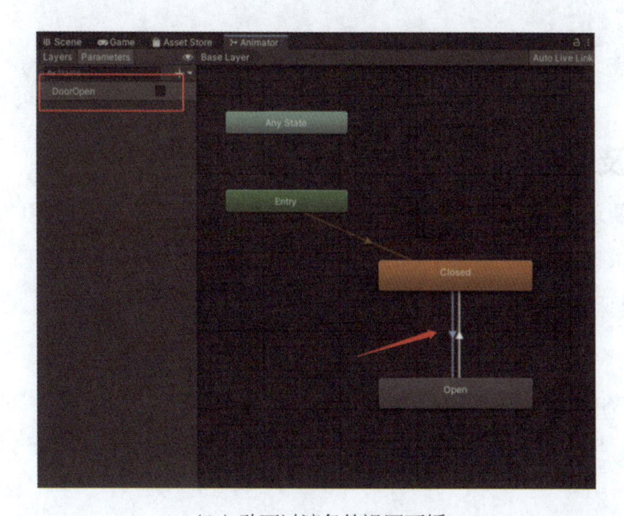

（b）动画过渡条件设置面板

图 5-55　配置房间开关门动画

完成动画设置后，需要通过触发检测函数实现大门的开关触发，代码如下：

```
private void OnTriggerEnter(Collider other)
{
    if(other.isTrigger)
        return;
    if (other.CompareTag(GameConst.TAG_PLAYER)
        || other.CompareTag(GameConst.TAG_ENEMY))
    {
        //第一个进入触发器的人，开门
        if (++counter == 1)
        {
            animator.SetBool(GameConst.PARAMETER_DOOROPEN,true);
            audioSource.Play();
        }
    }
}

private void OnTriggerExit(Collider other)
{
    if(other.isTrigger)
        return;
    if (other.CompareTag(GameConst.TAG_PLAYER)
        || other.CompareTag(GameConst.TAG_ENEMY))
    {
        //最后一个离开触发器的人，关门
        if (--counter == 0)
        {
            animator.SetBool(GameConst.PARAMETER_DOOROPEN,false);
            audioSource.Play();
        }
    }
}
```

5.9.4 设置钥匙及终点大门

潜行游戏往往需要玩家秘密完成各种任务而不被警卫发现，当任务完成时，游戏结束，玩家取得胜利。本项目要求玩家在躲避警卫的过程中取得钥匙并到达终点大门，成功乘坐电梯离开，因此接下来需要对钥匙和电梯进行相关的触发设置。

（1）设置钥匙

选择 Models → prop_keycard 并将其拖放到场景中，调整大小及位置，为其创建以自身为中心进行旋转的动画效果，与上述动画制作方式类似，这里不再赘述，如图 5-56 和图 5-57 所示。

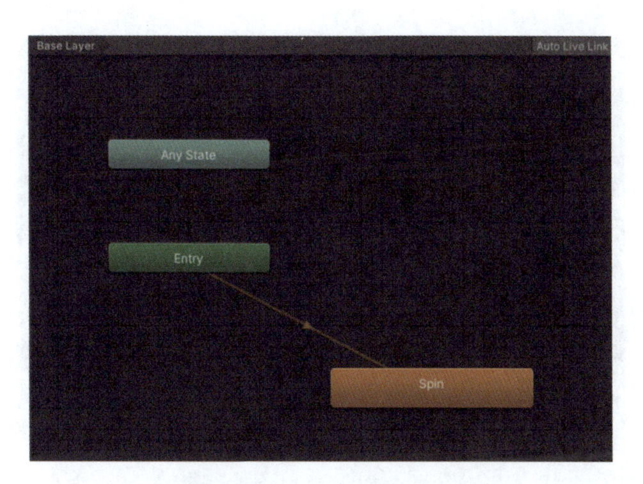

■ 图 5-56　设置钥匙动画

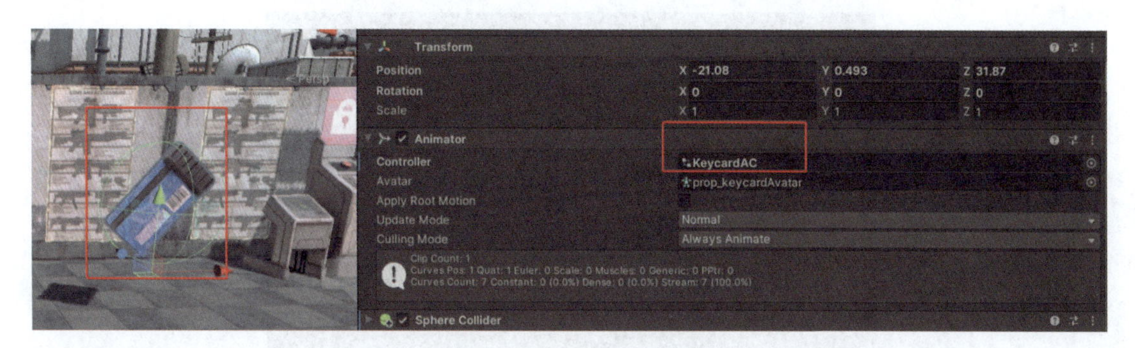

■ 图 5-57　设置钥匙参数

新建脚本 KeycardPickup.cs 挂载到 prop_keycard 上。编辑触发函数 OnTriggerEnter() 实现钥匙触发功能，代码如下：

```
private void OnTriggerEnter(Collider other)
{
    if (other.CompareTag(GameConst.TAG_PLAYER))
    {
        //玩家拾取钥匙
        other.GetComponent<PlayerPacksack>().hasKey = true;
        //播放音效
        AudioSource.PlayClipAtPoint(pickupClip,transform.position);
        //销毁自己
        Destroy(gameObject);
    }
}
```

（2）设置终点大门和电梯大门

终点大门的前期准备工作与钥匙一致，选择 Models → door_exit_outer 并将其拖放到场景中，调整大小及位置，为其创建对应的开关门动画。一旦终点大门能够成功打开，电梯大门也会跟着打开。选择 Models → prop_lift_exit 并将其拖放到场景中，调整大小及位置，为其创建对应的开关门动画，这里不再赘述，如图 5-58、图 5-59 和图 5-60 所示。

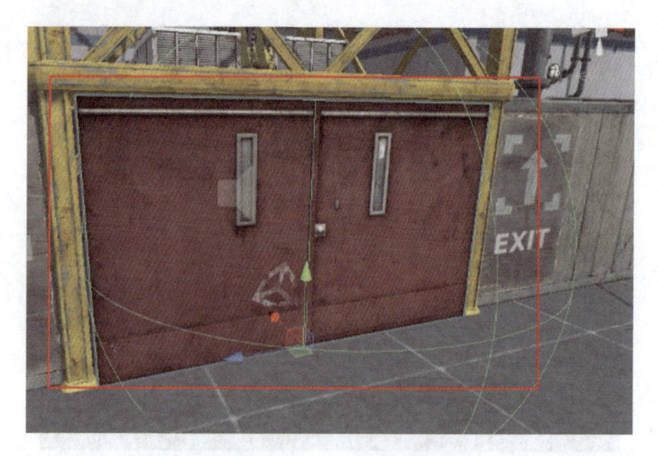

■ 图 5-58　设置终点大门

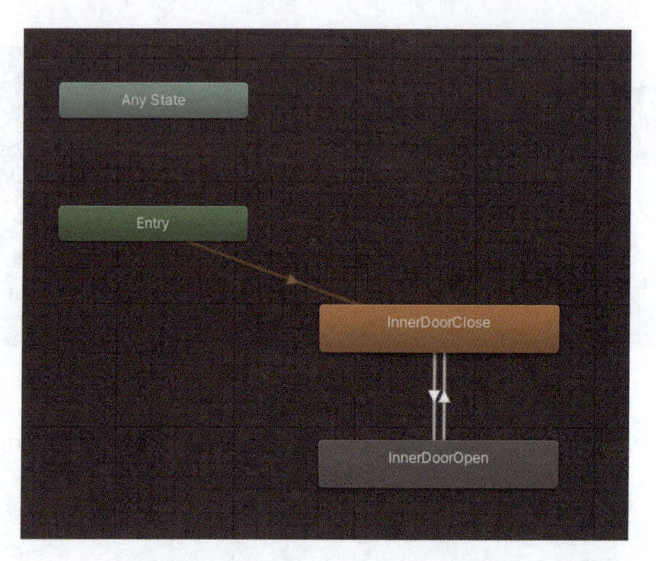

■ 图 5-59　设置终点大门动画状态机

■ 图 5-60　设置电梯大门

当角色成功获取钥匙到达终点大门时即可成功打开并逃离，因此，设计者需要先判断玩家获取钥匙的状态。很明显，该状态只有两种：获得、未获得，故可以通过在角色身上添加布尔值参数来进行辅助判断。

新建脚本 PlayerPacksackcs 挂载到角色上，定义布尔值变量 hasKey，代码如下：

```
public class PlayerPacksack : MonoBehaviour
{
    public bool hasKey = false;
}
```

新建脚本 BigDoorController.cs 挂载到 door_exit_outer 上。编辑触发函数 OnTriggerEnter()，通过判断进入大门触发范围的角色是否是玩家，玩家是否已经获取钥匙，从而实现大门触发功能，代码如下：

```
private void OnTriggerEnter(Collider other)
    {
        if(!other.CompareTag(GameConst.TAG_PLAYER))
            return;
        if (other.GetComponent<PlayerPacksack>().hasKey)
        {
            //开门动画
            animator.SetBool(GameConst.PARAMETER_DOOROPEN,true);
            innerDoorAnimator.SetBool(GameConst.PARAMETER_DOOROPEN,true);
            //播放开门声音
            AudioSource.PlayClipAtPoint(doorOpenClip,transform.position);
        }
        else
        {
            //播放拒绝开门声音
            AudioSource.PlayClipAtPoint(doorAccessDeniedClip,transform.po-
sition);
        }
    }

    private void OnTriggerExit(Collider other)
    {
        if(!other.CompareTag(GameConst.TAG_PLAYER))
            return;
        //如果门开着
        if (animator.GetBool(GameConst.PARAMETER_DOOROPEN))
        {
            //关门动画
            animator.SetBool(GameConst.PARAMETER_DOOROPEN,false);
            innerDoorAnimator.SetBool(GameConst.PARAMETER_DOOROPEN,false);
        }
  }
```

（3）设置电梯

当玩家成功进入电梯即表明玩家取得胜利，可通过电梯离开现场。因此，这里需要使电梯承载玩家向上移动。

新建脚本 LiftRaise.cs 挂载到 prop_lift_exit_carriage 上，首先声明电梯的上升速度，通过修改玩家角色及电梯的位置属性，使其以一定速度向上移动，即可实现电梯的上升效果。

```
声明速度变量:
public float moveSpeed = 3f;
玩家及电梯位置上移:
lift.position += Vector3.up * Time.deltaTime * moveSpeed;
player.position += Vector3.up * Time.deltaTime * moveSpeed;
```

5.10 创建警卫 AI

5.10.1 一些简单的 AI 指导方针

现如今，所有电子游戏都离不开 AI 的运用，如游戏《英雄联盟》里怪物战斗 AI、作用于野怪刷新的场景 AI、人机挑战中机器人战斗 AI；游戏《巫师 3》中的 NPC AI、怪物 AI 等，AI 运用基本可以囊括现有 AI 的运用场景。现有游戏 AI 基本通过行为树（behavior tree）与有限状态机（finite state machines）两种方式进行实现。状态机是一种表示状态并控制状态切换的设计模式，常常用于设计某种东西的多个状态。而有限状态机是指游戏内的条件逻辑封装到各个状态类里。例如，敌人 AI 中敌人入战的有限状态机，如图 5-61 所示。

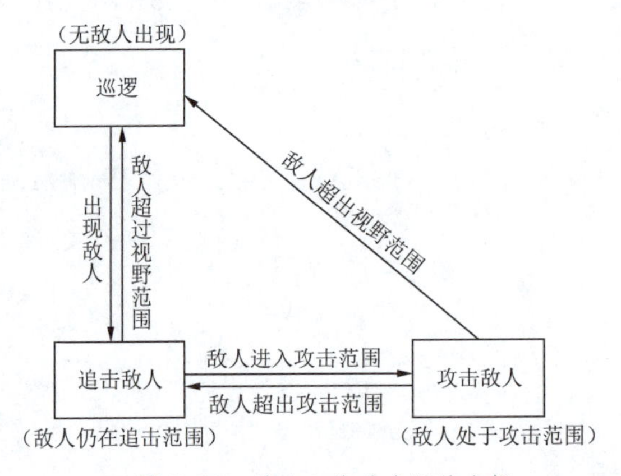

■ 图 5-61　敌人入战的有限状态机

如果想追击敌人实现状态的修改，是需要对程序进行状态类中的内容进行修改的。在游戏开发中使用状态机不失为一种选择，首先它的概念并不复杂，其次它的实现也十分简单而直接，所以当一个简单的 NPC 需要 AI，使用状态机是完全可行的。

NPC 的 AI 行为类型可分为两类：

① 外部互动。如玩家进行碰撞 NPC 等。

② 系统变化。如天气、时间等的变化引发 NPC 的行为变化。

而一个 NPC 的智能行为过程主要分为三步：

① 事件触发检测。

② 触发响应得到候选的可执行行为。

③ 决断出最终行为并通知 AI。

怪物 AI 的设计则需要考虑追击方式；简单、困难的对抗难度系数；以及怪物本身拥有的攻击技能。

在追击方面，常见的有以下四种类型：

① 追赶型：怪物会一直在玩家身后进行追赶。

② 埋伏型：怪物会提前在玩家的必经之路上进行埋伏等待，进行伏击。

③ 包围型：怪物会从多个方向围向玩家，进行围攻。

④ 随机型：怪物没有特定的追击方向，会随机进行攻击。

在警卫 AI 里进行合理的追击设定可以提升游戏的难度，增强游戏的趣味性。同时，也可以调整警卫的移动速度与攻击强度，以提高游戏难度。

在本项目中，对警卫 AI 的设定是：当前场景存在三个警卫沿着固定路线巡逻，当玩家角色进入激光陷阱或者摄像头监控范围时立即触发警报，警报系统会将玩家当前位置传递给警卫。警卫获取到警报信息之后往该位置进行追踪，一旦视野里发现玩家或者听到玩家脚步声，即可对玩家角色发起攻击。若在一定时间内无法追踪到玩家角色，则警卫停止追踪，继续沿固定路线进行巡逻。

下面首先对警卫进行基本配置，选择 Models → char_robotGuard 并拖放到场景中，调整大小和位置，为游戏对象 char_robotGuard 添加碰撞器 Capsule Collider 组件和刚体 RigidBody 组件，同时为其添加标签 Enemy，如图 5-62 所示。

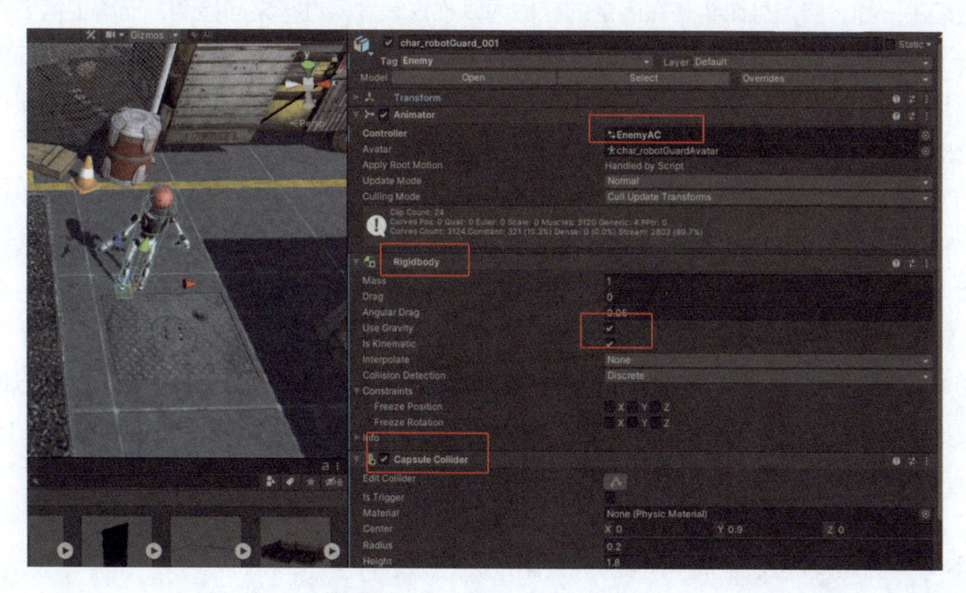

■图 5-62　设置玩家基本组件

新建脚本 EnemySighting 并将其挂载在 char_robotGuard 上，再通过脚本和属性设置完善警报系统。

① 声明当警报发生时机器人能掌握的警报坐标变量，以及上一帧获取到的警报坐标，代码如下：

```
public Vector3 personalAlarmPosition;
private Vector3 previousAlarmPosition;
```

由于玩家角色在躲避警卫时有可能多次触发警报，每次触发都会对警报坐标进行更新，从而使警卫能够快速掌握玩家的位置信息，因此，声明了上述两个坐标变量方便进行坐标数据的更新。

② 在 Update() 中进行警报坐标的赋值，代码如下：

```
private void Update()
{
    //上一帧的全局警报与当前帧的全局警报进行比较
    if (previousAlarmPosition != alarmSystem.alarmPosition)
    {
        //如果发生了变化，更新全局警报到私人警报
        personalAlarmPosition = alarmSystem.alarmPosition;
    }
    //保留当前帧的警报坐标，以备下一帧使用
    previousAlarmPosition = alarmSystem.alarmPosition;
}
```

运行之后可发现当玩家多次触发警报时，在属性编辑面板中能看到 personalAlarmPosition 的值，能够进行即时更新。而除了玩家触发警报这一情境以外，当玩家出现在某个警卫的视野里或者某个警卫听到了玩家的脚步声，该警卫也会立即发起追踪，这里要注意，此时其他范围外的警卫将继续在原位置进行巡逻。下面来实现警卫的视觉检测和听觉检测。

警卫的视觉检测可利用扇形区域作为检测范围，但是要注意，这里与前面 5.9.2 节中监控摄像头的处理不一样，监控摄像头是在固定的区域内以锥形触发器进行来回检测，而警卫需要在固定的路线进行巡逻，如果采用监控摄像头一样的设置则有可能发生穿墙检测到玩家角色的问题，这样明显是不合理的。这里采用扇形区域中计算玩家角色与警卫正前方位置夹角的方式来实现警卫的视觉检测功能，在编写脚本时需要注意以下三个问题：

① 警卫的视觉范围有多大，如何计算玩家角色是否在检测范围中：利用 Vector3.Angle() 可计算两个方向向量的夹角。

② 玩家角色与警卫之间距离多大时能够被检测到：在警卫上放置一定范围的触发器，只要玩家进入触发器范围即可被检测。

③ 如何解决警卫与玩家角色中间有阻挡物的情况：采用射线检测方法，以警卫为起点往玩家角色发出一条射线，如果能得到玩家角色的碰撞信息，则认为两者之间没有阻挡物。在 EnemySighting.cs 中继续补充视觉检测相关脚本，步骤及代码如下：

① 获取警卫与玩家角色的方向向量。

```
dir = player.position - transform.position;
```

② 设定警卫的视角范围，计算玩家角色与警卫之间的夹角，若夹角过大即认为不可视。

```
public float viewOfField = 130;
float angle = Vector3.Angle(dir, transform.forward);
```

```
if (angle > viewOfField/2)
        return;
```

③ 从警卫眼睛处发出一根射线，利用射线检测方法判断是否与玩家发生碰撞。

```
if (!Physics.Raycast(eyesPos, dir, out hit))
    return;
if (!hit.collider.CompareTag(GameConst.TAG_PLAYER))
    return;
```

完整代码如下：

```
/// <summary>
/// 视觉检测
/// </summary>
private void VisualInspection()
{
    //默认标记不能看到玩家
    playerInSight = false;
    //求方向向量
    dir = player.position - transform.position;
    //求夹角
    float angle = Vector3.Angle(dir, transform.forward);
    //如果夹角过大，则看不到玩家
    if (angle > viewOfField/2)
        return;
    //计算眼睛的位置
    Vector3 eyesPos = transform.position + Vector3.up * GameConst.ENEMY_
EYES_HEIGHT;
    //发射物理射线
    if (!Physics.Raycast(eyesPos, dir, out hit))
        return;
    //如果射线检测到的不是玩家，说明两者之间有障碍物
    if (!hit.collider.CompareTag(GameConst.TAG_PLAYER))
        return;
    //看到了玩家，触发全局警报
    alarmSystem.alarmPosition = player.position;
    //标记可以看到玩家
    playerInSight = true;
}
```

警卫的听觉检测主要包括检测玩家是否发出喊叫或发出脚步声，当然，在游戏开发中不可能真的存在听觉，因此，这里可以通过判断玩家是否正在做喊叫的行为或者运动的行为进行检测。

在 EnemySighting.cs 中继续补充听觉检测相关脚本，步骤及代码如下：

① 当玩家角色进入警卫触发范围内时，先判断玩家是否处于运动状态或者喊叫状态。

```
//玩家是否在运动状态
bool isLocomotion = playerAnimator.GetCurrentAnimatorStateInfo(0).shortNam-
eHash == GameConst.STATE_LOCOMOTION;
//玩家是否处于喊叫状态
bool isShout = playerAnimator.GetCurrentAnimatorStateInfo(1).shortNameHash
== GameConst.STATE_SHOUT;
```

② 当有任一行为发生则需要向距离内的所有警卫发送玩家位置并且发起警报。

```
//设置私人警报位置
personalAlarmPosition = player.position;
```

完整代码如下：

```
/// <summary>
/// 听觉检测
/// </summary>
private void HearingTest()
{
    //玩家是否在运动状态
    bool isLocomotion = playerAnimator.GetCurrentAnimatorStateInfo(
        0).shortNameHash == GameConst.STATE_LOCOMOTION;
    //玩家是否处于喊叫状态
    bool isShout = playerAnimator.GetCurrentAnimatorStateInfo(
        1).shortNameHash == GameConst.STATE_SHOUT;
    //既没有脚步声也没有喊叫声
    if (!isLocomotion && !isShout)
        return;
    //设置私人警报位置
    personalAlarmPosition = player.position;
}
```

5.10.2　设置自动导航系统

在 Unity 中存在一个非常强大的工具——自动导航系统，该系统可以提供路径规划功能，根据预设的目的地和障碍物的布置自动计算和生成最佳的移动路径。这意味着开发者无须手动编写复杂的算法来实现移动和避开障碍物的逻辑，节省了大量的时间和精力。

自动导航系统主要包括以下几个组件：

1. NavMesh（导航网格）

NavMesh 用于生成一个可供游戏对象导航的网格。导航网格会根据场景中的几何布局和障碍物自动计算出可行走的区域，并为游戏对象提供路径规划和避障的功能。NavMesh Agent（导航网格代理）会根据 NavMesh 的指导，自动沿着最佳路径移动游戏对象，相关参数含义见表 5-15。

表 5-15　NavMesh 参数含义

名　称	含　义
Agent Radius	代理半径，用来决定该游戏对象能够绕过的最小障碍物或被视为可通行的空间大小
Agent Height	代理高度，用来决定该游戏对象能够通过的最低空间高度
Agent Slope	最大斜坡角度。超过该角度的斜坡将被视为不可通行区域。通过调整这个属性，可以控制游戏对象在不同地形上的可行走能力
Agent Type	代理类型，常见的代理类型包括普通（walk）、跳跃（jump）和飞行（fly）等，根据游戏对象的特性选择合适的代理类型可以获得更准确的导航和移动效果

2. NavMesh Agent（导航网格代理）

NavMesh Agent 是放置在需要自动导航的游戏对象上的组件。它负责实现游戏对象的移动和导航功能。通过该组件，开发者可以指定游戏对象的目标位置，然后由系统自动计算并沿着 NavMesh 上的最佳路径移动，避免碰撞障碍物，相关参数含义见表 5-16。

表 5-16　NavMesh Agent 参数含义

名　称	含　义
Radius	代理的半径，用于计算障碍物与其他代理之间的碰撞
Height	代理通过头顶障碍物时所需的高度间隙
Base offset	碰撞圆柱体相对于变换轴心点的偏移
Speed	最大移动速度（以世界单位每秒表示）
Angular Speed	最大旋转速度（度每秒）
Acceleration	最大加速度（以世界单位每二次方秒表示）
Stopping distance	当靠近目标位置的距离达到此值时，代理将停止
Auto Braking	启用此属性后，代理在到达目标时将减速。对于巡逻等行为（这种情况下，代理应在多个点之间平滑移动）应禁用此属性
Quality	障碍躲避质量
Priority	执行避障时，此代理将忽略优先级较低的代理。该值应在 0~99 范围内，其中较低的数字表示较高的优先级
Auto Traverse OffMesh Link	设置为 True 可自动遍历网格外链接（off-mesh link）。如果要使用动画或某种特定方式遍历网格外链接，则应关闭此功能
Auto Repath	启用此属性后，代理将在到达部分路径末尾时尝试再次寻路。当没有到达目标的路径时，将生成一条部分路径通向与目标最近的可达位置
Area Mask	描述了代理在寻路时将考虑的区域类型。在准备网格进行导航网格烘焙时，可设置每个网格区域类型。例如，可将楼梯标记为特殊区域类型，并禁止某些角色类型使用楼梯

3. NavMesh Obstacle（导航障碍物）

NavMesh Obstacle 是用于表示场景中的障碍物的组件。通过将 NavMesh Obstacle 添加到场景中的障碍物上，系统可以根据障碍物的位置和形状，生成准确的导航网格，以确保 NavMesh Agent 能够正确地绕过障碍物进行移动，相关参数含义见表 5-17。

表 5-17　NavMesh Obstacle 参数含义

名　称	含　义
Shape	障碍物几何体的形状。选择最适合对象形状的选项
Move Threshold	当导航网格障碍物的移动距离超过 Move Threshold 设置的值时，Unity 会将其视为移动状态
Time To Stationary	将障碍物视为静止状态所需等候的时间（以秒为单位）
Carve Only Stationary	启用此属性后，只有在静止状态时才会雕刻障碍物

4. OffMeshLink（网格外链接）

OffMeshLink 是定义在 NavMesh 中的连接点，用于处理游戏对象在导航网格之间需要跳跃或特殊处理的情况。当一个 NavMesh Agent 接近 OffMeshLink 时，它会执行特定的动作，如跳跃、爬升等，从而实现在导航路径中的非连接部分的平滑转换，相关参数含义见表 5-18。

表 5-18　OffMeshLink 参数含义

名　称	含　义
Start	描述网格外链接起始位置的对象
End	描述网格外链接结束位置的对象
Cost Override	如果值为正，则在计算处理路径请求的路径成本时使用该值。否则，使用默认成本（此游戏对象所属区域的成本）
Bi-Directional	如果启用此属性，则可以在任一方向上遍历链接。否则，只能按照从 Start 到 End 的方向遍历链接
Activated	指定寻路器（pathfinder）是否将使用此链接（如果将此属性设置为 False，则忽略它）
Auto Update Positions	如果启用此属性，当端点移动时，网格外链接将重新连接到导航网格。如果禁用，即使移动了端点，链接也将保持在其起始位置
Navigation Area	描述链接的导航区域类型。该区域类型允许对相似区域类型应用常见的遍历成本，并防止某些角色根据代理的区域遮罩（Area Mask）访问网格外链接

这些功能可以增强游戏对象的移动体验，使其更加真实和自然。开发者可以通过简单的配置和调整来实现各种移动效果，从而提升游戏的可玩性和用户体验。下面来配置本项目的自动导航系统。

① 为警卫 char_robotGuard 添加 NavMesh Agent 组件，调整 Speed 值及 Radius 等参数，如图 5-63 所示。

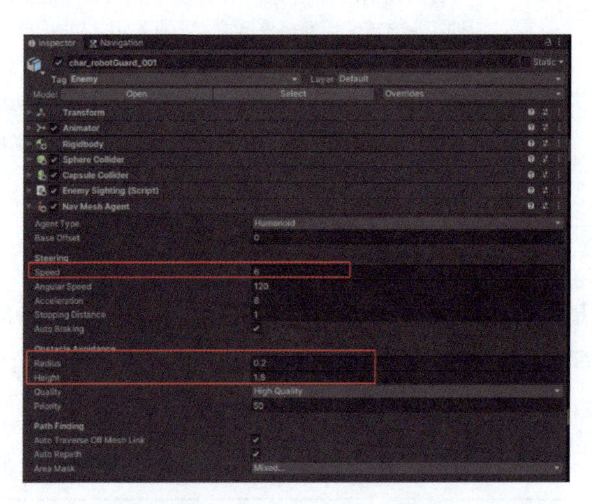

■ 图 5-63　配置警卫基本参数

②将游戏对象 env_stealth_static 设置为 Navigation Static，将整个游戏场景设置为导航静态，如图 5-64 所示。

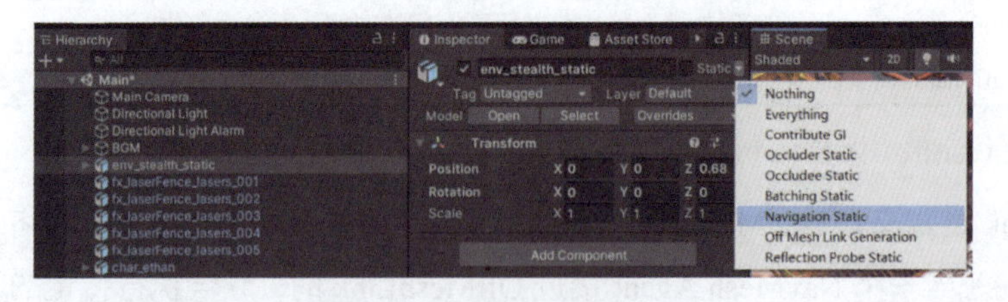

■ 图 5-64　设置静态场景

③ 单击 Window → AI → Navigation 打开导航面板，调整参数使场景中的地面都能被成功烘焙。这里要注意避免烘焙到场景中的木箱或房顶等地方，具体如图 5-65 所示。

■ 图 5-65　场景烘焙

④ 此时可以发现场景中外围区域也被烘焙，但是要注意的是，外围区域不管是警卫还是玩家角色都无法到达，因此需要修改场景中外围区域 extents 为非静态，使其不被烘焙，避免无意义的计算，最终场景烘焙效果如图 5-66 所示。

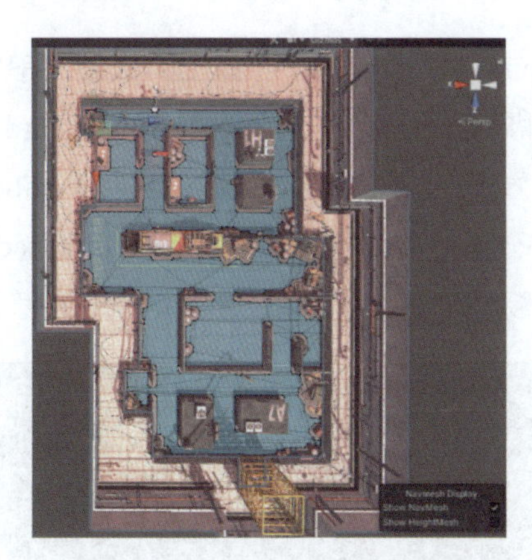

■ 图 5-66　完善场景烘焙

当警卫通过听觉检测发现玩家角色时，需要把玩家的警报位置告知距离内的所有警卫，这里的距离指的是导航系统上的路径距离，因此设置完自动导航系统之后，还需要在 EnemySighting.cs 脚本中对听觉检测函数 HearingTest() 继续补充。

① 声明导航组件变量和路径对象，通过 CalculatePath() 方法保存到达玩家角色的导航路径。

```
private NavMeshAgent navMeshAgent;
private NavMeshPath path;
bool canArrive = navMeshAgent.CalculatePath(player.position, path);
```

② 定义路径拐点数组、路径起点及路径终点。

```
Vector3[] points = new Vector3[path.corners.Length + 2];
//赋值中间的拐点
```

```
for (int i = 1; i < points.Length - 1; i++)
{
   points[i] = path.corners[i - 1];
}
//定义起点
points[0] = transform.position;
//定义终点
points[points.Length - 1] = player.position;
```

③ 声明距离变量，计算玩家角色与警卫之间的路径距离。

```
float distance = 0;
for (int i = 0; i < points.Length - 1; i++)
{
    //累加距离
    distance += Vector3.Distance(points[i], points[i + 1]);
}
```

5.10.3 设置警卫 AI

警卫 AI 的基本逻辑为先巡逻，再追踪，最后发起攻击。新建脚本 EnemyAI.cs，将其挂载在警卫对象 char_robotGuard 上，接下来先设置警卫角色的动画状态机，再通过脚本逐步实现警卫 AI 的巡逻、追捕、射击。

① 在 Assert → AnimatorController 中右击，在弹出的快捷菜单中选择 Create → AnimatorController 并重命名为 EnemyAC，将其拖拽到警卫对象 char_robotGuard 的 Controller 属性。

② 打开 EnemyAC 动画状态机，创建融合树并重命名为 Motion，创建融合树参数，单击 Parameters 视口中的“+”创建 float 类型参数并重命名为 AngularSpeed。

③ 双击融合树并在属性面板中对警卫所需要的所有动画进行添加，如图 5-67 所示。

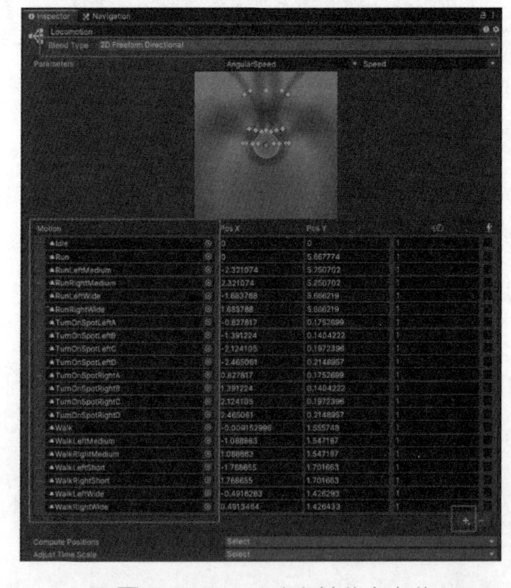

图 5-67 设置融合树基本参数

④ 新建脚本 EnemyAnimation.cs，并将其挂载在警卫对象上，双击脚本进入编辑界面。

⑤ 声明变量，定义警卫的速度及角速度。

```
private float speed, angularSpeed;
```

⑥ 计算当前角色的期望速度向量在机器人自身前方方向的投影向量。

```
    Vector3 projection = Vector3.Project(navMeshAgent.desiredVelocity,
transform.forward);
```

⑦ 将投影向量的模，作为直线速度的动画参数。

```
speed = projection.magnitude;
```

⑧ 计算当前角色的期望速度向量与机器人自身前方方向的夹角，并将该角度转为弧度。

```
float angle = Vector3.Angle(transform.forward,navMeshAgent.desiredVelocity);
angle *= Mathf.Deg2Rad;
```

⑨ 将获取到的角度和角速度作为动画参数进行设置。

```
    animator.SetFloat(GameConst.PARAMETER_SPEED,speed,dampTime,Time.deltaTime);
    animator.SetFloat(GameConst.PARAMETER_ANGULARSPEED,angularSpeed,dampTime,
Time.deltaTime);
```

详细脚本内容请参考完全版本的源文件，设置完警卫角色的动画之后，即可结合动画实现警卫的巡逻、追捕、射击功能。

（1）警卫巡逻

当无警报发生时，警卫沿着固定路线进行巡逻。

① 定义巡逻路径拐点。在 Hierarchy 视图中右击，在弹出的快捷菜单中选择 Create Empty，创建空物体并命名为 WayPoint，在属性面板中选择图标进行标记，将空物体进行复制并放置在路径拐点上，如图 5-68 所示。

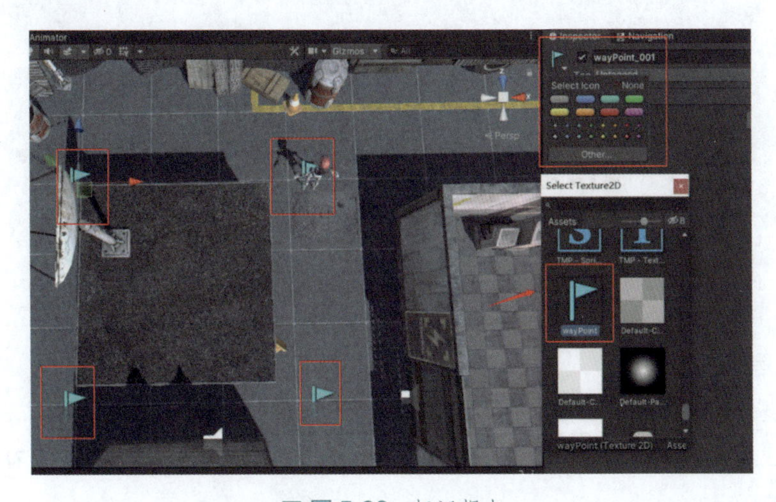

■ 图 5-68　标记拐点

② 双击打开 EnemyAI.cs 脚本开始编辑，声明拐点数组，管理路径拐点。

```
public Transform[] wayPoints;
```

③ 声明警卫巡逻速度。

```
public float patrollingSpeed = 2f;
```

④ 打开导航系统，保证警卫要进行巡逻时自动导航系统是开启的。

```
navMeshAgent.isStopped = false;
```

⑤ 将保存的拐点按顺序设置为导航目标，使警卫能够按照固定路径进行巡逻。

```
navMeshAgent.SetDestination(wayPoints[wayPointIndex].position);
//切换路点编号
wayPointIndex = ++wayPointIndex % wayPoints.Length;
```

完整的代码如下：

```
private void Patrolling()
{
    //恢复导航
    navMeshAgent.isStopped = false;
    //设置导航速度
    navMeshAgent.speed = patrollingSpeed;
    //设置导航目标
    navMeshAgent.SetDestination(wayPoints[wayPointIndex].position);
    //判断如果到达了导航目标
    if (navMeshAgent.remainingDistance -
        navMeshAgent.stoppingDistance < 0.05f)
    {
        //计时器计时
        timer += Time.deltaTime;
        if (timer > waitingInterval)
        {
            //切换路点编号
            wayPointIndex = ++wayPointIndex % wayPoints.Length;
            //计时器归零
            timer = 0;
        }
    }
    else
    {
        //计时器归零
        timer = 0;
    }
}
```

（2）警卫追捕

警卫的巡逻、追捕、射击动作存在随时切换的可能，而当执行不同的行为时，导航系统需要根据需要打开或者关闭，而追捕行为需要按照导航系统提供的路径前行，因此，在这一行径中要保证导航系统的开启。

① 声明 float 类型变量，以定义警卫追捕速度。

```
public float chasingSpeed = 6f;
```

② 打开导航系统，保证警卫要进行追捕时自动导航系统是开启的。

```
navMeshAgent.isStopped = false;
```

③ 声明 NavMesh Agent 类型变量，当获取警报位置时，利用 SetDestination() 将警卫导航至对应位置。

```
//声明NavMesh Agent类型变量
private NavMeshAgent navMeshAgent;
//导航到警报位置
navMeshAgent.SetDestination(enemySighting.personalAlarmPosition);
```

④ 判断警卫是否已经到达警报位置，若是则让警卫等待一段时间，如无其他事件发生则取消警报。

```
if (navMeshAgent.remainingDistance -navMeshAgent.stoppingDistance < 0.05f)
{
    //计时器计时
    timer += Time.deltaTime;
    if (timer > waitingInterval)
    {
        //取消全局警报
        alarmSystem.alarmPosition = alarmSystem.safePosition;
        //取消私人警报
        enemySighting.personalAlarmPosition = alarmSystem.safePosition;
        //计时器归零
        timer = 0;
    }
}
```

完整代码如下：

```
private void Chasing()
{
    //恢复导航
    navMeshAgent.isStopped = false;
    //设置导航速度
    navMeshAgent.speed = chasingSpeed;
    //导航到警报位置
    navMeshAgent.SetDestination(
        enemySighting.personalAlarmPosition);
    //判断是否到达了导航目标
    if (navMeshAgent.remainingDistance -
        navMeshAgent.stoppingDistance < 0.05f)
    {
        //计时器计时
        timer += Time.deltaTime;
        if (timer > waitingInterval)
        {
            //取消全局警报
            alarmSystem.alarmPosition = alarmSystem.safePosition;
            //取消私人警报
            enemySighting.personalAlarmPosition = alarmSystem.safePosition;
```

```
                //计时器归零
                timer = 0;
            }
        }
        else
        {
            //计时器归零
            timer = 0;
        }
    }
```

（3）警卫射击

当警卫看到玩家角色并且玩家角色还存活时，即可发起射击，当射击进行时应该保证自动导航系统是关闭状态。

① 新建 PlayerHealth.cs 脚本并将其挂载在玩家角色 char_ethan 上，定义玩家角色初始血量值。

```
public class PlayerHealth : MonoBehaviour
{
        public float hp = 100;
}
```

② 关闭导航系统，保证警卫要进行追捕时自动导航系统是关闭的。

```
navMeshAgent.isStopped = true;
```

③ 判断警卫角色是否正处于射击状态。

```
bool isShooting = animator.GetCurrentAnimatorStateInfo(1).shortNameHash ==
GameConst.STATE_SHOOT;
bool isRaising = animator.GetCurrentAnimatorStateInfo(1).shortNameHash ==
GameConst.STATE_RAISE;
```

④ 当警卫角色处于任一状态，即认为当前处于射击状态，这里需要设置动画 IK 位置及权重参数。

```
ikWeight = Mathf.Lerp(ikWeight, 1, Time.deltaTime * fadeSpeed);
animator.SetIKPosition(AvatarIKGoal.RightHand,player.position+Vector3.up-
*GameConst.PLAYER_BODY_HEIGHT);
animator.SetLookAtPosition(player.position+Vector3.up*GameConst.PLAYER_
BODY_HEIGHT);
```

⑤当警卫距离玩家角色越近，则认为射击的伤害越高，因此，还需要计算在进行射击时两者之间的距离值，通过距离定义警卫当前伤害值。

```
float distance = Vector3.Distance(player.position, transform.position);
int hurt = (10 - distance) * 20 + 10;
```

详细脚本内容请参考完全版本的源文件。

5.10.4 玩家的承伤及死亡

玩家的承伤和死亡需要通过受到的伤害值和生命值来进行判断。通过敌人的攻击参数计算被伤害值，当玩家生命值归零时，中断承伤，播放角色死亡的动画。

上一小节已经创建了玩家承伤脚本 PlayerHealth，同时定义了玩家的初始血量值，在实际运行中玩家角色的总血量值可以根据自己的需要进行调整，如图 5-69 所示。

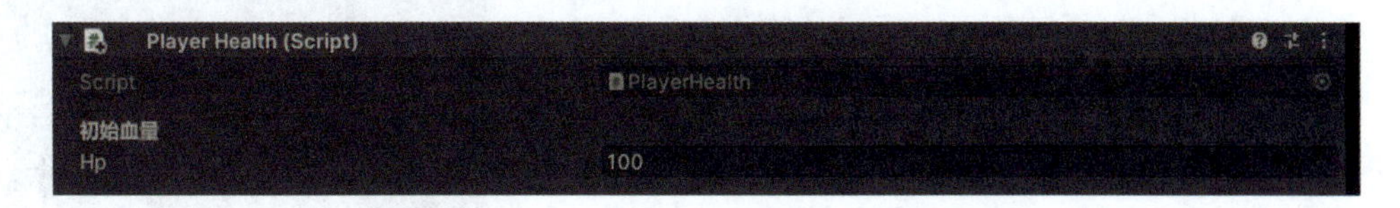

■ 图 5-69　PlayerHealth 脚本函数参数设置

玩家的死亡需要实时播放对应的角色动画，5.7.4 节已经把玩家角色的动画配置完毕，下面通过脚本命令来实现具体的承伤及死亡功能。

① 定义玩家承伤函数 TakeDamage()，当受到警卫攻击时，获取警卫每次攻击的伤害值，在当前血量值的基础上进行扣减。

```
//扣血
hp -= damage;
```

② 当玩家在存活的状态下检测到血量小于 0 时，即认为角色已经死亡，需要播放死亡动画。

```
if (hp <= 0 && playerAlive)
{
     playerAlive = false;
     //触发死亡动画
    animator.SetTrigger(GameConst.PARAMETER_DEAD);
}
```

③ 当玩家死亡即认为游戏失败，此时可以重新加载该游戏场景，使玩家能够再次挑战。

```
//重新加载
SceneManager.LoadScene(0);
```

详细脚本内容请参考完全版本的源文件。

5.11 音乐和音效

声音分为两种，分别是游戏音乐和游戏音效。前者适合时间较长的音乐，如游戏背景音乐，后者适合较短的音频，如碰撞声、攻击声、枪击声等。音乐不是游戏必需的，但是有了它可以制造更好的气氛，给游戏带来更好的玩家体验，也可以很好的带动游戏节奏，帮助游戏进程的推动。音效在音乐的基础上更进一步提高了游戏的体验，音效主要可以分为环境音效、GUI 音效和输出反馈音效三种。环境音效主要由场景中各类环境效果声音组成；GUI 音效主要由游戏控件音效组成，包括单击、按钮按下等效果，用来向玩家反馈操作过程；输出反馈音效则包含了表现游戏进程的一系列声音，比如人物的跳跃、玩家的技能施展等。这些音频为玩家提供了很重要的反馈，让玩家可以了解游戏操作过程中正在进行的内容。

Unity 3D 提供了一套音效管理的方案。游戏场景中必须设置一个 AudioListener 监听器及 AudioSource 音频源，每个 AudioSource 可以播放一个 AudioClip。Unity 游戏引擎一共支持四种音频格式，分别是 .AIFF 格式、.WAV 格式、.MP3 格式和 .OGG 格式。其中 .AIFF 格式和 .WAV 格式适用于较短的音乐文件，可作为游戏中枪击、打怪的声音，而 .MP3 格式、.OGG 格式适用于较长的音乐文件，可作为游戏中的背景音乐。在游戏场景中播放音乐就需要用到音频源——Audio Source。其播放的是音频剪辑（Audio Clip），若音频剪辑是 3D 的，声音则会随着音频侦听器与音频源间距离的增大而衰减，产生多普勒效应。音频不仅可以在 2D 与 3D 之间进行变换，还可以改变其音量的衰减模式。单击 Component → Audio → Audio Source 菜单即可添加音频源，如图 5-70 所示。

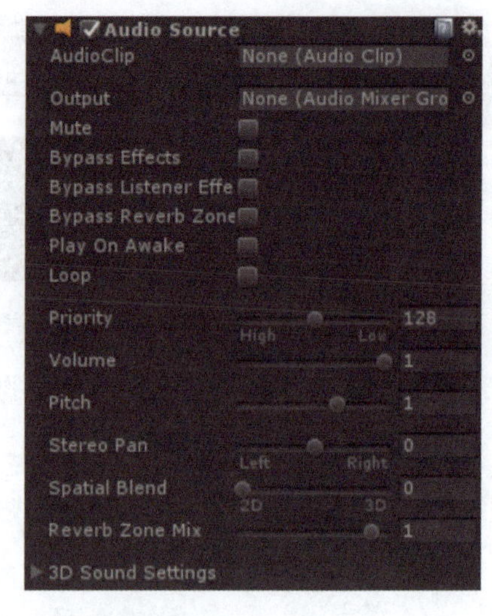

■ 图 5-70　Audio Source

5.4 节中已经设置了场景需要的背景音乐，以及发生警报时的音乐及喇叭音效，对于场景中其他对象所需要的音效，请根据需要自行添加，这里不再赘述。

5.12 优化和发布

5.12.1 基本的 Unity 调试和优化

游戏测试贯穿整个游戏开发，是游戏开发过程中必不可少的环节。从整体上来说，测试可分为内测和公测。内测是内部测试人员对游戏的新功能进行测试并反馈，当游戏经过充分测试后并基本达到上线要求后，发布公测版本，让部分游戏用户先体验游戏，用户通过一定的渠道，将发现的错误提交。没有经过充分测试的游戏通常会存在错误，影响玩家体验，最严重的可能会给玩家造成经济损失，从而使玩家对游戏产生不好的评价，对公司造成不良影响。游戏测试一般包括两个方面的工作：功能测试和性能测试。功能测试主要是针对游戏中的各项功能的测试，确保游戏各项功能正常运行；性能测试可从游戏加载速度、帧率等方面进行测试。

1. 物理组件优化

物理组件优化主要是指游戏中的物理特性的优化，比如碰撞、刚体等物理模拟。首先，开发人员可以编写脚本来模拟物理效果，比如重力效果。游戏场景中少用网格碰撞（Mesh Collider），网格碰撞体通过获取网格对象并在其基础上构建碰撞，网格对象往往包含很多面片，非常复杂。在游戏场景中，往往需要约束角色行走范围，这时就会用到网格碰撞。网格碰撞会占用很多的系统资源。为降低网格碰撞占用的系统资源，可使用盒碰撞器代替网格碰撞器。另外，在不影响真实的物理效果的前提下调整 Fixed Timestep 帧率来减少 CPU 消耗。

2. 程序优化

在一个较为复杂的项目中，逻辑代码往往占据较大的性能消耗，也很容易产生内存泄漏，一

些复杂的逻辑算法最好的优化方式是算法优化。同时，编程时一些细节问题也值得注意，在编程细节方面对游戏进行的优化有以下几方面：

① 删除脚本中空的方法或者不用的默认方法，比如一些脚本中不会用到的 Start、Awake、Update 等。

② 只在一个脚本中使用 OnGUI 方法。

③ 不要频繁使用 GetComponent，尤其是在循环中。

④ 某些脚本在不使用的时候可以禁用掉，需要使用时再开启。

⑤ 少用模运算和除法运算，比如 a/5f 可写成 a*0.2f。

⑥ 少在 Update 方法中做复杂计算等。

⑦ 当类不需要引擎提供的初始化、各种物理、渲染、着色器的回调等操作时，最好不继承 MonoBehaviour，这样可以优化节约资源。

Unity 支持使用 MonoDevelop 编辑器来对脚本进行调试。在 Unity 中，选择正确的脚本优化相比较漫无目的地调整代码更能提高代码的执行效率，值得注意的是，最好的优化并不是简单地降低代码的复杂度。

5.12.2　项目打包发布

整个项目完成后，还需要将游戏进行打包发布，在 File 菜单下单击打开 Build Settings 面板，如图 5-71 所示。

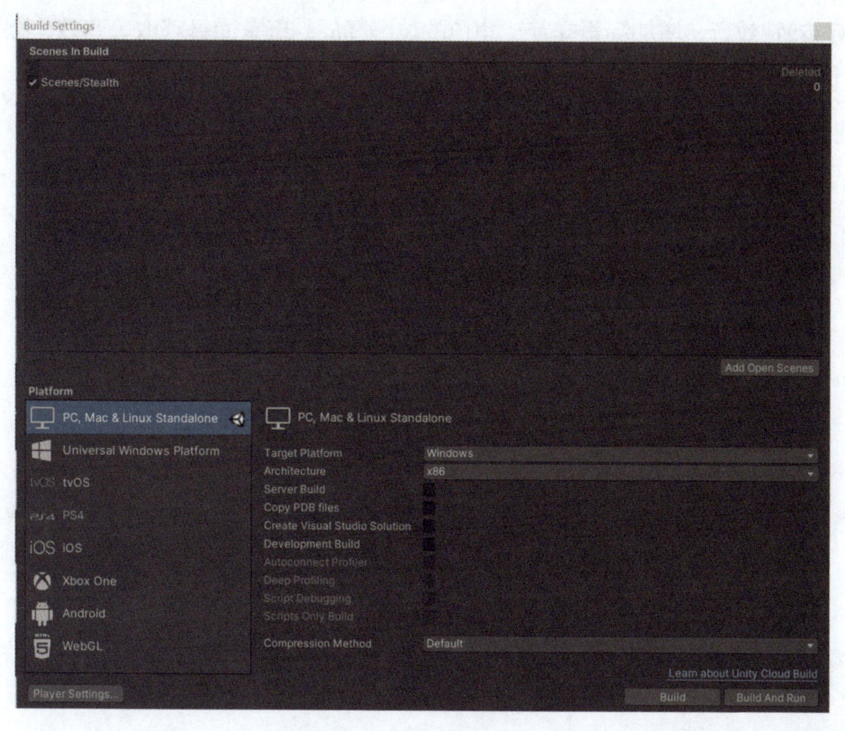

图 5-71　Build Settings

选择“PC，Mac&Linus Standalone”，将项目里创建的场景拖动到编辑框中。单击 Build 按钮后，会弹出 Build Facebook 窗口。选择合适的游戏发布的位置，将程序重命名并进行保存，即可完成项目的发布。

案例小结

本项目讲解了潜行游戏的架构搭建、潜行游戏的场景搭建、角色动画状态机的操作、游戏中的人机交互，以及简单的警卫 AI。使学生掌握了潜行游戏的一些常用的开发方法，以及提升了学生利用 Unity 引擎进行综合项目开发的能力。本项目旨在进一步加强、巩固前面所学 Unity 3D 的基本理论知识，同时，增加了部分新的知识。理论联系实际，进一步培养了学生综合分析和解决问题的能力，提高了学生的实践操作能力。

案例拓展

完成一款流程完整的潜行游戏制作。在实现原案例的全部功能基础上，进行拓展练习。

① 新增关卡场景。除原本基础的主界面场景外，新增一个关卡场景，用于进行难度升级的通关挑战。

② 新增警卫。在新的关卡中，添加不同能力的警卫，提高通关难度。

③ 添加游戏道具。在场景中添加游戏道具，可以自行设计，如金币、增益或减益道具等。

④ 丰富游戏特效音。增加场景交互、角色的技能释放、玩家道具获取等音效，提升游戏的交互体验。